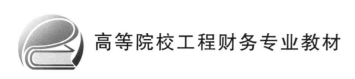 高等院校工程财务专业教材

建筑与装饰工程计价

杨伟华　汪　辉　主编

北京航空航天大学出版社

内 容 简 介

本书以建设工程工程量清单计价标准和工程量计算标准、建筑安装工程费用项目组成、湖北省相关定额，以及工程建设领域增值税政策等资料为编写依据，较为系统地介绍了建筑与装饰工程计价的理论与方法。全书内容包括建设工程计价相关知识，建设工程造价构成，建设工程计价依据，工程计量与建筑面积计算，土石方工程计量，房屋建筑工程计量，装饰工程计量，措施项目计量，房屋建筑与装饰工程计价方法与程序，房屋建筑与装饰工程计价实例。

本书可作为高等院校工程财务专业教材，亦可作为工程管理、工程造价管理、土木工程等专业工程计价或工程概预算课程的教材，还可作为工程造价人员的培训教材或参考书。

图书在版编目(CIP)数据

建筑与装饰工程计价 / 杨伟华，汪辉主编. -- 北京 ：北京航空航天大学出版社，2025.6.
ISBN 978 - 7 - 5124 - 4749 - 3

Ⅰ. TU723.3

中国国家版本馆 CIP 数据核字第 2025496DF8 号

建筑与装饰工程计价

杨伟华　汪　辉　主编

策划编辑　刘　扬　　责任编辑　刘　扬

*

北京航空航天大学出版社出版发行

北京市海淀区学院路 37 号(邮编 100191)　http://www.buaapress.com.cn
发行部电话：(010)82317024　传真：(010)82328026
读者信箱：qdpress@buaacm.com　邮购电话：(010)82316936
北京雅图新世纪印刷科技有限公司印装　各地书店经销

*

开本：787×1 092　1/16　印张：21　字数：538 千字
2025 年 6 月第 1 版　2025 年 6 月第 1 次印刷
ISBN 978 - 7 - 5124 - 4749 - 3　定价：89.00 元

编审人员

主　审　于吉全
审　定　孙邦栋

主　编　杨伟华　汪　辉
副主编　郑小曼　黄晶晶
编　委　杨伟华　汪　辉　郑小曼　黄晶晶
　　　　元红花　陈　志　黄　波　王星亮
　　　　赵　晗　王欣宇方

校　对　孙涛林　彭冲冲　许晶晶　尹淑婷
　　　　李耀祖　牟博川

前　言

随着我国建筑行业和建筑市场的不断发展和繁荣,工程计价理论和实践经过多代工程造价工作者不懈地努力,至今已形成了具有中国特色的工程计价理论与方法。虽然工程计量与计价理论体系不断完善丰富,工程量清单计价模式也日益成熟,但工程定额计价原理对工程量清单计价仍然具有重要作用,工程计价实务仍然存在不少需要从理论层面研究解决的问题;除工程计量与计价等专业知识外,蕴含其间的宝贵精神财富同样需要引起业内关注。为积极响应这些现实需要,本书在编写中体现了下列四个相结合:

一是理论性与实践性相结合。本书立足于基本理论的阐述,注重实际能力的培养,书中各章节编入了大量和实践紧密结合的实例,并配有整套关于工程量清单的编制及工程量清单投标报价的工程实例,教材充分体现了"应用性、实用性、综合性、先进性"原则。本书的特色是计量与计价相结合,理论与实例相结合,按编制工程量清单和分析综合单价的需要组织内容,对工程预算中最常见的问题均作了详尽介绍。

二是清单计价与定额计价相结合。目前,工程量清单计价与传统的计价模式的定额计价是共存于工程计价活动中的两种计价模式,两者既有密切的联系又有显著的区别。为此,在本书中,编者根据这两种计价模式分别结合实例进行编排,注重应用,理论联系实际,以提高学生的实际操作能力。

三是计价知识与课程思政相结合。将课程思政内容融于计价知识,在每章开篇新设与章节主题、工程造价人员需要培养的情感素养等内容相关的名人名言,为课程思政提供参考。

四是计价实务与理论研究相结合。在每章内容最后设置了能力拓展和推荐阅读材料,引入与本章内容主题相关的最新研究成果、最新工程实践等相关知识,开阔读者视野,为更深入的研究提供指引。

本书在编写过程中力求做到结构新颖、图文并茂、注重应用、突出案例、通俗易懂、方便自学,同时兼顾课程思政、能力素养拓展。本书可作为高等院校工程财务专业教材,亦可作为工程管理、工程造价管理、土木工程等专业工程计价或工程概预算课程的教材,还可作为工程造价人员的培训教材或参考书。

本书由杨伟华、汪辉任主编,郑小曼、黄晶晶任副主编。编写分工为:郑小曼编写第一章;杨伟华编写第二章;黄晶晶编写第三章;郑小曼编写第四章;汪辉编写第五章;郑小曼、王欣宇方编写第六章;郑小曼、元红花编写第七章;汪辉、陈志、黄波编写第八章;汪辉、赵晗、王星亮编写第九章;杨伟华编写第十章。

由于编者水平和学识有限,书中难免有错误和疏漏之处,恳请各位读者和同行提出宝贵修改意见。

编　者

2025 年 3 月

目　　录

第一章　建设工程计价相关知识

　　港珠澳大桥的建设创下多项世界之最,非常了不起,体现了一个国家逢山开路、遇水架桥的奋斗精神,体现了我国综合国力、自主创新能力,体现了勇创世界一流的民族志气。这是一座圆梦桥、同心桥、自信桥、复兴桥。大桥建成通车,进一步坚定了我们对中国特色社会主义的道路自信、理论自信、制度自信、文化自信,充分说明社会主义是干出来的,新时代也是干出来的![1]

导　言

港珠澳大桥的"价值"[2][3]

　　港珠澳大桥是世界上最长的跨海大桥,兼具世界上最长的沉管海底隧道,如图1-1所示,它将中国香港、广东珠海和中国澳门三地连为一体。工程师们用科技和勇气完成了这个工程奇迹,他们使用世界上最大的巨型振锤来建造人工岛,用以连通跨海大桥与海底隧道,这也是一项史无前例的工程。

图1-1　港珠澳大桥

---

　　[1]　摘自:习近平出席开通仪式并宣布港珠澳大桥正式开通[OL].半月谈,(2018-10-24)[2022-4-21].http://www.banyuetan.org/yw/detail/20181024/1000200033137441540343360857142993_1.html.
　　[2]　摘自:胡占凡.《超级工程》第一集港珠澳大桥[EB/OL].(2012-09-24)[2020-12-21].http://tv.cctv.com/2013/01/14/VIDE1358156809128595?spm＝C31267.P663no7RuiKA.S17731.849.
　　[3]　摘自:张永财,高星林,曾雪芳,等.港珠澳大桥主体工程造价特点及管理措施解析[J].公路,2019,64(8):175-179.

早在 2008 年之前,港珠澳大桥的设计方案就已经出炉。

第一种设计方案是由合和实业主席兼董事总经理胡应湘提出的"伶仃桥大桥"构想,它被视为港珠澳大桥的雏形:大桥全长约 28 km,由香港赤腊角的北大屿山公路起经大澳,接上一条长 1 400 m,能让大型船舶通过的斜拉桥,再转为较低矮桥身越过珠江出口,然后在接近陆地时用 Y 形分叉,一条通往珠海,另一条接澳门,投资约 150 亿元人民币。

第二种设计方案由三地专家提出:港口与大桥并举,以珠海万山群岛的青州岛、牛头岛为中心,建立一个可停泊第五、第六代集装箱和 100 只散杂货船、油船,年吞吐能力 1.5 亿吨的国际枢纽深水港——万山港,东连香港大屿山鸡翼角,西连珠海拱北,南连澳门大水塘,全桥长 32 km,预计投资约 250 亿元人民币。这个方案最诱人之处是,港区造地 6.45 万亩(1 亩 = 666.67 m²),按每亩地价 40 万元计算,可得土地收入 260 亿元,几乎等于零投资。究竟用哪种方案,各地专家学者、国家发展和改革委员会(简称国家发展改革委)等进行了充分论证。2008 年 3 月 10 日,国家发展改革委公布港珠澳大桥采用"Y"结构(在深圳没有落点)。

2008 年 8 月,该项目可行性研究报告中推荐大桥采用北线走向,即东岸起点为香港大屿山石散石湾,为保证香港侧航道通航净高达 41 m,大桥线位在香港航道处水域需向南拐后再折回,沿 23DY 锚地北侧向西跨海至分离设置的珠海及澳门海区,其中往珠海方向通过隧道穿越拱北建成区,再与规划中的太澳高速公路相连。但是,大桥总造价超过早先预想的 600 亿元而达到 720 亿元人民币左右。

澳门于 2008 年 8 月提出规划,在澳门口岸位置附近填海,作为口岸的人工岛将与澳门连成一体,若进度不延后,则无须考虑澳门口岸人工岛至澳门本岛间的连接桥工程。

据中央电视台综合频道报道,港珠澳大桥项目的工程造价,按内地估算编制原则进行编制,其中海中桥隧香港段的建设费用,根据香港特别行政区的市场行情进行调整。

海中桥隧主体工程(粤港分界线以西至珠海、澳门口岸)的费用按照珠海的材料单价,适当考虑地区特殊性予以计算。造价中尚没有包括香港和澳门地区的土地占用费。

大桥于 2009 年 12 月 15 日开工建设。港珠澳大桥跨海逾 35 km,相当于 9 座深圳湾公路大桥,成为世界最长的跨海大桥;大桥将建长 6 km 多的海底隧道,施工难度世界第一;港珠澳大桥建成后,使用寿命长达 120 年,可以抗击 8 级地震。

据大桥工程可行性研究报告,港珠澳大桥工程计划单列 5 000 万元作为景观工程费,使其成为一道令世人叹为观止的亮丽风景线!港珠澳大桥有以下亮点:

1) 大桥工程分别在珠江口伶仃洋海域南北两侧,通过填海建造 2 个人工岛,人工岛间将通过海底隧道予以连接,隧道、桥梁间通过人工岛完美结合。同时,源于珠海作为中国有名的蚝贝类产销基地,人工岛设计也采取蚝壳的特色造型。而且,人工岛将成为集交通、管理、服务、救援和观光功能于一体的综合运营中心。

2) 港珠澳大桥主桥采用斜拉桥,主桥净跨幅度最大的是青州航道区段,大桥工程可行性研究报告推荐采用主跨双塔双索面钢箱梁斜拉桥,这成为大桥主桥型最突出外貌。该斜拉桥的整体造型及断面形式除了满足抗风、抗震等要求外,还充分考虑景观效果,总高 170.69 m。

2012 年 7 月 15 日,大桥主体工程正式开工建设,历时 5 年,大桥于 2017 年 7 月 7 月实现主体工程全线贯通,于 2018 年 2 月 6 日完成主体工程验收,于 2018 年 10 月 24 日上午 9 时开通运营。自 2018 年 12 月 1 日起,首批粤澳非营运小汽车可免加签通行港珠澳大桥跨境段。自此,香港与珠海、澳门之间 4 个小时车程缩短为半小时,珠三角西部已纳入香港 3 小时车程范围内。港珠澳大桥的建成,为粤港澳大湾区建成继国际三大湾区——东京港区、纽约湾区和旧金山湾区后,又一个国际一流湾区和世界级城市群提供了坚实基础和活力源泉,珠三角将形成世界瞩目的超级城市群。

港珠澳大桥的建成给粤港澳大湾区带来巨大的发展机遇。但与此同时,面对时间跨度如此之长、技术要求要达到120年设计年限标准、现有计价依据存在空白、防台防汛频繁、不可抗力因素多等诸多问题和困难,如何控制成本和进行造价管理工作已然成为超级工程项目管理的重点。从立项决策到可行性研究再到建设过程直至运营的整个过程,造价工程师扮演着怎样的角色?需要承担哪些工作?如何把控整个工程的造价?通过本课程的学习,为你揭开"工程造价"的神秘面纱。

第一节　建设项目的组成与建设程序

建设工程项目简称建设项目,是经过有关部门批准,按照一个总体设计进行施工的,可以形成生产能力或使用价值的一个或几个单项工程的总体,一般在行政上实行统一管理,经济上实行统一核算。

一、建设项目的组成

为了满足对建设项目进行管理和确定工程造价的需要,可把整体、复杂的系统工程分解为小的、便于管理的组成部分,即将建设项目划分为单项工程、单位(子单位)工程、分部(子分部)工程和分项工程4个层次,如图1-2所示。

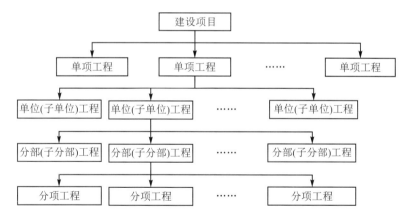

图1-2　建设项目的组成示意图

(一)单项工程

单项工程是指具有独立的设计文件,建成后能够独立发挥生产能力和使用效益的工程项目,是建设项目的组成部分。一个建设项目可以仅包括一个单项工程,也可以包括多个单项工程。例如,一个工厂的生产车间、宿舍、实验楼等,一个学校的办公楼、教学楼、图书馆等都是单项工程。

(二)单位(子单位)工程

单位(子单位)工程是指具备独立施工条件并能形成独立使用功能的工程。对于建筑规模较大的单位工程,可将其能形成独立使用功能的部分再划分为几个子单位工程。单位(子单位)工程是单项工程的组成部分。例如,工厂中的生产车间这个单项工程由生产车间的建筑工程、设备安装工程、工业管道工程等单位工程组成。有的工程项目没有单项工程,而是直接由若干单位工程组成。

(三)分部(子分部)工程

分部(子分部)工程是指将单位(子单位)工程按专业性质、建筑部位等划分的工程,是单位(子单位)工程的组成部分。例如,建筑工程中又包括土石方工程、桩与地基基础工程、砌筑工程、混凝土及钢筋混凝土工程等多个分部工程。

(四)分项工程

分项工程是指将分部(子分部)工程按工种、构件类别、设备类别、施工工艺等划分的工程,是分部(子分部)工程的组成部分。例如,混凝土及钢筋混凝土分部工程又可以分为条形基础、独立基础、满堂基础、设备基础等分项工程。

二、建设项目的建设程序

建设程序是指建设项目从策划、评估、决策、设计、施工到竣工验收、投入生产或交付使用过程中,各项工作必须遵循的先后次序。建设程序是工程建设过程客观规律的反映,是建设项目科学决策和顺利实施的重要保证。建设程序一般包括决策阶段、建设实施阶段和项目后评价阶段。

(一)决策阶段

决策阶段的工作主要有编报项目建议书和可行性研究报告。

1. 编报项目建议书

项目建议书是拟建项目单位向国家或有关主管部门提出的要求建设某一项目的建议文件,是对工程项目建设的轮廓设想。项目建议书的主要作用是推荐一个拟建项目,论述其建设必要性、建设条件可行性和获利可能性,供国家选择并确定是否进行下一步工作。

对于政府投资项目,项目建议书按要求编制完成后,应根据建设规模和限额划分报送有关部门审批。项目建议书经批准后,可进行可行性研究工作,但这并不表明项目非上不可,批准的项目建议书不是项目是否实施的最终决策。

2. 编报可行性研究报告

可行性研究是对工程项目在技术上是否可行和经济上是否合理进行科学的分析和论证。可行性研究的工作内容主要有通过需求分析与市场研究解决项目建设的必要性及建设规模和标准等问题,通过设计方案、工艺技术方案研究解决项目建设的技术可行性问题,通过财务和经济分析解决项目建设的经济合理性问题。

（二）建设实施阶段

1. 工程设计

工程项目设计工作一般划分为两个阶段,即初步设计和施工图设计。重大和技术复杂项目,可根据需要增加技术设计阶段。

（1）初步设计

初步设计是根据可行性研究报告的要求和设计基础资料对拟建工程项目进行具体设计,编制技术方案,并通过对工程项目所作出的基本技术经济规定,编制项目总概算。

初步设计不得随意改变经批准的可行性研究报告中所确定的建设规模、产品方案、工程标准、建设地址和总投资等控制目标。如果初步设计提出的总概算超过可行性研究报告总投资的10%,或其他主要指标需要变更时,应说明原因和计算依据,并重新向原审批单位报批可行性研究报告。

（2）技术设计

技术设计应根据初步设计和更详细的调查研究资料编制,以进一步解决初步设计中的重大技术问题,如工艺流程、建筑结构、设备选型及数量确定等,使工程项目设计更具体、更完善,技术指标更准确。

（3）施工图设计

施工图设计是根据初步设计或技术设计要求,结合现场实际情况,完整地表现建筑物的外形、内容空间分隔、结构体系、构造状况以及建筑群的组成和周围环境的配合。施工图设计还包括各种运输、通信管道系统以及建筑设备设计。在工艺方面,应具体确定各种设备的型号、规格及各种非标准设备的制造加工图。

2. 建设准备

项目在开工建设之前要切实做好各项准备工作,其主要内容包括:

1）征地、拆迁和场地平整。

2）完成施工用水、电、通信、道路等接通工作。

3）组织招标,选择工程监理单位、施工单位及设备、材料供应商。

4）准备必要的施工图纸。

5）办理施工质量监督和施工许可手续。

3. 施工安装

工程项目经批准新开工建设,项目即进入施工安装阶段。项目新开工时间,一般情况下是指工程项目设计文件中规定的任何一项永久性工程第一次正式破土开槽开始施工的日期。对于不需开槽的工程,正式开始打桩的日期就是开工日期。铁路、公路、水库等需要进行大量土方石方工程的,以正式开始进行土方石方工程的日期作为正式开工日期。

施工安装活动应按照工程设计要求、施工合同及施工组织设计,在保证工程质量、工期、成本及安全、环保等目标的前提下进行。工程达到竣工验收标准后,由施工单位移交给建设单位。

4. 生产准备

对于生产性项目而言,生产准备是项目投产前由建设单位进行的一项重要工作。它是衔接建设和生产的桥梁,是项目建设转入生产经营的必要条件。建设单位应适时组成专门机构做好生产准备工作,确保项目建成后能及时投产。

5.竣工验收

当工程项目按设计文件规定的内容和施工图纸要求全部建完后,便可组织验收,编制竣工验收报告和竣工决算,并办理固定资产移交手续。

(三)项目后评价阶段

项目后评价是工程项目全生命周期管理的延伸,是指建设项目完工并交付使用后进行的总结性评价,综合反映工程项目建设和工程项目管理各环节工作成效和存在的问题,并为以后改进工程项目管理、提高工程项目管理水平、制定科学的工程项目建设计划提供依据。

第二节　工程造价与工程计价的基本概念

工程造价通常是指建设项目在建设期(预计或实际)支出的建设费用;而工程计价是指按照规定的程序、方法和依据,对工程造价及其构成内容进行预测或确定的行为。工程计价是工程造价管理的重要组成部分。

一、工程造价的含义

工程造价通常是指建设项目在建设期(预计或实际)支出的建设费用。由于所处的角度不同,工程造价有以下两种含义:

(一)从投资者(业主)角度

从投资者(业主)角度分析,工程造价是指建设一项工程预期开支或实际开支的全部固定资产投资费用。投资者为了获得投资项目的预期效益,需要对项目进行策划、决策、设计、建设实施(采购、施工监理等),直至竣工验收等一系列活动。这里的工程造价强调的是费用的概念。在上述活动中所花费的全部费用,即构成工程造价。从这个意义上讲,工程造价就是建设工程固定资产总投资。

(二)从市场交易角度

从市场交易角度分析,工程造价是指工程发承包交易活动中形成的建筑安装工程价格或建设工程总价格。显然,工程造价的这种含义是指以建设工程这种特定的商品形式作为交易对象,通过招标投标或其他交易方式,在多次预估的基础上,最终由市场形成的价格。这里的工程造价强调的是价格的概念。这里的工程既可以是整个建设项目,也可以是其中一个或几个单项工程或单位工程,还可以是其中一个或几个分部工程,如建筑安装工程、装饰装修工程等。随着经济发展、技术进步、分工细化和市场的不断完善,工程建设中的中间产品也会越来越多,商品交换会更加频繁,工程价格的种类和形式也会更为丰富。

工程发承包价格是一种重要且较为典型的工程造价形式,是在建筑市场通过发承包交易(多数为招标投标),由需求主体(投资者或建设单位)和供给主体(承包商)共同认可的价格。

工程造价的两种含义实质上就是从不同角度把握同一事物的本质。对投资者而言,工程造价就是想买投资,是"购买"工程项目需支付的费用;同时,工程造价也是投资者作为市场供给主体"出售"工程项目时确定价格和衡量投资效益的尺度。

二、工程计价的含义及其特征

工程计价就是计算和确定建设项目的工程造价,具体是指工程造价人员在项目实施的各个阶段,根据各个阶段的不同要求,遵循计价原则和程序,采用科学的计价方法,对投资项目最可能实现的合理造价做出科学的计算。

根据工程项目的特点,工程计价具有以下特征:

(一)计价的单件性

建筑产品的个体差别决定了每项工程都必须单独计算造价。

(二)计价的多次性

工程项目需要按程序进行策划、决策和建设实施,工程计价也需要在不同阶段多次进行,以保证工程造价计算的准确性和控制的有效性。多次计价是一个逐步深入和细化,不断接近实际造价的过程。工程多次计价过程包括投资估算、工程概算、修正概算、施工图预算、合同价、工程结算和竣工决算,如图1-3所示。

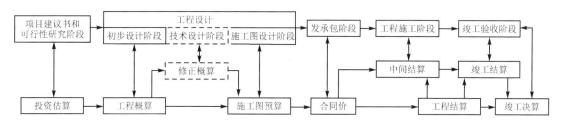

注:竖向箭头表示对应关系,横向箭头表示多次计价流程及逐步深化过程。

图1-3　工程多次计价过程示意图

1. 投资估算

投资估算是指在项目建议书和可行性研究阶段,通过编制估算文件预先测算的工程造价。投资估算是进行项目决策、筹集资金和合理控制造价的主要依据。

2. 工程概算

工程概算是指在初步设计阶段,根据设计意图,通过编制工程概算文件预先测算的工程造价。与投资估算相比,工程概算的准确性有所提高,但受投资估算的控制。工程概算一般又可分为建设项目总概算、各单项工程综合概算、各单位工程概算。

3. 修正概算

修正概算是指在技术设计阶段,根据技术设计要求,通过编制修正概算文件预先测算的工程造价。修正概算是对初步设计概算的修正和调整,比工程概算准确,但受工程概算控制。

4. 施工图预算

施工图预算是指在施工图设计阶段,根据施工图纸,通过编制预算文件预先测算的工程造价。施工图预算比工程概算或修正概算更为详尽和准确,但同样要受前一阶段工程造价的控制。目前,有些工程项目在招标时需要确定招标控制价,以限制最高投标报价。

5. 合同价

合同价是指在发承包阶段,通过签订合同所确定的价格。合同价属于市场价格,它是由发承包双方根据市场行情通过招投标等方式达成一致、共同认可的成交价格。需要注意的是,合同价并不等同于最终结算的实际工程造价。由于计价方式不同,合同价内涵也有所不同。

6. 工程结算

工程结算包括施工过程中的中间结算和竣工验收阶段的竣工结算。工程结算需要按实际完成的合同范围内的合格工程量考虑,同时按合同调价范围和调价方法,对实际发生的工程量增减、设备和材料价差等进行调整后确定结算价格。工程结算反映的是工程项目实际造价。工程结算文件一般由承包单位编制,由发包单位审查,也可委托工程造价咨询机构进行审查。

7. 竣工决算

竣工决算是指在竣工验收阶段,以实物数量和货币指标为计量单位,综合反映竣工项目从筹建开始到项目竣工交付使用为止的全部建设费用。竣工决算文件一般由建设单位编制,上报主管部门审查。

(三)计价的组合性

工程造价的计算是通过分部组合的方式完成的,这一特征和建设项目的组合性有关。从计价和工程管理的角度,分部分项工程还可以进一步分解。建设项目的组合性决定了计价的过程也是一个逐步组合的过程。这一特征在计算概算造价和预算造价时尤为明显,并且涉及合同价和结算价。其计算过程和计算顺序是:首先,计算分部分项工程单价,汇总计算单位工程造价;其次,汇总计算单项工程造价;最后,计算建设项目总造价。

(四)计价方法的多样性

由于建设项目具有多次性计价的特征,每次计价均对应着各不相同的计价依据,并且在造价精度方面的要求也各异,因此计价方法呈现出多样性的显著特征。确定估算造价的方法有设备系数法、生产能力指数估算法等;确定概算造价的方法有概算指标法、类似工程预算法等;计算和确定概预算造价有两种基本方法,单价法和实物量法。不同方法有不同的使用条件,计价时应根据具体情况加以选择。

(五)计价依据的复杂性

工程造价的影响因素较多,这决定了工程计价依据的复杂性。计价依据主要可分为以下7类:

1)设备和工程量计算依据,包括项目建议书、可行性研究报告、设计文件等。

2)人工、材料、机械等实物消耗量计算依据,包括投资估算指标、概算定额、预算定额等。

3)工程单价计算依据,包括人工单价、材料价格、材料运杂费、机械台班费等。

4)设备单价计算依据,包括设备原价、设备运杂费、进口设备关税等。

5)措施费和工程建设其他费用计算依据,主要是相关的费用定额和指标。

6)政府规定的税和费。

7)物价指数和工程造价指数。

第三节　工程计价模式

建筑工程造价基本计价模式有两种:一种是我国长期采用的定额计价模式;另一种则是自2003 年起在我国实行的工程量清单计价模式。

一、工程定额计价模式

长期以来,我国在工程造价计价过程中采用一种与计划经济相适应的工程计价模式——工程定额计价模式。该模式本质上是国家颁发统一的估算指标、概算指标,以及概算、预算和有关费用定额,对建设项目价格进行有计划管理的计价方法。在此过程中,国家以假定的建筑安装产品为对象,制定统一的预算和概算定额,计算出每一单元子项的费用后,再综合形成整个工程的价格。工程定额计价模式下工程概预算编制程序示意如图 1-4 所示。

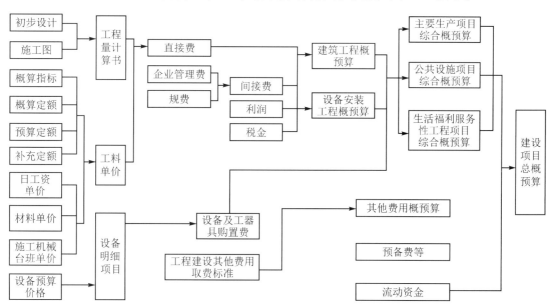

图 1-4　工程定额计价模式下工程概预算编制程序示意图

(一)工程定额计价基本过程

工程定额计价包括两个基本过程:工程量计算和工程计价。为了统一口径,工程量的计算均按照统一的项目划分和工程量计算规则计算。工程量确定以后,可以按照一定的方法确定工程的成本及盈利,最终可以确定工程预算造价(或投标报价)。定额计价方法的特点就是量与价的结合。概预算的单位价格的形成过程,就是依据概预算定额所确定的消耗量乘以定额单价或市场价,经过不同层次的计算达到量与价的最优结合过程。

(二)工程定额计价基本原理

工程定额计价的基本原理就是依据定额所确定的消耗量乘以定额单价经过不同层次的计算形成相应造价的过程。可以用公式进一步明确工程定额计价原理:

$$每一计量单位建筑产品的基本构造单元（假定建筑安装产品）的工料单价＝$$
$$人工费＋材料费＋施工机具使用费 \tag{1-1}$$

其中

$$人工费＝\sum（人工工日数量 \times 人工单价） \tag{1-2}$$

$$材料费＝\sum（材料消耗量 \times 材料单价）＋工程设备费 \tag{1-3}$$

$$施工机具使用费＝\sum（施工机械台班消耗量 \times 机械台班单价）＋$$
$$\sum（仪器仪表台班消耗量 \times 仪器仪表台班单价） \tag{1-4}$$

$$单位工程直接费＝\sum（假定建筑安装产品工程量 \times 工料单价） \tag{1-5}$$

$$单位工程造价＝单位工程直接费＋间接费＋利润＋税金 \tag{1-6}$$

$$单项工程造价＝\sum 单位工程概预算造价＋设备及工器具购置费 \tag{1-7}$$

$$建设项目总造价＝\sum 单项工程造价＋预备费＋工程建设其他费＋建设期利息＋流动资金$$
$$\tag{1-8}$$

在不同的经济发展时期，建筑产品具有不同的价格形式、不同的定价主体、不同的价格形成机制，而一定的建筑产品价格形式产生并存在于一定的工程建设管理体制和一定的建筑产品交换方式之中。我国建筑产品价格市场化经历了"国家定价——国家指导价——国家调控价"3个阶段。定额计价是以概预算定额、各种费用定额为基本依据，按照规定的计算程序确定工程造价的特殊计价方法。因此，就价格形成而言，利用工程建设定额计算工程造价介于国家定价和国家指导价之间。但随着市场经济体制改革的深度和广度不断增加，传统的定额计价制度也不断受到冲击，改革势在必行。

二、工程量清单计价模式

工程量清单计价模式是区别于工程定额计价模式的另一种计价方法，体现了由市场定价的特点，即由建设产品的买方和卖方在建设市场上根据供求状况、信息状况进行自由竞价，从而最终能够签订工程合同价格的方法。由此可见，工程量清单的计价方法是在建设市场建立、发展和完善过程中的必然产物。随着社会主义市场经济的发展，自2003年起，我国开始在全国范围内逐步推广建设工程工程量清单计价法，至2013年，再次推出新版《建设工程工程量清单计价规范》，以及9个不同工程类别的工程量计算规范，这标志着我国工程量清单计价方法的应用逐渐完善。

（一）工程量清单的概念

工程量清单是载明建设工程分部分项工程项目、措施项目和其他项目的名称和相应数量，以及规费、税金项目等内容的明细清单。其中，由招标人根据国家标准、招标文件、设计文件以及施工现场实际情况编制的称为招标工程量清单，而作为投标文件组成部分的已标明价格并经承包人确认的称为已标价工程量清单。

招标工程量清单应由具有编制能力的招标人，或受其委托具有相应资质的工程造价咨询人、招标代理人编制。采用工程量清单方式招标，招标工程量清单必须作为招标文件的组成部分，其准确性和完整性由招标人负责。招标工程量清单应以单位（项）工程为单位编制，包括分部分项工程量清单、措施项目清单、其他项目清单、规费和税金项目清单。

（二）工程量清单计价模式的适用范围和阶段

1. 工程量清单计价模式的适用范围

计价规范适用于建设工程发承包及其实施阶段的计价活动。使用国有资金投资的建设工程发承包必须采用工程量清单计价；非国有资金投资的建设工程，宜采用工程量清单计价；不采用工程量清单计价的建设工程，应执行计价规范中除工程量清单等专门性规定外的其他规定。

国有资金投资的项目包括全部使用国有资金（含国家融资资金）投资或国有资金投资为主的工程建设项目。

国有资金投资的工程建设项目包括：(a) 使用各级财政预算资金的项目；(b) 使用纳入财政管理的各种政府性专项建设资金的项目；(c) 使用国有企事业单位自有资金，并且国有资产投资者实际拥有控制权的项目。

国家融资资金投资的工程建设项目包括：(a) 使用国家发行债券所筹资金的项目；(b) 使用国家对外借款或者担保所筹资金的项目；(c) 使用国家政策性贷款的项目；(d) 国家授权投资主体融资的项目；(e) 国家特许的融资项目。

国有资金（含国家融资资金）为主的工程建设项目是指国有资金占投资总额 50％以上，或虽不足 50％但国有投资者实质上拥有控股权的工程建设项目。

2. 工程量清单计价模式适用的工程建设阶段

工程量清单计价活动涵盖施工招标、合同管理以及竣工交付全过程，主要包括：工程量清单的编制，招标控制价、投标报价的编制，工程合同价款的约定，竣工结算的办理以及施工过程中的工程计量、工程价款支付、索赔与现场签证、工程价款调整和工程计价争议处理等活动。

（三）工程量清单计价的基本原理

工程量清单计价的基本原理可以描述为：按照工程量清单计价规范规定，在各相应专业工程计量规范的工程量清单项目设置和工程量计算规则基础上，针对具体工程的施工图纸和施工组织设计计算出各个清单项目的工程量，根据规定的方法计算出综合单价，并汇总各清单合价得出工程总价。可用公式进一步表明其基本原理：

$$分部分项工程费 = \sum (分部分项工程量 \times 相应分部分项综合单价) \qquad (1-9)$$

$$措施项目费 = \sum 各措施项目费 \qquad (1-10)$$

$$其他项目费 = 暂列金额 + 暂估价 + 计日工 + 总承包服务费 \qquad (1-11)$$

$$单位工程报价 = 分部分项工程费 + 措施项目费 + 其他项目费 + 规费 + 税金$$

$$(1-12)$$

$$单项工程报价 = \sum 单位工程报价 \qquad (1-13)$$

$$建设项目总报价 = \sum 单项工程报价 \qquad (1-14)$$

式(1-9)中，综合单价是指完成一个规定清单项目所需的人工费、材料费和工程设备费、施工机具使用费和企业管理费、利润，以及一定范围内的风险费用。风险费用是隐含于已标价工程量清单综合单价中，用于化解发承包双方在工程合同中约定内容和范围内的市场价格波动风险的费用。

三、两种计价模式的联系和区别

（一）工程定额计价方法与工程量清单计价方法的联系

不论何种模式，工程造价计价的基本原理是相同的。在我国，工程造价计价的基本原理是将建设项目细分至最基本的构成单位（如分项工程），用其工程量与相应单价相乘后汇总，从而得出整个建设工程造价。即

$$建筑安装工程造价 = \sum \left[单位工程基本构造要素工程量（分项工程）\times 相应单价\right]$$

$$(1-15)$$

无论是定额计价还是清单计价，式（1-15）同样有效，只是公式中的各要素有不同的含义：

1）单位工程基本构造要素即分项工程项目。在定额计价模式下，是依据工程定额划分的分项工程项目；在清单计价模式下是指清单项目。

2）工程量是指根据工程项目的划分和工程量计算规则，按照施工图或其他设计文件计算的分项工程实物量。工程实物量是计价的基础，不同的计价依据有不同的计算规则。

目前，工程量计算规则包括两大类：各专业工程计量规范中规定的计算规则；各类工程定额规定的计算规则。

3）工程单价是指完成单位工程基本构造要素的工程量所需要的基本费用。工程定额计价方法下的分项工程单价是指概预算定额基价，通常是指工料单价，仅包括人工、材料、机械台班费用，是人工、材料、机械台班定额消耗量与其相应单价的乘积。工程量清单计价方法下的分项工程单价是指综合单价，包括人工费、材料费、机械台班费，还包括企业管理费、利润和风险因素。综合单价应该根据企业定额和相应生产要素的市场价格来确定。

（二）工程量清单计价方法与工程定额计价方法的区别

工程量清单计价方法与工程定额计价方法相比有一些重大区别，这些区别也体现出了工程量清单计价方法的特点。

1. 两种模式体现了我国建设市场发展过程中的不同定价阶段

定额计价是以概预算定额、各种费用定额为基础依据，按照规定的计算程序确定工程造价的特殊计价方法，因此，利用工程建设定额计算工程造价就价格形成而言，介于国家定价和国家指导价之间。在工程定额计价模式下，工程价格或直接由国家决定，或是国家给出一定的指导性标准，承包商可以在该标准的允许幅度内实现有限竞争。工程量清单计价模式则反映了市场定价阶段。在该阶段中，工程价格是在国家有关部门间接调控和监督下，由工程承包发包双方根据工程市场中建筑产品供求关系变化自主确定工程价格。其价格的形成可以不受国家工程造价管理部门的直接干预，而此时的工程造价是根据市场的具体情况而确定的，有竞争形成、自发波动和自发调节的特点。

2. 两种模式的主要计价依据及其性质不同

工程定额计价模式的主要计价依据为国家、省、有关专业部门制定的各种定额，其性质为指导性，定额的项目划分一般按施工工序分项，每个分项工程项目所含的工程内容一般是单一的。而工程量清单计价模式的主要计价依据为清单计价规范，其性质是含有强制性条文的国家标准，清单的项目划分一般是按综合实体进行分项的，每个分项工程一般包含多项工程内容。

3. 编制工程量的主体不同

在定额计价方法中,建设工程的工程量由招标人和投标人分别按图计算。而在清单计价方法中,工程量由招标人统一计算或委托有关工程造价咨询资质单位统一计算。工程量清单是招标文件的重要组成部分,各投标人根据招标人提供的工程量清单,根据自身的技术装备、施工经验、企业成本、企业定额、管理水平自主填写单价与合价。

4. 单价与报价的组成不同

定额计价法的单价包括人工费、材料费、机械台班费,而清单计价方法采用综合单价形式,综合单价包括人工费、材料费、机械使用费、管理费、利润,并考虑风险因素。工程量清单计价法的报价除包括定额计价法的报价外,还包括暂列金额、暂估价、计日工等费用。

5. 适用阶段不同

从目前我国现状来看,工程定额主要用于在项目建设前期各阶段对于建设投资的预测和估计,在工程建设交易阶段,工程定额通常只能作为建设产品价格形成的辅助依据。而工程量清单计价依据主要适用于合同价格形成以及后续的合同价格管理阶段。这体现出我国对于工程造价的一词两义采用了不同的管理方法。

6. 合同价格的调整方式不同

定额计价方法形成的合同价格,其主要调整方式有变更签证、定额解释、政策性调整;而工程量清单计价方法在一般情况下单价是相对固定的,减少了在合同实施过程中的调整活口。通常情况下,如果清单项目的数量没有增减,能够保证合同价格基本没有调整,保证了其稳定性,也便于业主进行资金准备和筹划。

7. 工程量清单计价将施工措施性消耗单列并纳入了竞争的范畴

定额计价未区分施工实体性损耗和施工措施性损耗,而工程量清单计价将施工措施与工程实体项目进行分离,这项改革的意义在于突出了施工措施费用的市场竞争性。工程量清单计价的工程量计算规则一般是以工程实体的净尺寸计算,也没有包含工程量合理损耗,这一特点也就是定额计价的工程量计算规则与工程量清单计价的工程量计算规则之间的本质区别。

第四节　工程造价管理

一、工程造价管理的内涵

(一)工程造价管理

工程造价管理是随着社会生产力的发展、商品经济的发展和现代管理科学的发展而产生和发展的。它是指综合运用管理学、经济学、工程技术和法律等方面的知识与技能,对工程造价进行预测、计划、控制、核算、分析和评价等的过程。工程造价管理涵盖宏观层次的工程建设投资管理,也涵盖微观层次的工程项目费用管理。

1. 工程造价的宏观管理

工程造价的宏观管理是指政府部门根据社会经济发展需求,利用法律、经济和行政等手段规范市场主体的价格行为、监控工程造价的系统活动。

2. 工程造价的微观管理

工程造价的微观管理是指工程参建主体根据工程计价依据和市场价格信息等预测、计划、控制、核算工程造价的系统活动。

（二）建设工程全面造价管理

根据国际造价管理协会（International Cost Engineering Council，ICEC）的定义，全面造价管理（Total Cost Management，TCM）是指有效利用专业知识和技术来计划和控制资源、成本、利润和风险。建设工程造价管理包括全寿命周期造价管理、全过程造价管理、全要素造价管理和全面造价管理。

1. 全寿命周期造价管理

建设项目的全寿命周期造价是指建设项目的初始建设成本和建成后的日常使用成本之和，包括规划与决策、建设与实施、运营与维护、拆除与回收等方面的成本。由于建设项目全寿命周期不同阶段的工程造价存在许多不确定因素，因此，全寿命周期造价管理主要是以最大限度地降低建设项目全寿命周期造价为指导思想，指导建设项目的投资决策和实施方案的选择。

2. 全过程造价管理

全过程造价管理是指涵盖建设项目规划决策和建设实施各个阶段的造价管理。它包括：规划决策阶段的项目计划、投资估算、项目经济评价、项目融资方案分析；设计阶段的限额设计、方案选择、概算；招标阶段的分标、发包方式和合同形式选择、招标控制价或标书编制；施工阶段的工程计量与结算、工程变更控制、索赔管理；竣工验收阶段的结算与决算等。

3. 全要素造价管理

影响建筑项目成本的因素很多，因此，建设工程造价的控制不仅仅是控制建设工程本身的造价，还要考虑控制工期造价、质量造价、安全和环境造价，从而实现建设工程造价、工期、质量、安全和环保的一体化管理。全要素造价管理的核心是按照轻重缓急的原则，协调和平衡进度、质量、安全、环保和成本之间的关系。

4. 全面造价管理

建设工程造价管理不仅仅是建设单位或承包单位的任务，而应是政府建设主管部门、行业协会、建设单位、设计单位、施工单位和相关信息机构的共同任务。虽然各方的地位、利益和观点不同，但必须建立完善的协作工作机制，才能实现对建设工程造价的有效控制。

二、工程造价管理的组织系统

工程造价管理的组织系统是指履行工程造价管理职能的有机群体，这些群体为实现工程造价管理目标而开展有效的组织活动。

（一）政府行政管理系统

政府在工程造价管理中既是宏观管理主体，也是政府投资项目的微观管理主体。政府对工程造价管理有一个严密的组织系统，设置了多部门、多层次的工程造价管理机构，并规定了各自的管理权限和职责范围。

1. 国务院建设主管部门造价管理机构

国务院建设主管部门造价管理机构的主要职责是：

1）组织制定工程造价管理有关法规、制度，并组织贯彻实施。

2）组织制定全国统一经济定额和制定、修订本部门经济定额。

3）监督指导全国统一经济定额和本部门经济定额的实施。

4）制定和负责全国工程造价咨询企业的资质标准及其资质管理工作。

5）制定全国工程造价管理专业人员职业资格准入标准，并监督执行。

2. 国务院其他部门的工程造价管理机构

国务院其他部门的工程造价管理机构包括：水利、水电、电力、石油、石化、机械、冶金、铁路、煤炭、建材、林业、有色、核工业、公路等行业和军队的相关机构。其主要职责是修订、编制和解释相应的工程建设标准定额，有的还担负本行业大型或重点建设项目的概算审批、概算调整等职责。

3. 省、自治区、直辖市工程造价管理部门

省、自治区、直辖市工程造价管理部门的主要职责是修编、解释当地定额、收费标准和计价制度等。此外，还有开展工程造价审查（核）、提供造价信息、处理合同纠纷等职责。

（二）企事业单位管理系统

企事业单位的工程造价管理属微观管理范畴。设计单位、工程造价咨询单位等按照建设单位或委托方意图，在可行性研究和规划设计阶段合理确定和有效控制建设工程造价，通过限额设计等手段实现设定的造价管理目标；在招标投标阶段编制招标文件、标底或招标控制价，参加评标、合同谈判等工作；在施工阶段通过工程计量与支付、工程变更与索赔管理等控制工程造价。设计单位、工程造价咨询单位通过工程造价管理业绩，赢得声誉，提高市场竞争力。

工程承包单位的造价管理是企业自身管理的重要内容。工程承包单位设有专门的职能机构参与企业投标决策，并通过市场调查研究，利用过去积累的经验，研究报价策略，提出报价；在施工过程中，进行工程造价的动态管理，注意各种调价因素的发生，及时进行工程价款结算，避免收益的流失，以促进企业盈利目标的实现。

（三）行业协会管理系统

中国建设工程造价管理协会是经住房和城乡建设部及民政部批准成立的、代表我国建设工程造价管理的全国性行业协会，是具有法人资格的社会团体。同时，为了加强对各地工程造价咨询工作和造价工程师的行业管理，近年来，我国先后成立了各省、自治区、直辖市所属的地方工程造价管理协会。全国性造价管理协会与地方造价管理协会是平等、协商、相互支持的关系，地方协会接受全国性协会的业务指导，共同促进全国工程造价行业管理的整体提升。

三、工程造价管理的主要内容

在工程建设全过程各个不同阶段，工程造价管理有着不同的工作内容，其目的是在优化建设方案、设计方案、施工方案的基础上，有效控制建设工程项目的实际费用支出。

（一）工程项目策划阶段

工程项目策划阶段，按照有关规定编制和审核投资估算，经有关部门批准后，即可作为拟建工程项目的控制造价。同时，基于不同的投资方案进行经济评价，其结果可作为工程项目决策的重要依据。

（二）工程设计阶段

工程设计阶段，在限额设计、优化设计方案的基础上，编制和审核工程概算、施工图预算。对于政府投资工程而言，经有关部门批准的工程概算将作为拟建工程项目造价的最高限额。

（三）工程发承包阶段

工程发承包阶段，进行招标策划，编制和审核工程量清单、招标控制价或标底，确定投标报价及其策略，直至确定承包合同价。

（四）工程施工阶段

工程施工阶段，进行工程计量及工程款支付管理，实施工程费用动态监控，处理工程变更和索赔。

（五）工程竣工阶段

工程竣工阶段，编制和审核工程结算、编制竣工决算，处理工程保修费用。

四、工程造价咨询管理制度

根据《造价工程师职业资格制度规定》，国家设置了造价工程师准入类职业资格，纳入国家职业资格目录。工程造价咨询企业从事工程造价咨询活动，应当遵循独立、客观、公正、诚实信用的原则，不得损害社会公共利益和他人的合法权益。

（一）造价工程师

造价工程师是指通过造价工程师执业资格考试取得中华人民共和国造价工程师职业资格证书，并经注册后取得中华人民共和国造价工程师注册执行证书和执业印章，从事建设工程造价工作的专业技术人员。工程造价咨询企业应配备造价工程师，工程建设活动中有关工程造价管理岗位按需要配备造价工程师。造价工程师分为一级造价工程师和二级造价工程师。

（二）造价工程师的执业范围

1）建设项目建议书及可行性研究投资估算的编制、项目经济评价报告的编制和审核。

2）工程概算、工程预算、工程结算、竣工决算、工程招标标底价、投标报价的编制和审核。

3）工程变更及合同价款的调整和索赔费用的计算。

4）建设项目各阶段的工程造价控制。

5）工程经济纠纷的鉴定和仲裁咨询。

6）工程造价计价依据的编制、审核。

7）提供工程造价信息服务。

8）与工程造价有关的其他事项。

（三）工程造价咨询企业

工程造价咨询企业是指接受委托，对建设工程造价的确定与控制提供专业咨询服务的企业，主要从事建设项目投资估算、工程概算、工程预算、工程量清单、招标标底、投标报价、工程结算、竣工决算的编制和审核及项目经济评价等活动。工程造价咨询企业可以为政府部门、建设单位、施工单位、设计单位等提供相关专业技术服务。

课后思考与综合运用

课后思考

1. 试述建设项目的组成及建设项目的建设程序。
2. 试述工程计价模式。
3. 工程造价管理的主要内容有哪些？

能力拓展

全过程工程咨询

在建筑行业领域,工程价格一直是建筑市场博弈的中心,工程造价贯穿项目管理全过程,是全过程工程咨询的核心,而全过程咨询应将提升项目价值作为主要工作目标。从政策角度看,过去对工程咨询行业管理一直是分段实施的,随着国家"放管服"改革的深入推进,不断简化和取消行政许可,这将逐步弱化建筑市场准入要求,尤其是全过程咨询各个阶段市场准入的限制;从项目投资控制角度看,在碎片化管理模式下,项目从前期决策到设计、招标、施工等阶段的控制重点和实施主体各有不同,导致投资控制和监管的分散性、差异化;从咨询企业角度看,缺乏各专业深度融合和复合型领军人才,需要既懂法律,又懂技术、经济和合同管理等方面的专业团队分工协作才能提升项目价值。目前,我国已经形成一批初具全过程工程咨询服务实践能力的优秀企业,通过他们的实践,造价在全过程工程咨询的核心和关键作用已经被社会广泛认可。

全过程工程咨询的核心是通过一系列的整合与集成,构建一个管理创造价值的过程。这个过程是对互不相同但又相互关联的生产活动进行管理,进而形成一条价值链。全过程工程咨询应秉持寻找和抓住事物的主要矛盾的理念,采用整合或组合的管理手段,实现$1+1>2$的效果。

在项目投资控制方面,全过程工程咨询是依据项目价值链主线的要求,有针对性地制订管理流程,采用整合与集成管理手段,避免各阶段投资管理的碎片化问题的过程;是强化对投资控制影响较大阶段的造价咨询力量投入,解决造价咨询资源错配的问题的过程;是各阶段增加投资控制的可控性,减少投资控制的风险,使各阶段的投资控制处于可控状态形成价值链的过程。

全过程工程咨询模式及其选择,取决于委托方需求、项目环境等众多因素。未来的全过程工程咨询将会呈现多元化态势,形成与不同投资主体需求相适应的全过程工程咨询服务组织模式,它可能会覆盖项目策划与建设实施全过程,也可能只涉及其中若干阶段。

工程造价咨询企业发展全过程咨询还有很长的路要走。工程造价咨询企业应通过引进、培养复合型专业人才,打造高端咨询服务团队;应强化项目前期造价控制能力,解决目前咨询错配的问题;应通过国际交流与合作,发展为具有国际竞争力的咨询公司。

随着我国政府简政放权和行政许可改革的不断推进,工程咨询企业进一步放开门槛、加快融合和对外开放,工程造价咨询业将迎来新的发展机遇和挑战。

推荐阅读材料

[1] 袁凤祥,秦岩宾,安家瑞. 三维激光扫描技术在土石方量测量中的应用[J]. 测绘工程, 2016,25(9):55-58.

[2] 王明波,王子琪,张小丫.风险管理在工程造价咨询服务质量管理中的应用[J].建筑经济, 2022,43(2):68-76.

[3] 周杰,张艳华.基于 R 软件神经网络算法和工程量估算案例[J].工程造价管理,2021(6): 20-27.

[4] 王奕斌,邹小红.基于 FCM 和 LSSVM 的建筑工程造价合理性审核研究[J].工程造价管理,2021(6):20-27.

[5] 严玲,尹贻林.工程计价学[M].北京:中国机械工业出版社,2021.

[6] 钟炜,张友栋.BIM-5D 技术对提高 EPC 工程价款精准支付的应用研究[J].工程造价管理,2018(5):18-24.

第二章 建设工程造价构成

国家要强大、民族要复兴,必须靠我们自己砥砺奋进、不懈奋斗。行百里者半九十。中华民族的伟大复兴,不会是欢欢喜喜、热热闹闹、敲锣打鼓那么轻而易举就实现的。我们要靠自己的努力,大国重器必须掌握在自己手里。要通过自力更生,倒逼自主创新能力的提升。试想当年建设三峡工程,如果都是靠引进,靠别人给予,我们哪会有今天的引领能力呢。我们自己迎难克坚,不仅取得了三峡工程这样的成就,而且培养出一批人才,我为你们感到骄傲,为我们国家有这样的能力感到自豪。希望我们共同努力,上下同心,13亿多中国人齐心合力共圆中国梦。[①]

导 言

三峡工程的投资构成[②]

三峡工程作为我国重大工程项目的代表,是当今世界瞩目的规模宏伟、技术复杂的特大型水利工程。该工程跳出了"投资无底洞、工期马拉松"的怪圈,为重大工程项目的投资控制提供了可借鉴的宝贵经验。研究三峡工程的成功经验,归纳和提炼其中蕴藏的管理思想和管理模式,对提升重大工程项目管理水平,提高投资效益,具有重要意义。三峡大坝如图2-1所示。

图 2-1 三峡大坝

---

① 摘自:习近平考察三峡工程:大国重器必须掌握在我们自己手里[OL].中国政府网,(2018-4-25)[2022-6-30].https://www.gov.cn/xinwen/2018-04/25/content_5285632.htm.

② 摘自:张桂林.三峡工程累计投资1849亿元巨大综合效益凸显[OL].新华网,(2009-09-13)[2013.6.30].http://finance.qq.com/a/20090913/000632.htm.

对于是否兴建三峡工程以及采取什么方案兴建,国家的决策是非常慎重的,其间论证的焦点除了安全、航运、生态环境以及工程技术问题之外,一个关键因素就是建设投资和后续费用国力能否承受,即建设资金来源和投资控制的问题。为慎重起见,国家专门组织了投资估算专家论证组,历经数年反复测算修订,1994年,经国家批准最终确定了三峡工程初步设计静态总概算为900.9亿元(1993年5月价格水平),其中枢纽工程500.9亿元,水库淹没处理及移民安置400亿元。1993年,根据当时拟定的工程资金来源、利息水平和物价上涨的预测,估算计入物价上涨及施工期贷款利息的总投资约为2 039亿元。项目的论证决策过程就是投资测算越来越精确的过程,从投资估算到批准的初步设计概算,三峡工程的投资控制目标得以确定。

三峡工程的总投资包括静态投资和动态投资两部分,静态投资主要由建设方案和现场条件决定,对于建设项目系统来说,属于内部因素,是通过建设主体的努力可以控制的一部分投资;动态投资则主要受外界环境制约的因素决定,如价差和利率、汇率变动而引起的融资成本的变化。静态投资与动态投资之间是正相关的。静态投资越高,则价差调整越多,筹资成本也越高。三峡工程投资构成如图2-2所示。

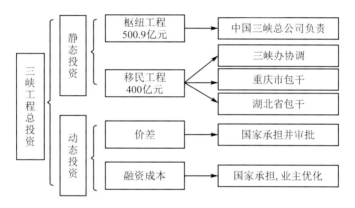

图2-2 三峡工程投资构成示意图

静态投资500.9亿元就是业主控制静态投资的最高限额(确定的目标值,定值),不得突破,而价差部分是根据每年的物价上涨指数,经过有资质的中介机构测算后,报上级主管部门审批后执行(随动控制)。对于设计变更的控制,在现场地质条件与设计不符时,现场实际情况的信息由施工方提出,经监理方和业主会签后送达设计方,设计方在做出设计修改的同时会将该变更产生的投资变化信息反馈给业主和监理方,由业主最后决策是否采用该项变更,这就是一个顺馈控制与反馈控制相结合的多级递阶控制过程。

在工程建设过程中,三峡总公司采用"静态控制、动态管理"的投资控制模式,以500.9亿元的初步设计概算作为控制枢纽工程静态投资的最高限额,通过优化设计、规范招标投标、严格合同管理、加强风险控制、实行技术创新和管理创新等措施对静态投资实施控制;以总额控制,总价包干的方式将移民安置费包干给重庆市和湖北省;通过多渠道融资,多途径降低融资成本以及分年度测算审批价差的方式控制动态投资。

读完三峡工程投资控制的经验介绍,人们会感叹三峡工程的浩大,同时也一定会对大型工程投资形成感到疑惑,本章将帮你了解工程投资构成和工程造价的关系,以及工程造价各项费用的构成和计算。

第一节 建设项目总投资构成

建设项目总投资包括固定资产投资和流动资产投资。其中,固定资产投资即建设工程造价,包括建设投资、建设期利息和固定资产投资方向调节税三部分。固定资产投资中的建设投资是建设工程造价的主要构成成分,根据《建设项目经济评价方法与参数(第三版)》(发改投资〔2006〕1325号)的规定,建设投资包括工程费用、工程建设其他费用和预备费三部分。工程费用是指建设期内直接用于工程建造、设备购置及其安装的费用;工程建设其他费用是指建设期内发生的与土地使用权取得、项目建设及未来生产经营有关的构成建设投资但不包括在工程费用中的费用;预备费是指在建设期内为各种不可预见因素的变化而预留的可能增加的费用,包括基本预备费和价差预备费。总之,建设工程造价的基本构成既包括用于建筑安装施工所需支出的费用、购买工程项目所含各种设备的费用、购置建设用地的费用、委托工程勘察设计所应支付的费用,也包括用于建设单位自身进行项目筹建和项目管理所花费的费用等。建设项目总投资的构成内容如图2-3所示。

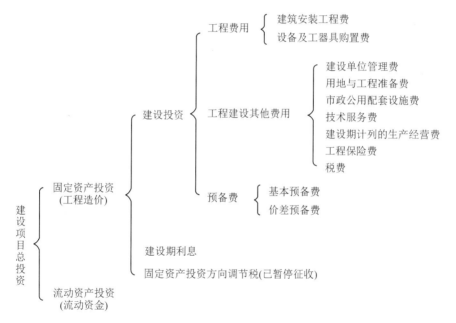

图2-3 建设项目总投资构成

第二节 建筑安装工程费用

建筑安装工程费用是指为完成工程项目建造、生产性设备及配套工程安装所需的费用,它是建设单位支付给建筑安装施工企业的全部费用,是以货币形式表现的建筑安装工程价值。在建设工程造价构成中,建筑安装工程费用具有相对独立性,也是最具活力、最为重要的组成部分。

一、建筑安装工程费用内容

建筑安装工程费用包括建筑工程费用和安装工程费用两个部分。

(一)建筑工程费用内容

1) 各类房屋建筑工程和列入房屋建筑工程预算的供水、供暖、卫生、通风、煤气等设备费用及其装设、油饰工程的费用,列入建筑工程预算的各种管道、电力、电信和电缆导线敷设工程的费用。

2) 设备基础、支柱、工作台、烟囱、水塔、水池、灰塔等建筑工程以及各种炉窑的砌筑工程和金属结构工程的费用。

3) 为施工而进行的场地平整,工程和水文地质勘察,原有建筑物和障碍物的拆除以及施工临时用水、电、气、路和完工后的场地清理,环境绿化、美化等工作的费用。

4) 矿井开凿、井巷延伸、露天矿剥离,石油、天然气钻井,修建铁路、公路、桥梁、水库、堤坝、灌渠及防洪等工程的费用。

(二)安装工程费用内容

1) 生产、动力、起重、运输、传动和医疗、实验等各种需要安装的机械设备的装配费用,与设备相连的工作台、梯子、栏杆等设施的工程费用,附属于被安装设备的管线敷设工程费用,以及被安装设备的绝缘、防腐、保温、油漆等工作的材料费和安装费。

2) 为测定安装工程质量,对单台设备进行单机试运转、对系统设备进行系统联动无负荷试运转工作的调试费。

二、建筑安装工程费用项目划分

根据住房和城乡建设部、财政部颁发的《关于印发〈建设安装工程费用项目组成〉的通知》(建标〔2013〕44号)(以下简称《通知》),我国现行建筑安装工程费用项目按两种不同的方式划分,即按费用构成要素划分和按造价形成划分,其具体构成如图2-4所示。

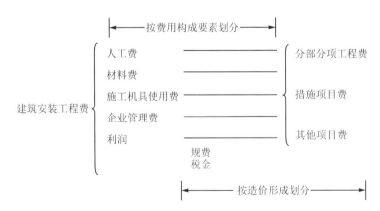

图 2-4 建筑安装工程费用项目构成

三、按费用构成要素划分的建筑安装工程费用项目构成

按照费用构成要素划分,建筑安装工程费包括人工费、材料费、施工机具使用费、企业管理费、利润、规费和税金。

(一)人工费

1. 人工费的内容

人工费是指按工资总额构成规定,支付给从事建筑安装工程施工的生产工人和附属生产单位工人的各项费用。人工费的内容包括:

1)计时工资或计件工资:是指按计时工资标准和工作时间或对已做工作按计件单价支付给个人的劳动报酬。

2)奖金:是指对超额劳动和增收节支支付给个人的劳动报酬,如节约奖、劳动竞赛奖等。

3)津贴补贴:是指为了补偿职工特殊或额外的劳动消耗和因其他特殊原因支付给个人的津贴,以及为了保证职工工资水平不受物价影响支付给个人的物价补贴,如流动施工津贴、特殊地区施工津贴、高温(寒)作业临时津贴、高空作业津贴等。

4)加班加点工资:是指按规定支付的在法定节假日工作的加班工资和在法定日工作时间外延时工作的加点工资。

5)特殊情况下支付的工资:是指根据国家法律、法规和政策规定,因病、工伤、产假、计划生育假、婚丧假、事假、探亲假、定期休假、停工学习、执行国家或社会义务等原因按计时工资标准或计时工资标准的一定比例支付的工资。

2. 人工费的计算

人工费的计算公式为

$$人工费 = \sum(工日消耗量 \times 日工资单价) \tag{2-1}$$

其中

$$日工资单价 = \frac{生产工人平均月工资(计时计件) + 平均月(奖金 + 津贴补贴 + 特殊情况下支付的工资)}{年平均每月法定工作日} \tag{2-2}$$

式(2-1)主要适用于施工企业投标报价时自主确定人工费,也是工程造价管理机构编制计价定额确定定额人工单价或发布人工成本信息的参考依据。

$$人工费 = \sum(工程工日消耗量 \times 日工资单价) \tag{2-3}$$

式(2-3)中,日工资单价是指施工企业平均技术熟练程度的生产工人在每工作日(国家法定工作时间内)按规定从事施工作业应得的日工资总额。

工程造价管理机构应根据工程项目的技术要求,通过市场调查,参考实物工程量人工单价综合分析确定日工资单价,最低日工资单价不得低于工程所在地人力资源和社会保障部门所发布的最低工资标准的普工1.3倍、一般技工2倍、高级技工3倍。

式(2-3)适用于工程造价管理机构编制用人定额时确定定额人工费,是施工企业投标报价的参考依据。

（二）材料费

1．材料费的内容

材料费是指施工过程中耗费的原材料、辅助材料、构配件、零件、半成品或成品、工程设备的费用。材料费的内容包括：

1）材料原价：是指材料、工程设备的出厂价格或商家供应价格。

2）运杂费：是指材料、工程设备自来源地运至工地仓库或指定堆放地点所发生的全部费用。

3）运输损耗费：是指材料在运输装卸过程中不可避免的损耗。

4）采购及保管费：是指为组织采购、供应和保管材料、工程设备的过程中所需要的各项费用，包括采购费、仓储费、工地保管费、仓储损耗。

以上所说的工程设备是指构成或计划构成永久工程一部分的机电设备、金属结构设备、仪器装置及其他类似的设备和装置。

2．材料费的计算

1）材料费的计算公式为

$$材料费 = \sum（材料消耗量 \times 材料单价） \qquad (2-4)$$

其中

$$材料单价 = \{（材料原价+运杂费）\times[1+运输损耗率（\%）]\} \times [1+采购保管费率（\%）]$$
$$(2-5)$$

2）工程设备费的计算公式为

$$工程设备费 = \sum（工程设备量 \times 工程设备单价） \qquad (2-6)$$

其中

$$工程设备单价 = （设备原价+运杂费）\times[1+采购保管费率（\%）] \qquad (2-7)$$

（三）施工机具使用费

1．施工机具使用费的内容

施工机具使用费是指施工作业所发生的施工机械、仪器仪表使用费或其租赁费。施工机具使用费的内容包括：

1）施工机械使用费是以施工机械台班耗用量乘以施工机械台班单价表示。而施工机械台班单价由下列7项费用组成：

① 折旧费：是指施工机械在规定的使用年限内，陆续收回其原值的费用。

② 大修理费：是指施工机械按规定的大修理间隔台班进行必要的大修理，以恢复其正常功能所需的费用。

③ 经常修理费：是指施工机械除大修理以外的各种保养和临时故障排除所需的费用。包括为保障机械正常运转所需替换设备与随机配备工具附件的摊销和维护费用，机械运转中日常保养所需润滑与擦拭的材料费用及机械停滞期间的维护和保养费用等。

④ 安拆费及场外运费：安拆费是指施工机械（大型机械除外）在现场进行安装与拆除所需

的人工、材料、机械和试运转费用以及机械辅助设施的折旧、搭设、拆除等费用;场外运费是指施工机械整体或分体自停放地点运至施工现场或由一施工地点运至另一施工地点的运输、装卸、辅助材料及架线等费用。

⑤ 人工费:是指机上司机(司炉)和其他操作人员的人工费。

⑥ 燃料动力费:是指施工机械在运转作业中所消耗的各种燃料及水、电等。

⑦ 税费:是指施工机械按照国家规定应缴纳的车船使用税、保险费及年检费等。

2)仪器仪表使用费是指工程施工所需使用的仪器仪表的摊销及维修费用。

2. 施工机具使用费的计算

(1)施工机械使用费

施工机械使用费的计算公式为

$$施工机械使用费 = \sum(施工机械台班消耗量 \times 机械台班单价) \qquad (2-8)$$

其中

$$机械台班单价 = 台班折旧费 + 台班大修费 + 台班经常修理费 + 台班安拆费及场外运费 +$$
$$台班人工费 + 台班燃料动力费 + 台班车船税费 \qquad (2-9)$$

工程造价管理机构在确定计价定额中的施工机械使用费时,应根据《建筑施工机械台班费用计算规则》,结合市场调查编制施工机械台班单价。施工企业可以参考工程造价管理机构发布的机械台班单价,自主确定施工机械使用费的报价,如租赁施工机械,其计算公式为

$$施工机械使用费 = \sum(施工机械台班消耗量 \times 机械台班租赁单价) \qquad (2-10)$$

(2)仪器仪表使用费

仪器仪表使用费的计算公式为

$$仪器仪表使用费 = 工程使用的仪器仪表摊销费 + 维修费 \qquad (2-11)$$

(四)企业管理费

1. 企业管理费的内容

企业管理费是指建筑安装企业组织施工生产和经营管理所需的费用。企业管理费的内容包括:

1)管理人员工资:是指按规定支付给管理人员的计时工资、奖金、津贴补贴、加班加点工资及特殊情况下支付的工资等。

2)办公费:是指企业管理办公用的文具、纸张、账表、印刷、邮电、书报、办公软件、现场监控、会议、水电、烧水和集体取暖降温(包括现场临时宿舍取暖降温)等费用。

3)差旅交通费:是指职工因公出差、调动工作的差旅费、住勤补助费、市内交通费和误餐补助费,职工探亲路费,劳动力招募费,职工退休、退职一次性路费,工伤人员就医路费,工地转移以及管理部门使用的交通工具的油料、燃料等费用。

4)固定资产使用费:是指管理和试验部门及附属生产单位使用的属于固定资产的房屋、设备、仪器等的折旧、大修、维修或租赁费。

5)工具用具使用费:是指企业施工生产和管理使用的不属于固定资产的工具、器具、家具、交通工具和检验、试验、测绘、消防用具等的购置、维修和摊销费。

6)劳动保险和职工福利费:是指由企业支付的职工退职金、按规定支付给离休干部的经

费、集体福利费、夏季防暑降温费、冬季取暖补贴、上下班交通补贴等。

7）劳动保护费：是指企业按规定发放的劳动保护用品的支出，如工作服、手套、防暑降温饮料以及在有碍身体健康的环境中施工的保健费用等。

8）检验试验费：是指施工企业按照有关标准规定，对建筑以及材料、构件和建筑安装物进行一般鉴定、检查所发生的费用，包括自设试验室进行试验所耗用的材料等费用。不包括新结构、新材料的试验费，对构件做破坏性试验及其他特殊要求检验试验的费用和建设单位委托检测机构进行检测的费用。对此类检测发生的费用，由建设单位在工程建设其他费用中列支。但对施工企业提供的具有合格证明的材料进行检测不合格的，该检测费用由施工企业支付。

9）工会经费：是指企业按《工会法》规定的全部职工工资总额比例计提的工会经费。

10）职工教育经费：是指按职工工资总额的规定比例计提，企业为职工进行专业技术和职业技能培训，专业技术人员继续教育、职工职业技能鉴定、职业资格认定以及根据需要对职工进行各种文化教育所发生的费用。

11）财产保险费：是指施工管理用财产、车辆等的保险费用。

12）财务费：是指企业为施工生产筹集资金或提供预付款担保、履约担保、职工工资支付担保等所发生的各种费用。

13）税金：是指除增值税之外的企业按规定缴纳的房产税、非生产性车船使用税、土地使用税、印花税、消费税、资源税、环境保护税、城市维护建设税、教育费附加、地方教育附加等各项税费。

14）其他：包括技术转让费、技术开发费、投标费、业务招待费、绿化费、广告费、公证费、法律顾问费、审计费、咨询费、保险费、劳动力招募费、企业定额编制费等。

2. 企业管理费的计算

在不同的取费基础下，企业管理费费率的计算方法也各不相同。

1）以分部分项工程费为计算基础：

$$企业管理费费率（\%）=\frac{生产工人年平均管理费}{年有效施工天数×人工单价}×\frac{人工费占分部分项}{工程费比例（\%）} \quad (2-12)$$

2）以人工费和机械费合计为计算基础：

$$企业管理费费率（\%）=\frac{生产工人年平均管理费}{年有效施工天数×（人工单价＋每工日机械使用费）}×100\%$$

$$(2-13)$$

3）以人工费为计算基础：

$$企业管理费费率（\%）=\frac{生产工人年平均管理费}{年有效施工天数×人工单价}×100\% \quad (2-14)$$

上述公式适用于施工企业投标报价时自主确定管理费，也是工程造价管理机构编制计价定额确定企业管理费的参考依据。

工程造价管理机构在确定计价定额中企业管理费时，应以定额人工费或定额人工费与定额机械费之和为计算基数，根据历年工程造价积累资料并辅以调查数据确定费率。企业管理费应列入分部分项工程和措施项目费中。

（五）利　润

利润是指施工企业完成所承包工程而获得的盈利。其计算方法为：

1）施工企业根据自身需求并结合建筑市场实际自主确定，列入报价中。

2）工程造价管理机构在确定计价定额中的利润时，应以定额人工费或定额人工费与定额机械费之和为计算基数，根据历年工程造价积累资料并结合建筑市场实际确定费率。以单位（项）工程测算，利润在税前建筑安装工程费用的比重可按不低于5%且不高于7%的费率计算。利润应列入分部分项工程和措施项目费中。

（六）规　费

1. 规费的构成

规费是指按国家法律、法规规定，由省级政府和省级有关权力部门规定必须缴纳或计取，应计入建筑安装工程造价的费用。规费主要包括：

1）社会保险费：包括养老保险费、失业保险费、医疗保险费、生育保险费和工伤保险费，分别指企业按照规定标准为职工缴纳的基本养老保险费、失业保险费、基本医疗保险费、生育保险费和工伤保险费。

2）住房公积金：是指企业按照规定标准为职工缴纳的住房公积金。

2. 规费的计算方法

社会保险费和住房公积金应以定额人工费为计算基础，根据工程所在地省、自治区、直辖市或行业建设主管部门规定的费率计算。

$$社会保险费和住房公积金 = \sum（工程定额人工费 \times 社会保险费和住房公积金费率）$$

$$(2-15)$$

（七）税金——增值税

建筑安装工程费用中的税金是指按照国家税法规定的应计入建筑安装工程造价内的增值税额，按税前造价乘以增值税税率确定。

1. 采用一般计税方法时增值税的计算

当采用一般计税方法时，建筑业增值税税率为9%。计算公式为

$$增值税 = 税前造价 \times 9\% \qquad (2-16)$$

税前造价为人工费、材料费、施工机具使用费、企业管理费、利润和规费之和，各费用项目均以不包含增值税可抵扣进项税额的价格计算。

2. 采用简易计税方法时增值税的计算

（1）简易计税的适用范围

根据《营业税改征增值税试点实施办法》以及《营业税改征增值税试点有关事项的规定》，简易计税方法主要适用于以下几种情况：

小规模纳税人发生应税行为适用简易计税方法计税。小规模纳税人通常是指纳税人提供建筑服务的年应征增值税销售额未超过500万元，并且会计核算不健全，不能按规定报送有关税务资料的增值税纳税人。年应征增值税销售额超过500万元，但不经常发生应税行为的单位也可选择按照小规模纳税人计税。

一般纳税人以清包工方式提供的建筑服务，可以选择适用简易计税方法计税。以清包工方式提供建筑服务，是指施工方不采购建筑工程所需的材料或只采购辅助材料，并收取人工费、管理费或者其他费用的建筑服务。

一般纳税人为甲供工程提供的建筑服务,可以选择适用简易计税方法计税。甲供工程,是指全部或部分设备、材料、动力由工程发包方自行采购的建筑工程。

一般纳税人为建筑工程老项目提供的建筑服务,可以选择适用简易计税方法计税。建筑工程老项目:一是《建筑工程施工许可证》注明的合同开工日期在 2016 年 4 月 30 日前的建筑工程项目;二是未取得《建筑工程施工许可证》的,建筑工程承包合同注明的开工日期在 2016 年 4 月 30 日前的建筑工程项目。

(2)简易计税的计算方法

当采用简易计税方法时建筑业增值税税率为 3%。计算公式为

$$增值税 = 税前造价 \times 3\% \tag{2-17}$$

税前造价为人工费、材料费、施工机具使用费、企业管理费、利润和规费之和,各费用项目均以包含增值税进项税额的含税价格计算。

2020 年 2 月,为支持个体工商户做好新冠肺炎疫情防控同时加快复工复业,国家财政部、税务总局发布公告(财政部 税务总局公告 2020 年第 13 号)明确,适用 3%税率的小规模纳税人按 1%征收率征收增值税;2022 年 3 月国家财政部、税务总局再次发布公告(财政部 税务总局公告 2022 年第 15 号)明确,自即日起至 2022 年 12 月 31 日增值税调整为全部减免。该税收优惠政策的初衷是扶持中小企业和个体工商户做好新冠肺炎疫情防控同时加快复工复业,降低企业税负,是一个针对中小企业和个体工商户的阶段性扶持政策。

四、按造价形成划分的建筑安装工程费用项目构成

建筑安装工程费用按照工程造价形成由分部分项工程费、措施项目费、其他项目费、规费和税金组成。

(一)分部分项工程费

分部分项工程费是指各专业工程的分部分项工程应予列支的各项费用。其中,专业工程是指按现行国家计量规范划分的房屋建筑与装饰工程、仿古建筑工程、通用安装工程、市政工程、园林绿化工程、矿山工程、构筑物工程、城市轨道交通工程、爆破工程等各类工程。分部分项工程是指按现行国家计量规范对各专业工程划分的项目。例如,房屋建筑与装饰工程划分的土石方工程、地基处理与边坡支护工程、桩基工程、砌筑工程、混凝土及钢筋混凝土工程等。各类专业工程的分部分项工程划分见现行国家或行业计量规范。

分部分项工程费的计算公式为

$$分部分项工程费 = \sum (分部分项工程量 \times 综合单价) \tag{2-18}$$

式(2-18)中,综合单价包括人工费、材料费、施工机具使用费、企业管理费和利润以及一定范围的风险费用。

(二)措施项目费

1. 措施项目费的内容

措施项目费是指为完成建筑工程施工,发生于该工程施工前和施工过程中的技术、生活、安全、环境保护等方面的费用。措施项目费的内容包括:

1)安全文明施工费。安全文明施工费是指工程项目施工期间,施工单位为保证安全施

工、文明施工和保护现场内外环境等所发生的措施项目费用。安全文明施工费通常由环境保护费、文明施工费、安全施工费、临时设施费组成,如表2-1所列。

① 环境保护费:是指施工现场为达到环保部门的要求所需要的各项费用。

② 文明施工费:是指施工现场文明施工所需要的各项费用。

③ 安全施工费:是指施工现场安全施工所需要的各项费用。

④ 临时设施费:是指施工企业为进行建设工程施工所必须搭设的生活和生产用临时建筑物、构筑物和其他临时设施的费用,包括临时设施的搭设、维修、拆除、清理或摊销等费用。

表 2-1 安全文明施工费的主要内容

项目名称	工作内容及包含范围
环境保护	现场施工机械设备降低噪声、防扰民措施费用,水泥和其他易飞扬细颗粒建筑材料密闭存放或采取覆盖措施等费用,工程防扬尘洒水费用,土石方、建渣外运车辆防护措施等费用,现场污染源控制、生活垃圾清理外运、场地排水排污措施费用,其他环境保护措施费用
文明施工	"五牌一图"费用,现场围挡的墙面美化(包括内外粉刷、刷白、标语等)、压顶装饰费用,现场厕所便槽刷白、贴面砖,水泥砂浆地面或地砖,建筑物内临时便溺设施费用,其他施工现场临时设施的装饰装修、美化措施费用,现场生活卫生设施费用,符合卫生要求的饮水设备、淋浴、消毒等设施费用,生活用洁净燃料费用,防煤气中毒、防蚊虫叮咬等措施费用,施工现场操作场地的硬化费用,现场绿化费用、治安综合治理费用,现场配备医药保健器材、物品费用和急救人员培训费用,现场工人防暑降温、电风扇、空调等设备及用电费用,其他文明施工措施费用
安全施工	安全资料、特殊作业专项方案的编制,安全施工标志的购置及安全宣传费用,"三宝"(安全帽、安全带、安全网)、"四口"(楼梯口、电梯井口、通道口、预留洞口)、"五临边"(阳台围边、楼板围边、屋面围边、槽坑围边、卸料平台两侧)、水平防护架、垂直防护架、外架封闭等防护费用,施工安全用电费用,包括配电箱三级配电、两级保护装置要求、外电防护措施费用,起重机、塔吊等起重设备(含井架、门架)及外用电梯的安全防护措施(含警示标志)及卸料平台的临边防护、层间安全门、防护棚等设施费用,建筑工地起重机械的检验检测费用,施工机具防护棚及其围栏的安全保护设施费用,施工安全防护通道费用,工人的安全防护用品、用具购置费用,消防设施与消防器材的配置费用,电气保护、安全照明设施费用,其他安全防护措施费用
临时设施	施工现场采用彩色、定型钢板、砖、混凝土砌块等围挡的安砌、维修、拆除费用,施工现场临时建筑物、构筑物的搭设、维修、拆除,如临时宿舍、办公室、食堂、厨房、厕所、诊疗所、临时文化福利用房、临时仓库、加工场、搅拌台、临时简易水塔、水池等费用,施工现场临时设施的搭设、维修、拆除,如临时供水管道、临时供电管线、小型临时设施等费用,施工现场规定范围内临时简易道路铺设,临时排水沟、排水设施安砌、维修、拆除费用,其他临时设施搭设、维修、拆除费用

2) 夜间施工增加费。夜间施工增加费是指因夜间施工所发生的夜班补助费、夜间施工降效、夜间施工照明设备摊销及照明用电等措施费用。其内容由以下各项组成:

① 夜间固定照明灯具和临时可移动照明灯具的设置、拆除费用。

② 夜间施工时,施工现场交通标志、安全标牌、警示灯的设置、移动、拆除费用。

③ 夜间照明设备摊销及照明用电、施工人员夜班补助、夜间施工劳动效率降低等费用。

3) 非夜间施工照明费。非夜间施工照明费是指为保证工程施工正常进行,在地下室等特殊施工部位施工时所采用的照明设备的安拆、维护及照明用电等费用。

4) 二次搬运费。二次搬运费是指因施工管理需要或因场地狭小等原因,导致建筑材料、设备等不能一次搬运到位,必须发生的二次或以上搬运所发生的费用。

5) 冬雨季施工增加费。冬雨季施工增加费是指因冬雨季天气原因导致施工效率降低加大投入而增加的费用,以及为确保冬雨季施工质量和安全而采取的保温、防雨等措施所需的费用。其内容由以下各项组成:

① 冬雨季施工时增加的临时设施(防寒保温、防雨、防风设施)的搭设、拆除费用。

② 冬雨季施工时,对砌体、混凝土等采用的特殊加温、保温和养护措施费用。

③ 冬雨季施工时,施工现场的防滑处理、对影响施工的雨雪的清除费用。

④ 冬雨季施工时增加的临时设施、施工人员的劳动保护用品、冬雨季施工劳动效率降低等费用。

6) 地上、地下设施和建筑物的临时保护设施费。在工程施工过程中,对已建成的地上、地下设施和建筑物进行的遮盖、封闭、隔离等必要保护措施所发生的费用。

7) 已完工程及设备保护费。竣工验收前,对已完工程及设备采取的覆盖、包裹、封闭、隔离等必要保护措施所发生的费用。

8) 脚手架费。脚手架费是指工程施工需要的各种脚手架的搭、拆、运输费用以及脚手架购置费的摊销(或租赁)费用。脚手架费通常包括以下内容:

① 施工时可能发生的场内、场外材料搬运费用。

② 搭、拆脚手架、斜道、上料平台费用。

③ 安全网的铺设费用。

④ 拆除脚手架后材料的堆放费用。

9) 混凝土模板及支架(撑)费。混凝土施工过程中需要的各种钢模板、木模板、支架等的支拆、运输费用及模板、支架的摊销(或租赁)费用。其内容由以下各项组成:

① 混凝土施工过程中需要的各种模板制作费用。

② 模板安装、拆除、整理堆放及场内外运输费用。

③ 清理模板黏结物及模内杂物、刷隔离剂等费用。

10) 垂直运输费。垂直运输费是指现场所用材料、机具从地面运至相应高度以及职工人员上下工作面等所发生的运输费用。其内容由以下各项组成:

① 垂直运输机械的固定装置、基础制作、安装费。

② 行走式垂直运输机械轨道的铺设、拆除、摊销费。

11) 超高施工增加费。当单层建筑物檐口高度超过 20 m,多层建筑物超过 6 层时,可计算超高施工增加费。其内容由以下各项组成:

① 建筑物超高引起的人工工效降低以及由于人工工效降低引起的机械降效费。

② 高层施工用水加压水泵的安装、拆除及工作台班费。

③ 通信联络设备的使用及摊销费。

12) 大型机械设备进出场及安拆费。机械整体或分体自停放场地运至施工现场或由一个施工地点运至另一施工地点所发生的机械进出场运输和转移费用及机械在施工现场进行安装、拆卸所需的人工费、材料费、机具费、试运转费和安装所需的辅助设施的费用。其内容由安拆费和进出场费组成:

① 安拆费包括施工机械、设备在现场进行安装拆卸所需人工、材料、机具和试运转费用以及机械辅助设施的折旧、搭设、拆除等费用。

② 进出场费包括施工机械、设备整体或分体自停放地点运至施工现场或由一施工地点运

至另一施工地点所发生的运输、装卸、辅助材料等费用。

13）施工排水、降水费。施工排水、降水费是指将施工期间有碍施工作业和影响工程质量的水排到施工场地以外，以防止在地下水位较高的地区开挖深基坑出现基坑浸水，地基承载力下降，在动水压力作用下还可能引起流砂、管涌和边坡失稳等现象而必须采取有效的降水和排水措施费用。该项费用由成井和排水、降水两个独立的费用项目组成：

① 成井。成井的费用主要包括：准备钻孔机械、埋设护筒、钻机就位，泥浆制作固壁，成孔、出渣、清孔等费用；对接上、下井管（滤管），焊接，安防，下滤料，洗井，连接试抽等费用。

② 排水、降水。排水、降水的费用主要包括：管道安装，拆除，场内搬运等费用；抽水、值班、降水设备维修等费用。

14）其他。根据项目的专业特点或所在地区不同，可能会出现其他的措施项目。例如，工程定位复测费（是指在工程施工过程中，进行的施工测量放线和复测工作费用）、特殊地区施工增加费（是指工程在沙漠或其边缘地区、高海拔、高寒、原始森林等特殊地区施工增加的费用）等。

2. 措施项目费的计算

按照有关专业工程量计算规范规定，措施项目分为应予计量的措施项目和不宜计量的措施项目两类。

（1）应予计量的措施项目

基本与分部分项工程费的计算方法相同，公式为

$$措施项目费 = \sum (措施项目工程量 \times 综合单价) \qquad (2-19)$$

不同的措施项目其工程量的计算单位是不同的，分列如下：

① 脚手架费通常按建筑面积或垂直投影面积以平方米为单位计量。

② 混凝土模板及支架（撑）费通常是按照模板与现浇混凝土构件的接触面积以平方米为单位计量。

③ 垂直运可根据不同情况用两种方法进行计算：按照建筑面积以平方米为单位计量；按照施工工期日历天数以天为单位计量。

④ 超高施工增加费通常按照建筑物超高部分的建筑面积以平方米为单位计量。

⑤ 大型机械设备进出场及安拆费通常按照机械设备的使用数量以台次为单位计量。

⑥ 施工排水、降水费分两个不同的独立部分计算：成井费用通常按照设计图示尺寸以钻孔深度按米计量；排水、降水费用通常按照排、降水日历天数按昼夜计量。

（2）不宜计量的措施项目

对于不宜计量的措施项目，通常用计算基数乘以费率的方法予以计算。

① 安全文明施工费。计算公式为

$$安全文明施工费 = 计算基数 \times 安全文明施工费费率(\%) \qquad (2-20)$$

计算基数应为定额基价（定额分部分项工程费＋定额中可以计量的措施项目费）、定额人工费或定额人工费与施工机具使用费之和，其费率由工程造价管理机构根据各专业工程的特点综合确定。

② 其余不宜计量的措施项目。包括夜间施工增加费，非夜间施工照明费，二次搬运费，冬雨季施工增加费，地上、地下设施、建筑物的临时保护设施费，已完工程及设备保护费等。计算

公式为

$$措施项目费 = 计算基数 \times 措施项目费费率(\%) \hspace{2cm} (2-21)$$

计算基数应为定额人工费或定额人工费与定额施工机具使用费之和,其费率由工程造价管理机构根据各专业工程特点和调查资料综合分析后确定。

(三) 其他项目费

1. 暂列金额

暂列金额是指建设单位在工程量清单中暂定并包括在工程合同价款中的一笔款项。用于施工合同签订时尚未确定或者不可预见的所需材料、工程设备、服务的采购,施工中可能发生的工程变更、合同约定调整因素出现时的工程价款调整以及发生的索赔、现场签证确认等费用。

暂列金额由建设单位根据工程特点,按有关计价规定估算,施工过程中由建设单位掌握使用,扣除合同价款调整后如有余额,归建设单位。

2. 暂估价

暂估价是指招标人在工程量清单中提供的用于支付必然发生但暂时不能确定价格的材料、工程设备的单价以及专业工程的金额。

暂估价中的材料、工程设备暂估单价根据工程造价信息或参照市场价格估算,计入综合单价;专业工程暂估价分不同专业,按有关计价规定估算。暂估价在施工中按照合同约定再加以调整。

3. 计日工

计日工是指在施工过程中,施工企业完成建设单位提出的施工图纸以外的零星项目或工作所需的费用。

计日工由建设单位和施工企业按施工过程中的有效签证计价。

4. 总承包服务费

总承包服务费是指总承包人为配合、协调建设单位进行的专业工程发包,对建设单位自行采购的材料、工程设备等进行保管以及施工现场管理、竣工资料汇总整理等服务所需的费用。

总承包服务费由建设单位在招标控制价中根据总包服务范围和有关计价规定编制,施工企业投标时自主报价,施工过程中按签约合同价执行。

(四) 规费和税金

规费和税金的构成和计算与按费用构成要素划分建筑安装工程费用项目组成部分是相同的。规费和税金必须按国家或省级、行业建设主管部门的规定计算,不得作为竞争性费用。

第三节　设备及工器具购置费用

设备及工器具购置费用是指为建设项目购置或自制的达到固定资产标准的各种国产或进口设备和工具、器具及生产家具等所需的费用,由设备购置费和工具、器具及生产家具购置费组成。

一、设备购置费

设备购置费指购置达到固定资产标准的设备所需的费用,由设备原价和设备运杂费构成。

$$设备购置费＝设备原价＋设备运杂费 \qquad (2-22)$$

式(2-22)中,设备原价指国产标准、国产非标准或进口设备的原价;设备运杂费指除设备原价之外的关于设备采购、运输、途中包装及仓库保管等方面支出的费用总和。

(一)国产标准设备原价

国产标准设备是指按主管部门颁布的标准图纸和技术要求,由国内设备生产厂家批量生产,符合国家质量检测标准的设备。国产标准设备一般有完善的设备交易市场,可通过查询相关交易市场价格或向设备生产厂家询价得到国产标准设备的原价。国产标准设备原价有两种,即带有备件的原价和不带备件的原价,计算时一般采用带有备件的原价。

(二)国产非标准设备原价

国产非标准设备是指国家无定型标准,设备生产厂家只能按订货要求并根据具体的设计图纸制造的设备。非标准设备由于无定型标准,不可能批量生产,所以无法获取市场交易价格,只能按其成本构成或相关技术参数估算其价格。成本计算估价法是一种比较常用的估算非标准设备原价的方法,按成本计算估价法,非标准设备的原价由材料费、加工费、辅助材料费、专用工具费、废品损失费、外购配套件费、包装费、利润、税金、非标准设备设计费组成。单台非标准设备原价可表达为

$$
\begin{aligned}
单台非标准设备原价＝\{ & [(材料费＋加工费＋辅助材料费)×(1＋专用工具费费率)× \\
& (1＋废品损失费费率)＋外购配套件费]×(1＋包装费费率)－ \\
& 外购配套件费\}×(1＋利润率)＋销项税额＋ \\
& 非标准设备设计费＋外购配套件费 \qquad (2-23)
\end{aligned}
$$

(三)进口设备原价

进口设备原价是指进口设备的抵岸价,即设备抵达买方边境港口或车站,交完各种手续费、税费后的价格。进口设备抵岸价的构成与其交货类别有关。

1. 进口设备的交货类别

进口设备的交货类别有内陆交货类、目的地交货类和装运港交货类。

(1)内陆交货类

内陆交货类即卖方在出口国内陆某个地点交货。在交货点,卖方及时提交合同规定的货物和有关凭证,并承担交货前的一切费用和风险;买方按时接受货物,交付货款,承担接货后的一切费用和风险,并自行办理出口手续和装运出口。货物的所有权也在交货后由卖方转移给买方。

(2)目的地交货类

目的地交货类即卖方在进口国港口或内地交货,有目的港船上交货价、目的港船边交货价、目的港码头交货价和完税后交货价等几种交货价格。在目的地交货类别中,买卖双方承担的责任、费用和风险是以目的地约定交货点为分界线,只有当卖方在交货点将货物置于买方控制下方算交货,方能向买方收取货款。目的地交货类对卖方来说承担的风险较大,在国际贸易

中卖方一般不愿意采用。

（3）装运港交货类

装运港交货类即卖方在出口国装运港交货，主要有3种交货价格：装运港船上交货价（FOB），习惯称为离岸价；运费在内价（CFR）；运费、保险费在内价（CIF），习惯称为到岸价。装运港交货类只要卖方按照约定的时间在装运港把合同规定的货物装船并提供货运单便完成交货。

装运港船上交货价（FOB）是我国进口设备采用最多的一种交货价格。采用船上交货价时卖方的责任是：负责在规定的期限内，在合同规定的装运港口将货物装上买方指定的船只，并及时通知买方；负担货物装船前的一切费用和风险，负责办理出口手续；提供出口国政府或有关方面签发的证件；负责提供有关装运单据。买方的责任是：负责租船或订舱，支付运费，并将船期、船名通知卖方；负担货物装船后的一切费用和风险；负责办理保险及支付保险费，办理在目的港的进口和收货手续；接受卖方提供的有关装运单据，并按合同规定支付货款。

2. 进口设备抵岸价的构成

进口设备的抵岸价通常由进口设备到岸价（CIF）和进口从属费构成。进口设备到岸价，即进口设备抵达买方边境港口或车站的价格，由进口设备货价、国际运费和运输保险费组成。进口从属费包括银行财务费、外贸手续费、关税、消费税、进口环节增值税等，进口车辆的还需缴纳车辆购置税。进口设备抵岸价的计算公式为

$$进口设备抵岸价 = 进口设备到岸价 + 进口从属费 \qquad (2-24)$$

其中

$$进口设备到岸价（CIF） = 进口设备货价 + 国际运费 + 运输保险费$$
$$= 进口设备离岸价（FOB） + 国际运费 + 运输保险费$$
$$= 进口设备运费在内价（CFR） + 运输保险费 \qquad (2-25)$$

$$进口从属费 = 银行财务费 + 外贸手续费 + 关税 + 消费税 +$$
$$进口环节增值税 + 进口车辆购置税 \qquad (2-26)$$

（1）货　价

货价一般指装运港船上交货价，即离岸价（FOB）。设备货价分为原币货价和人民币货价，原币货价一律折算为美元，人民币货价按原币货价乘以外汇市场美元兑换人民币汇率中间价确定。进口设备货价按有关生产厂商询价、报价、订货合同价计算。

（2）国际运费

国际运费即从装运港（站）到达我国边境港（站）的运费。其计算公式为

$$国际运费（海、陆、空） = 单位运价 \times 运量 \qquad (2-27)$$

或

$$国际运费（海、陆、空） = 原币货价（FOB） \times 运费率 \qquad (2-28)$$

式中，单位运价或运费率参照有关部门或进出口公司的规定执行。

（3）运输保险费

运输保险费是在对外贸易中，保险人（保险公司）与被保险人（出口人或进口人）签订保险契约，在被保险人交付议定的保险费后，保险人根据保险契约的规定对货物在运输过程中发生的承保责任范围内的损失给予的经济上的补偿，属于财产保险的一种。其计算公式为

$$运输保险费=\frac{原币货价(FOB)+国外运费}{1-保险费率}\times 保险费率 \qquad (2-29)$$

式中,保险费率按保险公司规定的进口货物保险费率计算。

（4）银行财务费

银行财务费一般是指在国际贸易结算中,中国银行为进出口商提供金融结算服务所收取的费用,可按下式简化计算：

$$银行财务费=离岸价格(FOB)\times 人民币外汇汇率\times 银行财务费率 \qquad (2-30)$$

（5）外贸手续费

外贸手续费是指按规定的外贸手续费率计取的费用,外贸手续费率一般取 1.5%,计算公式为

$$外贸手续费=到岸价格(CIF)\times 人民币外汇汇率\times 外贸手续费率 \qquad (2-31)$$

（6）关　税

关税是由海关对进出国境或关境的货物和物品征收的一种税。其计算公式为

$$关税=到岸价格(CIF)\times 人民币外汇汇率\times 进口关税税率 \qquad (2-32)$$

到岸价格作为关税的计征基数时,又可称为关税完税价格。进口关税税率分为普通和优惠两种,分别适用于未与或已与我国签订关税互惠条款的贸易条约或协定国家的进口设备。进口关税税率按我国海关总署发布的进口关税税率计算。

（7）消费税

消费税仅对部分进口设备(如轿车、摩托车等)征收,其计算公式为

$$应纳消费税税额=\frac{到岸价格(CIF)\times 人民币外汇汇率+关税}{1-消费税税率}\times 消费税税率$$

$$(2-33)$$

（8）进口环节增值税

进口环节增值税是对从事进口贸易的单位和个人,在进口商品报关进口后征收的税种。我国增值税条例规定,进口应税产品均按组成计税价格和增值税税率直接计算应纳税额。即：

$$进口环节增值税=组成计税价格\times 增值税税率 \qquad (2-34)$$

其中

$$组成计税价格=关税完税价格+关税+消费税 \qquad (2-35)$$

（9）进口车辆购置税

进口车辆需缴纳进口车辆购置税,其计算公式为

$$进口车辆购置税=(关税完税价格+关税+消费税)\times 进口车辆购置税率 \qquad (2-36)$$

（四）设备运杂费

设备运杂费是指国内采购设备自来源地、国外采购设备自到岸港运至工地仓库或指定堆放地点发生的采购、运输、运输保险、装卸、保管等费用。设备运杂费通常由下列各项构成：

1. 运费和装卸费

国产设备是由设备制造厂交货地点运至工地仓库(或施工组织设计指定的堆放地点)的运费和装卸费;进口设备是由我国到岸港口或边境车站运至工地仓库(或施工组织设计指定的堆放地点)的运费和装卸费。

2. 包装费

包装费是指在设备原价中没有包含的,为运输而进行的包装支出的各种费用。

3. 设备供销部门的手续费

设备供销部门的手续费按有关部门规定的统一费率计算。

4. 采购与仓库保管费

采购与仓库保管费是指采购、验收、保管和收发设备所发生的各种费用,包括设备采购人员、保管人员和管理人员的工资、工资附加费、办公费、差旅交通费,设备供应部门办公和仓库所占固定资产使用费、工具用具使用费、劳动保护费、检验试验费等。这些费用可按主管部门规定的采购与保管费费率计算。

设备运杂费按设备原价乘以各部门及省、市规定的设备运杂费费率计算。其计算公式为

$$设备运杂费 = 设备原价 \times 设备运杂费费率 \tag{2-37}$$

二、工具、器具及生产家具购置费

工具、器具及生产家具购置费是指新建或扩建项目初步设计规定的,保证初期正常生产必须购置的没有达到固定资产标准的设备、仪器、工卡模具、器具、生产家具和备品备件等的购置费用。

工具、器具及生产家具购置费一般以设备购置费乘以部门或行业规定的工具、器具及生产家具费率计算。其计算公式为

$$工具、器具及生产家具购置费 = 设备购置费 \times 定额费率 \tag{2-38}$$

第四节　工程建设其他费用

工程建设其他费用是指建设期发生的与土地使用权取得、全部工程项目建设以及未来生产经营有关的,除工程费用、预备费、增值税、建设期融资费用、流动资金以外的费用。

政府有关部门对建设项目管理监督所发生的,并由其部门财政支出的费用,不得列入相应建设项目的工程造价。

一、建设单位管理费

(一)建设单位管理费的内容

建设单位管理费是指项目建设单位从项目筹建之日起至办理竣工财务决算之日止发生的管理性质的支出。建设单位管理费包括工作人员薪酬及相关费用、办公费、办公场地租用费、差旅交通费、劳动保护费、工具用具使用费、固定资产使用费、招募生产工人费、技术图书资料费(含软件)、业务招待费、竣工验收费和其他管理性质开支。

(二)建设单位管理费的计算

建设单位管理费按照工程费用之和(包括设备工器具购置费和建筑安装工程费用)乘以建设单位管理费费率计算。

$$建设单位管理费 = 工程费用 \times 建设单位管理费费率 \tag{2-39}$$

实行代建制管理的项目,计列代建管理费等同建设单位管理费,不得同时计列建设单位管理费。委托第三方行使部分管理职能的,其技术服务费列入技术服务费项目。

二、用地与工程准备费

用地与工程准备费是指取得土地与工程建设施工准备所发生的费用。包括土地使用费和补偿费、场地准备费及临时设施费等。

(一)土地使用费和补偿费

建设用地的取得,实质是依法获取国有土地的使用权。依据《中华人民共和国土地管理法》《中华人民共和国土地管理法实施条例》《中华人民共和国城市房地产管理法》规定,获取国有土地使用权的基本方法有两种:一是出让方式,二是划拨方式。建设用地取得的基本方式还包括租赁和转让方式。

建设用地如通过行政划拨方式取得,则须承担征地补偿费用或对原用地单位或个人的拆迁补偿费用;若通过市场机制取得,除承担以上费用外,还须向土地所有者支付有偿使用费,即土地出让金。

1.征地补偿费用

(1)土地补偿费

土地补偿费是对农村集体经济组织因土地被征用而造成经济损失的一种补偿。征用耕地的补偿费,为该耕地被征前 3 年平均年产值的 6～10 倍。征用其他土地的补偿费标准,由省、自治区、直辖市参照征用耕地的补偿费标准规定。土地补偿费归农村集体经济组织所有。

(2)青苗补偿费和地上附着物补偿费

青苗补偿费是指因征地行为致使正在生长的农作物受到损害而做出的一种赔偿。在农村实行承包责任制后,农民自行承包土地的青苗补偿费应付给本人,属于集体种植的青苗补偿费可纳入当年集体收益。凡在协商征地方案后抢种的农作物、树木等,一律不予补偿。地上附着物是指房屋、水井、树木、涵洞、桥梁、公路、水利设施、林木等地面建筑物、构筑物、附着物等。视协商征地方案前地上附着物价值与折旧情况确定,应根据"拆什么、补什么;拆多少,补多少,不低于原来水平"的原则确定。如附着物产权属个人,则该项补偿费付给个人。地上附着物的补偿标准,由省、自治区、直辖市规定。

(3)安置补助费

安置补助费应支付给被征地单位和安置劳动力的单位,作为劳动力安置与培训的支出,以及作为不能就业人员的生活补助。征收耕地的安置补助费,按照需要安置的农业人口数计算。需要安置的农业人口数,按照被征收的耕地数量除以征地前被征收单位平均每人占有耕地的数量计算。每一个需要安置的农业人口的安置补助费标准,为该耕地被征收前 3 年平均年产值的 4～6 倍。但是,每公顷被征收耕地的安置补助费,最高不得超过被征收前 3 年平均年产值的 15 倍。土地补偿费和安置补助费,尚不能使需要安置的农民保持原有生活水平的,经省、自治区、直辖市人民政府批准,可以增加安置补助费。但是,土地补偿费和安置补助费的总和不得超过土地被征收前 3 年平均年产值的 30 倍。另外,对于失去土地的农民,还需要支付养老保险补偿。

（4）新菜地开发建设基金

新菜地开发建设基金是指征用城市郊区商品菜地时支付的费用。这项费用交给地方财政，作为开发建设新菜地的投资。菜地是指城市郊区为供应城市居民蔬菜，连续 3 年以上常年种菜地或者养殖鱼、虾等的商品菜地和精养鱼塘。一年只种一茬或因调整茬口安排种植蔬菜的，均不作为需要收取开发基金的菜地。征用尚未开发的规划菜地，不缴纳新菜地开发建设基金。对蔬菜产销放开口，能够满足供应，不再需要开发新菜地的城市，不收取新菜地开发建设基金。

（5）耕地开垦费和森林植被恢复费

在土地征用过程中，征用耕地的需要包含耕地开垦费用；若征用范围涉及森林、草原，还应包括森林植被恢复费用等。

（6）生态补偿与压覆矿产资源补偿费

水土保持等生态补偿费是指建设项目对水土保持等生态造成影响所发生的除工程费之外补救或者补偿费用；压覆矿产资源补偿费是指项目工程对被其压覆的矿产资源利用造成影响所发生的补偿费用。

（7）其他补偿费

其他补偿费是指建设项目涉及的对房屋、市政、铁路、公路、管道、通信、电力、河道、水利、厂区、林区、保护区、矿区等不附属于建设用地但与建设项目相关的建筑物、构筑物或设施的拆除、迁建补偿、搬迁运输补偿等费用。

（8）土地管理费

土地管理费主要作为征地工作中所发生的办公、会议、培训、宣传、差旅、借用人员工资等必要的费用。土地管理费的收取标准，一般是在土地补偿费、青苗补偿费、地上附着物补偿费、安置补助费 4 项费用之和的基础上提取 2%～4%。如果是征地包干，还应在 4 项费用之和后再加上粮食价差、副食补贴、不可预见费等费用，在此基础上提取 2%～4% 作为土地管理费。

2. 拆迁补偿费用

在城市规划区内国有土地上实施房屋拆迁，拆迁人应当对被拆迁人给予补偿、安置。

（1）拆迁补偿金

补偿方式可以实行货币补偿，也可以实行房屋产权调换。

货币补偿的金额，根据被拆迁房屋的区位、用途、建筑面积等因素，以房地产市场评估价格确定。具体办法由省、自治区、直辖市人民政府制定。

实行房屋产权调换的，拆迁人与被拆迁人按照计算得到的被拆迁房屋的补偿金额和所调换房屋的价格，结清产权调换的差价。

（2）迁移补偿费

迁移补偿费包括征用土地上的房屋及附属构筑物、城市公共设施等拆除、迁建补偿费、搬迁运输费，企业单位因搬迁造成的减产、停工损失补贴费，拆迁管理费等。

拆迁人应当对被拆迁人或者房屋承租人支付搬迁补助费，对于在规定的搬迁期限届满前搬迁的，拆迁人可以付给提前搬家奖励费；在过渡期限内，被拆迁人或者房屋承租人自行安排住处的，拆迁人应当支付临时安置补助费；被拆迁人或者房屋承租人使用拆迁人提供的周转房的，拆迁人不支付临时安置补助费。

迁移补偿费的标准，由省、自治区、直辖市人民政府规定。

3. 出让金、土地转让金

土地使用权出让金为用地单位向国家支付的土地所有权收益，出让金标准一般参考城市基准地价并结合其他因素制定。基准地价由市土地管理局会同市物价局、市国有资产管理局、市房地产管理局等部门综合平衡后报市级人民政府审定通过，它以城市土地综合定级为基础，用某一地价或地价幅度表示某一类别用地在某一土地级别范围的地价，以此作为土地使用权出让价格的基础。

在有偿出让和转让土地时，政府对地价不做统一规定，但应坚持以下原则：地价对目前的投资环境不产生大的影响；地价与当地的社会经济承受能力相适应；地价要考虑已投入的土地开发费用、土地市场供求关系、土地用途、所在区类、容积率和使用年限等。有偿出让和转让使用权，要向土地受让者征收契税；转让土地如有增值，要向转让者征收土地增值税；土地使用者每年应按规定的标准缴纳土地使用费。土地使用权出让或转让，应先由地价评估机构进行价格评估后，再签订土地使用权出让和转让合同。

土地使用权出让合同约定的使用年限届满，土地使用者需要继续使用土地的，应当至迟于届满前一年申请续期，除根据社会公共利益需要收回该幅土地的，应当予以批准。经批准准予续期的，应当重新签订土地使用权出让合同，依照规定支付土地使用权出让金。

（二）场地准备及临时设施费

1. 场地准备及临时设施费的内容

1）建设项目场地准备费是指为使工程项目的建设场地达到开工条件，由建设单位组织进行的场地平整等准备工作而发生的费用。

2）建设单位临时设施费是指建设单位为满足施工建设需要而提供的未列入工程费用的临时供水、供电、通路、通信、供气、供热等工程和临时仓库等建（构）筑物的建设、维修、拆除、摊销费用或租赁费用，以及货场、码头租赁等费用。

2. 场地准备及临时设施费的计算

场地准备及临时设施费的计算公式为

$$场地准备及临时设施费＝工程费用×费率＋拆除清理费 \qquad (2-40)$$

1）场地准备及临时设施应尽量与永久性工程统一考虑。建设场地的大型土石方工程应进入工程费用中的总图运输费用中。

2）新建项目的场地准备及临时设施费应根据实际工程量估算，或按工程费用的比例计算。改扩建项目一般只计拆除清理费。

3）发生拆除清理费时可按新建同类工程造价或主材费、设备费的比例计算。凡可回收材料的拆除工程采用以料抵工方式冲抵拆除清理费。

4）此项费用不包括已列入建筑安装工程费用中的施工单位临时设施费用。

三、市政公用配套设施费

市政公用配套设施费是指使用市政公用设施的工程项目，按照项目所在地政府有关规定建设或缴纳的用于市政公用设施建设的配套费用。

市政公用配套设施可以是界区外配套的供水、供电、通路、通信等基础设施，包括绿化、人防等配套设施。

四、技术服务费

技术服务费是指在项目建设全部过程中委托第三方提供项目策划、技术咨询、勘察设计、项目管理和跟踪验收评估等技术服务发生的费用。技术服务费包括可行性研究费、专项评价费、勘察设计费、监理费、研究试验费、特殊设备安全监督检验费、监造费、招标费、设计评审费、技术经济标准使用费、工程造价咨询费等。按照《国家发展改革委关于进一步放开建设项目专业服务价格的通知》(发改价格〔2015〕299号)的规定,技术服务费应实行市场调节价。

(一)可行性研究费

可行性研究费是指在工程项目投资决策阶段,对有关建设方案、技术方案或生产经营方案进行的技术经济论证,以及编制、评审可行性研究报告等所需的费用,涵盖项目建议书、预可行性研究、可行性研究各阶段的相关费用。

(二)专项评价费

专项评价费是指建设单位按照国家规定委托相关单位开展专项评价及有关验收工作发生的费用。

专项评价费包括环境影响评价费、安全预评价费、职业病危害预评价费、地震安全性评价费、地质灾害危险性评价费、水土保持评价费、压覆矿产资源评价费、节能评估费、危险与可操作性分析及安全完整性评价费以及其他专项评价费。

1.环境影响评价费

环境影响评价费是指在工程项目投资决策过程中,对其进行环境污染或影响评价所需的费用。包括编制环境影响报告书(含大纲)、环境影响报告表和评估等所需的费用,以及建设项目竣工验收阶段环境保护验收调查和环境监测、编制环境保护验收报告的费用。

2.安全预评价费

安全预评价费是指为预测和分析建设项目存在的危害因素种类和危险危害程度,提出先进、科学、合理可行的安全技术和管理对策,而编制评价大纲、编写安全评价报告书和评估等所需的费用。

3.职业病危害预评价费

职业病危害预评价费是指建设项目因可能产生职业病危害,而编制职业病危害预评价书、职业病危害控制效果评价书和评估所需的费用。

4.地震安全性评价费

地震安全性评价费是指通过对建设场地和场地周围的地震活动与地震、地质环境的分析,而进行的地震活动环境评价、地震地质构造评价、地震地质灾害评价,编制地震安全评价报告书和评估所需的费用。

5.地质灾害危险性评价费

地质灾害危险性评价费是指在灾害易发区对建设项目可能诱发的地质灾害和建设项目本身可能遭受的地质灾害危险程度的预测评价,编制评价报告书和评估所需的费用。

6.水土保持评价费

水土保持评价费是指对建设项目在生产建设过程中可能造成水土流失进行预测,编制水土保持方案和评估所需的费用。

7. 压覆矿产资源评价费

压覆矿产资源评价费是指对需要压覆重要矿产资源的建设项目,编制压覆重要矿床评价和评估所需的费用。

8. 节能评估费

节能评估费是指对建设项目的能源利用是否科学合理进行分析评估,并编制节能评估报告以及评估所发生的费用。

9. 危险与可操作性分析及安全完整性评价费

危险与可操作性分析及安全完整性评价费是指对应用于生产具有流程性工艺特征的新建、改建、扩建项目进行工艺危害分析和对安全仪表系统的设置水平及可靠性进行定量评估所发生的费用。

10. 其他专项评价费

根据国家法律法规、建设项目所在省、自治区、直辖市人民政府有关规定,以及行业规定需进行的其他专项评价、评估、咨询所需的费用。例如,重大投资项目社会稳定风险评估、防洪评价、交通影响评价费等。

(三)勘察设计费

1. 勘察费

勘察费是指勘察人根据发包人的委托,收集已有资料、现场踏勘、制定勘察纲要,进行勘察作业,以及编制工程勘察文件和岩土工程设计文件等收取的费用。

2. 设计费

设计费是指设计人根据发包人的委托,提供编制建设项目初步设计文件、施工图设计文件、非标准设备设计文件、竣工图文件等服务所收取的费用。

(四)监理费

监理费是指受建设单位委托,工程监理单位为工程建设提供监理服务所发生的费用。

(五)研究试验费

研究试验费是指为建设项目提供或验证设计参数、数据、资料等进行必要的研究试验,以及设计规定在建设过程中必须进行试验、验证所需的费用,包括自行或委托其他部门的专题研究、试验所需人工费、材料费、试验设备及仪器使用费等。这项费用按照设计单位根据本工程项目的需要提出的研究试验内容和要求计算。在计算时要注意不应包括以下项目:

1)应由科技三项费用(即新产品试制费、中间试验费和重要科学研究补助费)开支的项目。

2)应在建筑安装费用中列支的施工企业对建筑材料、构件和建筑物进行一般鉴定、检查所发生的费用及技术革新的研究试验费。

3)应由勘察设计或工程费用中开支的项目。

(六)特殊设备安全监督检验费

特殊设备安全监督检验费是指对在施工现场安装的列入国家特种设备范围内的设备(设

施)检验检测和监督检查所发生的应列入项目开支的费用。

(七) 监造费

监造费是指对项目所需设备材料制造过程、质量进行驻厂监督所发生的费用。

设备材料监造是指承担设备监造工作的单位受项目法人或建设单位的委托,按照设备、材料供货合同的要求,坚持客观公正、诚信科学的原则,对工程项目所需设备、材料在制造和生产过程中的工艺流程、制造质量等进行监督,并对委托人(项目法人或建设单位)负责的服务。

(八) 招标费

招标费是指建设单位委托招标代理机构进行招标服务所发生的费用。

(九) 设计评审费

设计评审费是指建设单位委托有资质的机构对设计文件进行评审的费用。设计文件包括初步设计文件和施工图设计文件等。

(十) 技术经济标准使用费

技术经济标准使用费是指建设项目投资确定与计价、费用控制过程中使用相关技术经济标准所发生的费用。

(十一) 工程造价咨询费

工程造价咨询费是指建设单位委托造价咨询机构进行各阶段相关造价业务工作所发生的费用。

五、建设期计列的生产经营费

建设期计列的生产经营费是指为达到生产经营条件在建设期发生或将要发生的费用,包括专利及专有技术使用费、联合试运转费、生产准备费等。

(一) 专利及专有技术使用费

专利及专有技术使用费是指在建设期内为取得专利、专有技术、商标权、商誉、特许经营权等发生的费用。

1. 专利及专有技术使用费的主要内容

1) 工艺包费、设计及技术资料费、有效专利及专有技术使用费、技术保密费和技术服务费等。

2) 商标权、商誉和特许经营权费。

3) 软件费等。

2. 专利及专有技术使用费的计算

在专利及专有技术使用费的计算时应注意以下问题:

1) 按专利使用许可协议和专有技术使用合同的规定计列。

2) 专有技术的界定应以省、部级鉴定批准为依据。

3) 项目投资中只计需在建设期支付的专利及专有技术使用费。协议或合同规定在生产期支付的使用费应在生产成本中核算。

4）一次性支付的商标权、商誉及特许经营权费按协议或合同规定计列。协议或合同规定在生产期支付的商标权或特许经营权费应在生产成本中核算。

5）为项目配套的专用设施投资,包括专用铁路线、专用公路、专用通信设施、送变电站、地下管道、专用码头等,如由项目建设单位负责投资但产权不归属本单位的,应作无形资产处理。

（二）联合试运转费

联合试运转费是指新建或新增加生产能力的工程项目,在交付生产前按照设计文件规定的工程质量标准和技术要求,对整个生产线或装置进行负荷联合试运转所发生的费用净支出(试运转支出大于收入的差额部分费用)。试运转支出包括试运转所需原材料、燃料及动力消耗、低值易耗品、其他物料消耗、工具用具使用费、机械使用费、联合试运转人员工资、施工单位参加试运转人员工资、专家指导费,以及必要的工业炉烘炉费等;试运转收入包括试运转期间的产品销售收入和其他收入。联合试运转费不包括应由设备安装工程费用开支的调试及试车费用,以及在试运转中暴露出来的因施工原因或设备缺陷等发生的处理费用。

（三）生产准备费

1. 生产准备费的内容

在建设期内,建设单位为保证项目正常生产所做的提前准备工作发生的费用,包括人员培训、提前进厂费,以及投产使用必备的办公、生活家具用具及工器具等的购置费用。

1）人员培训及提前进厂费。包括自行组织培训或委托其他单位培训的人员工资、工资性补贴、职工福利费、差旅交通费、劳动保护费、学习资料费等。

2）为保证初期正常生产(或营业、使用)所必需的生产办公、生活家具用具购置费。

2. 生产准备费的计算

1）新建项目按设计定员为基数计算,改扩建项目按新增设计定员为基数计算:

$$生产准备费 = 设计定员 \times 生产准备费指标(元/人) \qquad (2-41)$$

2）可采用综合的生产准备费指标进行计算,也可以按费用内容的分类指标计算。

六、工程保险费

工程保险费是指为转移工程项目建设的意外风险,在建设期内对建筑工程、安装工程、机械设备和人身安全进行投保而发生的费用,包括建筑安装工程一切险、引进设备财产保险和人身意外伤害险等。不同的建设项目可根据工程特点选择投保险种。

根据不同的工程类别,分别以其建筑、安装工程费乘以建筑、安装工程保险费率进行计算。民用建筑(住宅楼、综合性大楼、商场、旅馆、医院、学校)占建筑工程费的 2‰~4‰;其他建筑(工业厂房、仓库、道路、码头、水坝、隧道、桥梁、管道等)占建筑工程费的 3‰~6‰;安装工程(农业、工业、机械、电子、电器、纺织、矿山、石油、化学及钢铁工业、钢结构桥梁)占建筑工程费的 3‰~6‰。

七、税 费

按财政部《基本建设项目建设成本管理规定》(财建〔2016〕504 号)工程其他费中的有关规定,税费统一归纳计列。税费具体包括耕地占用税、城镇土地使用税、印花税、车船使用税等和行政性收费,不包括增值税。

第五节　预备费和建设期利息

一、预备费

预备费是指在建设期内因各种不可预见因素的变化而预留的可能增加的费用,包括基本预备费和价差预备费。

(一)基本预备费

1. 基本预备费的内容

基本预备费是指投资估算或工程概算阶段预留的,由于工程实施中不可预见的工程变更及洽商、一般自然灾害处理、地下障碍物处理、超规超限设备运输等而可能增加的费用,亦可称为工程建设不可预见费。基本预备费一般由以下四部分构成:

1)工程变更及洽商。在批准的初步设计范围内,技术设计、施工图设计及施工过程中所增加的工程费用;设计变更、工程变更、材料代用、局部地基处理等增加的费用。

2)一般自然灾害处理。一般自然灾害造成的损失和预防自然灾害所采取的措施费用。实行工程保险的工程项目该项费用应适当降低。

3)不可预见的地下障碍物处理的费用。

4)超规超限设备运输增加的费用。

2. 基本预备费的计算

基本预备费是按工程费用和工程建设其他费用之和为计取基础,乘以基本预备费费率进行计算。

$$基本预备费＝(工程费用＋工程建设其他费用)×基本预备费费率 \qquad (2-42)$$

基本预备费费率的取值应执行国家及有关部门的规定。

(二)价差预备费

1. 价差预备费的内容

价差预备费是指为在建设期内利率、汇率或价格等因素的变化而预留的可能增加的费用,亦称为价格变动不可预见费。价差预备费的内容包括:人工、设备、材料、施工机具的价差费,建筑安装工程费及工程建设其他费用调整,利率、汇率调整等增加的费用。

2. 价差预备费的测算方法

价差预备费一般根据国家规定的投资综合价格指数,以估算年份价格水平的投资额为基数,采用复利方法计算。计算公式为

$$PF = \sum_{t=1}^{n} I_t \left[(1+f)^m (1+f)^{0.5} (1+f)^{t-1} - 1 \right] \qquad (2-43)$$

式中:PF 为价差预备费;n 为建设期年份数;I_t 为建设期中第 t 年的静态投资计划额,包括工程费用、工程建设其他费用及基本预备费;f 为年涨价率;m 为建设前期年限(从编制估算到开工建设的时间)。

二、建设期利息

建设期利息主要是指在建设期内发生的为建设项目筹措资金的融资费用及债务资金利息。当贷款是分年均衡发放时,建设期利息可按当年借款在年中支用进行计算,即当年贷款按半年计息,上年贷款按全年计息。计算公式为

$$q_j = \left(P_{j-1} + \frac{1}{2}A_j\right)i \qquad (2-44)$$

式中:q_j 为建设期第 j 年应计利息;P_{j-1} 为建设期第 $(j-1)$ 年末累计贷款本金与利息之和;A_j 为建设期第 j 年贷款金额;i 为年利率。

国外贷款利息还应包括国外贷款银行根据贷款协议向贷款方以年利率方式收取的手续费、管理费、承诺费,以及国内代理机构经国家主管部门批准以年利率方式向贷款单位收取的转贷费、担保费、管理费等。

课后思考与综合运用

课后思考

1. 简述我国现行建设项目投资构成。

2. 什么是建设工程造价?其构成内容有哪些?

3. 什么是建筑安装工程造价?我国现行建筑安装工程费用是如何构成的?

4. 简述建筑安装工程费用中人工费、材料费、施工机具使用费的构成。

5. 建筑安装工程费用中的企业管理费包括哪些项目?

6. 什么是规费?它包含哪些内容?

7. 建筑安装工程费用中的税金包括哪些项目?

8. 什么是分部分项工程费?

9. 什么是措施项目费?它包含哪些内容?

10. 其他项目费一般有哪些项目?

11. 简述设备及工器具购置费用的构成。

12. 工程建设其他费用包括哪些内容?

13. 什么是预备费?其用途有哪些?

能力拓展

1. 根据已知条件回答问题。

已知条件:

1) 项目建设期 2 年,运营期 6 年,建设投资 2 000 万元,预计全部形成固定资产。

2) 项目资金来源为自有资金和贷款。建设期内,每年均衡投入自有资金和贷款各 500 万元,贷款年利率为 6%。流动资金全部用项目资本金支付,金额为 300 万元,于投产当年投入。

3) 固定资产使用年限为 8 年,采用直线法折旧,残值为 100 万元。

4）项目贷款在运营期的 6 年间,按照等额还本、利息照付的方法偿还。

5）项目投产第 1 年的营业收入和经营成本分别为 700 万元和 250 万元,第 2 年的营业收入和经营成本分别为 900 万元和 300 万元,以后各年的营业收入和经营成本分别为 1 000 万元和 320 万元。不考虑项目维持运营投资、补贴收入。

6）企业所得税率为 25%,增值税税率为 9%(参照工程经济学相关知识)。

问题:

1）列式计算建设期贷款利息、固定资产年折旧费及计算期第 8 年的固定资产余值。

2）计算各年还本、付息额及总成本费用。

3）列式计算计算期第 3 年的所得税;从项目资本金出资者的角度,列式计算计算期第 8 年的净现金流量(计算结果保留两位小数)。

2. 计算题。

某工厂采购一台国产非标准设备,制造厂生产该台设备所用材料费 20 万元,加工费 2 万元,辅助材料费 4 000 元,制造厂为制造该设备,在材料采购过程中发生进项增值税额 3.5 万元。专用工具费率 1.5%,废品损失费率 10%,外购配套件费 5 万元,包装费率 1%,利润率为 7%,增值税率为 17%,非标准设备设计费 2 万元,求该国产非标准设备的原价及增值税销项税额。

推荐阅读材料

[1] 严敏,张亚娟,严玲.项目治理视角下 BT 项目投资控制关键问题研究:以某地铁工程为例 [J].土木工程学报,2015(8):118-128.

[2] 姜敏波,尹贻林.城市轨道交通 BT 项目的回购定价[J].天津大学学报,2011(6): 558-564.

[3] 严玲、赵华、杨岑刚.BT 建设模式下回购总价确定及控制策略研究[J].财经问题研究, 2009(12):75-81.

[4] 财政部和国家税务总局.关于全面推开营业税改征增值税试点的通知:财税〔2016〕36 号 [S/OL].(2016-03-23)[2022-11-05]. http://www.chinatax.gov.cn/chinatax/n810341/ n810765/n1990035/201603/c2192724/content.html.

[5] 住房和城乡建设部办公厅.住房城乡建设部办公厅关于做好建筑业营改增建设工程计价依据调整准备工作的通知:建办标〔2016〕4 号[EB/OL].(2016-02-19)[2025-04-18]. http://www.mohurd.gov.cn/gongkai/zc/wjk/art/2016/art_17339_226713.html.

第三章　建设工程计价依据

如果标准体系和计量体系落后，国家的一切都会落后。

——朱镕基

导　言

2010年上海世博会中国馆的工程计价依据[1]

上海世博会的中国馆（见图3-1），位于世博园区南北、东西轴线交汇处的核心地段，东接云台路，南临南环路，北靠北环路，西依上南路，上海地铁8号线从基地西南角地下穿过。

图3-1　中国馆

中国馆由国家馆、省区市馆、香港馆、澳门馆、台湾馆组成。建筑外观以"东方之冠"为构思主题，表达中国文化的精神与气质。国家馆居中升起、层叠出挑，成为凝聚中国元素、象征中国精神的雕塑感造型主体——东方之冠；地区馆水平展开，以舒展的平台基座的形态映衬国家馆，成为开放、柔性、亲民、层次丰富的城市广场。

中国馆是展示中国形象的亮丽名片，办好上海世博会，难点和重点都在中国馆，关键是理

---

① 摘自：何关培. BIM总论 [M]. 北京：中国建筑工业出版社，2011.

念。中国馆紧扣"城市发展中的中华智慧"这一主线,通过城市建设、城市管理、城市生活、城市产业等内容,充分反映中华民族自强不息、厚德载物、师法自然、和而不同、热爱和平等民族精神和价值观。

中国馆造型奇特,是上海世博会的点睛之笔。大量的异形构件以及不规则形状的地下基础(其中还有弧形部分),尤其是异形构件中关联构件的扣减,地下基础也极为复杂,随之而来的工程量计算难度陡然增高。那么,其工程师是依据什么得到中国馆的工程造价的?

中国馆的电子设计图是用 AutoCAD 设计出来的,通过算量软件导入电子图后,1 万平方米工程仅需要 2~3 天即可完成算量工作。

算量软件根据各地定额设定好了计算规则,在计算的时候直接套用即可。中间还可以对计算规则进行调整,形成企业内部使用的计算规则。通过建立企业统一的计算规则,可以方便地对企业内部所有工程进行汇总和分析。

对于异形构件的工程造价确定,算量软件通过利用三维实体计算,不仅提高计算速度也保证了工程量计算的准确性,使得这一难题迎刃而解。此外,工程师还要依据市场价格信息、国家的相关法律法规、规章政策以及企业内部的成本数据库等来确定世博园中国馆的工程造价。

展望未来我国建筑业以及工程造价业的发展,工程建设项目各阶段工程造价的计价依据必定越来越精准,工程建设项目各阶段的工程造价的准确性也必将越来越高。这个过程中,需要各方的共同努力。

第一节　工程定额体系

工程定额是指在正常的施工条件下,完成一定计量单位的合格产品所必须消耗的人工、材料、机械台班的数量标准。它是一种规定的额度,是生产某种产品消耗资源的限额规定。实行定额的目的是力求用最少的资源消耗,生产出更多合格的建设工程产品,取得更加良好的经济效益。

工程定额在工程建设领域地位突出,作用重要。第一,工程定额是建设工程计价的依据。在编制设计概算、施工图预算、竣工结算时,无论是划分工程项目、计算工程量,还是计算人工、材料和施工机械台班的消耗量,都以建设工程定额作为标准依据。第二,工程定额是建筑施工企业实行科学管理的必要手段。使用定额提供的人工、材料、机械台班消耗标准,可编制施工进度计划、施工作业计划,下达施工任务,合理组织调配资源,进行成本核算,在建筑企业中推行经济责任制、招标承包制,贯彻按劳分配的原则等也以定额为依据。第三,工程定额加强了对建筑市场行为的规范。一方面,投资者利用定额预测资金投入和预期回报,提高决策的科学性;另一方面,建筑企业在投标报价时,依据定额作出正确的决策,提升竞争优势。因此,定额对完善我国固定资产投资市场和建筑市场,具有重要作用。

在工程建设领域存在多种定额,可按照生产要素、编制程序和用途、专业等分类,这些定额分别是确定不同阶段工程造价的重要依据。本节主要介绍施工定额、预算定额、概算定额和概算指标以及投资估算指标相关内容。

一、施工定额

施工定额又称企业定额,是直接用于建设工程施工管理中的定额,是建设安装企业的生产定额。施工定额是以同一性质的施工过程为标定对象、以工序为基础编制的。

（一）施工定额概述

1. 施工定额的概念

施工定额是规定在正常的施工条件下，为完成一定计量单位的某一施工过程或工序所需人工、材料和机械台班消耗的数量标准。施工定额包括劳动定额、材料消耗定额和机械台班使用定额。为了适应生产组织和管理的需要，施工定额的划分很细，是建设工程定额中分项最细、定额子目最多的一种定额，也是工程建设中的基础性定额。

2. 施工定额的编制原则

（1）平均先进性原则

所谓平均先进水平，是指在正常条件下，多数施工班组或生产者经过努力可以达到，少数班组或生产者可以接近，个别班组或生产者可以超过的水平。通常，它低于先进水平，略高于平均水平。这种水平使先进的班组和工人感到有一定压力，大多数处于中等水平的班组或工人感到定额水平可望也可及。贯彻此原则，能促进企业科学管理和不断提高劳动生产率，达到提高企业经济效益的目的。

（2）简明适用性原则

所谓简明适用是指定额结构合理，定额步距大小适当，文字通俗易懂，计算方法简便，易为群众掌握运用，便于基层使用；具有多方面的适应性，能在较大范围内满足不同情况、不同用途的需要。

（3）自主原则

施工企业有编制和颁发企业施工定额的权限。企业应该根据自身的具体条件，参照国家有关规范、制度，自己编制定额，自行决定定额的水平。

（4）保密原则

施工定额属于企业内部定额，在市场经济条件下，企业定额是企业的商业秘密，只有对外保密，才能在市场上具有竞争能力。

（二）施工定额的内容

1. 人工定额的编制

（1）人工定额的概念

人工定额又称劳动定额，是指在一定的技术装备和劳动组织条件下，生产单位合格施工产品或完成一定的施工作业过程所必需的劳动消耗量的额度或标准。

（2）人工定额的表现形式

人工定额可用时间定额和产量定额两种形式表示：

1）时间定额：是指在一定的生产技术和生产组织条件下，某工种和某种技术等级的工人小组或个人，完成单位合格产品所必须消耗的工作时间。它是在拟定基本工作时间、辅助工作时间、必要的休息时间、生理需要时间、不可避免的工作中断时间、工作的准备和结束时间的基础上制定的。时间定额的计量单位通常以消耗的工日来表示，每个工日工作时间按现行制度，一般规定为8 h。时间定额的计算公式为

$$单位产品的时间定额（工日）=\frac{1}{每工日产量} \tag{3-1}$$

2）产量定额：是指在一定的生产技术和生产组织条件下，某工种和某种技术等级的工人小组或个人，在单位时间（工日）内，完成合格产品的数量。产量定额的计算公式为

$$每工日产量 = \frac{1}{单位产品的时间定额（工日）} \qquad (3-2)$$

从式（3-1）和式（3-2）中可以看出，时间定额与产量定额是互为倒数的关系，即

$$时间定额 = \frac{1}{产量定额} \qquad (3-3)$$

（3）人工定额的作用

人工定额反映产品生产中劳动消耗的数量标准，是施工定额中极其重要的一部分，其作用如下：

1）人工定额是制定施工定额的基础。

2）人工定额是施工管理的重要依据。

3）人工定额是衡量工人劳动生产率的主要尺度。

4）人工定额是企业经济核算的依据。

（4）人工定额的编制方法

人工定额的编制方法随着建筑业生产技术水平的不断提高而不断改进。目前，制定人工定额的方法主要有经验估计法、统计分析法、比较类推法、技术测定法等几种。

例如，技术测定法是根据先进合理的生产（施工）技术、科学的操作方法、合理的劳动组织和正常的生产（施工）条件对施工过程中的具体活动进行实地观察，详细地记录施工中工人和机械的工作时间消耗、完成单位产品的数量及有关影响因素，将记录的结果加以整理，客观地分析各种因素对产品的工作时间消耗的影响，据此进行取舍，以获得各个项目的时间消耗资料，从而制定出劳动定额的方法。这种方法具有较高的准确性和科学性，是制定新定额和典型定额的主要方法。技术测定法通常采用的方法有测时法、写实记录法、工作抽查法等多种。

2．材料消耗定额的编制

（1）材料消耗定额的概念

材料消耗定额是指在先进合理的施工条件下，节约和合理地使用材料时，生产质量合格的单位产品所必须消耗的一定品种、规格的建筑材料、成品、半成品、零配件和水、电等资源的数量。它包括材料的净用量和必要的损耗量。

$$材料消耗量 = 材料净用量 + 损耗量 \qquad (3-4)$$

材料净用量是指在不计废料和损耗的情况下，直接用于建筑物上的材料；材料的损耗一般按损耗率计算，材料的损耗量与材料总消耗量之比称为材料损耗率。即

$$材料损耗率 = \frac{材料损耗量}{材料总消耗量} \times 100\% \qquad (3-5)$$

一般地，为了方便计算，采用以下公式：

$$材料总消耗量 = \frac{材料净用量}{1-材料损耗率} \qquad (3-6)$$

这两种计算方法的结果在理论上是完全一致的，仅在实际应用中可能因计算精度等问题产生微小的误差，而后一种方法因简便较多采用。

（2）材料消耗的性质

工程施工中所消耗的材料,按其消耗的方式可以分成两种:一种是在施工中一次性消耗的、构成工程实体的材料,如砌筑砖墙用的标准砖、浇筑混凝土构件用的混凝土等,一般把这种材料称为直接性材料;另一种是为直接性材料消耗工艺服务且在施工中周转使用的材料,其价值是分批分次地转移到工程实体中的,这种材料一般不构成工程实体,而是在工程实体形成过程中发挥辅助作用,是措施项目清单中发生消耗的材料,如砌筑砖墙用的脚手架、浇筑混凝土构件用的模板等,一般把这种材料称为周转性材料。

施工中材料的消耗,可分为必需的材料消耗和损失的材料两类性质。

必需消耗的材料,是指在合理用料的条件下,生产合格产品所需消耗的材料。它包括:直接用于建筑和安装工程的材料;不可避免的施工废料;不可避免的材料损耗。

必需消耗的材料属于施工正常消耗,是确定材料消耗定额的基本数据。其中:直接用于建筑和安装工程的材料,应编制材料净用量定额;不可避免的施工废料和材料损耗,应编制材料损耗定额。

合理确定材料消耗定额,必须研究和区分材料在施工过程中消耗的性质。

（3）材料消耗定额的确定方法

确定材料消耗定额,可以采用以下方法:

1）技术测定法:在本节人工定额的编制方法中已有叙述。在该方法中,对于材料消耗,要注意选择典型的工程项目,其施工技术、组织及产品质量均要符合技术规范的要求;材料的品种、型号、质量应符合设计要求;产品检验合格,操作工人能合理使用材料和保证产品质量。基于以上条件获取的数据均是工程造价计价依据。

2）试验法:是在试验室通过专门的仪器设备测定材料消耗量的一种方法。这种方法主要是对材料的结构、化学成分和物理性能进行科学判断并得出结论,从而给材料消耗定额的制定提供可靠的技术依据。

3）统计分析法:是在长期累积的各分部分项工程结算资料中统计耗用材料的数量,即根据各分部分项工程拨付材料数量、剩余材料数量及总共完成产品数量计算得出材料消耗量。采用此法时,要保证统计和测算耗用材料与相应产品一致。在施工现场中,某些材料往往难以区分用在不同部位上的准确数量,因此,要仔细地加以区分,才能得到有效的统计数据。

4）理论计算法:是通过对施工图纸及其建筑材料、建筑构件的研究,用理论计算公式计算某种产品所需要的材料净用量,再查找损耗率制定材料消耗定额的一种方法。理论计算法主要用于块、板类材料的净用量,如砖砌体、钢材、玻璃、混凝土预制构件等,但材料的损耗量仍要在现场通过实测取得。

3. 机械台班使用定额的编制

（1）机械台班定额的概念

机械台班定额是指在先进合理的劳动组织和生产组织条件下,由熟悉机械性能、技术熟练的工人或工人小组管理（操纵）机械时,该机械的生产效率。高质量的施工机械定额,是合理组织机械化施工、有效地利用施工机械、进一步提高机械生产效率的必备条件。

机械台班定额有两种表现形式,即机械时间定额和机械产量定额。

1）机械时间定额:是指在先进合理的劳动组织和生产组织条件下,生产质量合格的单位产品所必须消耗的机械工作时间。机械时间定额的单位是台班,即一台机械工作一个工作班

（8 h）。其计算公式为

$$机械时间定额（台班）=\frac{1}{机械台班产量} \tag{3-7}$$

2）机械产量定额：是指在先进合理的劳动组织和生产组织条件下，机械在单位时间内所应完成的合格产品的数量。它是以产品的计量单位为基础确定的，如立方米（m^3）、平方米（m^2）、米（m）、吨（t）等。其计算公式为

$$机械台班产量定额=\frac{1}{机械时间定额} \tag{3-8}$$

（2）机械台班使用定额的编制方法

拟定施工机械定额，主要包括以下几部分内容：

1）拟定机械工作的正常条件。

机械工作和人工操作相比，劳动生产率在更大的程度上受到施工条件的影响，所以编制施工定额时更应重视确定出机械工作的正常条件。拟定机械工作的正常条件，主要是拟定工作地点的合理组织和合理的工人编制。

① 工作地点的合理组织，就是对施工地点机械和材料的放置位置、工人从事操作的场所作出科学合理的平面布置和空间安排。它要求施工机械和操纵机械的工人在最小范围内移动，但又不阻碍机械运转和工人操作；应使机械的开关和操纵装置尽可能集中地装置在操纵工人的近旁，以节省工作时间和减轻劳动强度；应最大限度发挥机械的效能，减少工人的手工操作。

② 拟定合理的工人编制，就是根据施工机械的性能和设计能力、工人的专业分工和劳动工效，合理确定操纵机械的工人和直接参加机械化施工过程的工人的编制人数，确定操纵和维护机械的工人编制人数及配合机械施工的工人编制，如配合吊装机械工作的工人等。工人的编制往往要通过计时观察、理论计算和经验资料来合理确定。拟定合理的工人编制，应要求保持机械的正常生产率和工人正常的劳动工效。

2）确定机械纯工作 1 h 的生产效率。

确定机械正常的生产率，必须首先确定出机械纯工作 1 h 的生产率。施工机械可分循环动作机械和连续动作机械两类，应分别计算其生产率。

① 循环动作机械纯工作 1 h 的生产率：机械纯工作 1 h 的生产率 N_h，取决于该机械纯工作 1 h 的循环次数和每次循环中生产的产品数量 m，即

$$N_h=n\times m \tag{3-9}$$

② 连续动作机械净工作 1 h 生产率主要是根据机械性能来确定。在一定条件下，净工作 1 h 的生产率通常是一个比较稳定的数值。

3）确定施工机械的正常利用系数。

机械的工作时间是由定额时间和非定额时间组成，确定施工机械的正常利用系数，是指机械在工作班内对工作时间的利用率，即机械的纯工作时间与工作班的延续时间之比。

4）计算施工机械台班产量定额。

在确定了机械工作正常条件、机械纯工作 1 h 的生产率和机械利用系数之后，采用下列公式计算施工机械的产量定额。

施工机械台班产量定额＝机械 1 h 纯工作正常生产率×工作班纯工作时间 （3-10）

或

$$施工机械台班产量定额＝机械纯工作1h生产率×工作班纯工作时间×$$
$$机械利用系数 \qquad (3-11)$$

二、预算定额

预算定额是一种计价定额,它是工程建设中的一项重要的技术经济文件,其各项指标,反映了在完成规定计量单位符合设计标准和施工及规范要求的分项工程消耗的活劳动和物化劳动的数量限度。这种限度最终决定着单项工程和单位工程的造价。

(一)预算定额概述

1. 预算定额的概念

预算定额是指在合理的施工组织设计、正常施工条件下,生产一个规定计量单位合格产品所需的人工、材料和机械台班的社会平均消耗量标准,它是计算建筑安装产品价格的基础。预算定额是工程建设预算制度中的一项重要的技术经济法规,尽管它的法令性随着市场经济制度的完善而逐渐淡化,但定额为建筑工程提供造价计算与核算尺度方面的作用是不可忽视的。

2. 预算定额的用途

1) 预算定额是编制施工图预算、确定建筑安装工程造价的基础。
2) 预算定额是编制施工组织设计的依据。
3) 预算定额是工程结算的依据。
4) 预算定额是编制概算定额的基础。
5) 预算定额是合理编制招标控制价、投标报价的基础。

3. 预算定额的种类

1) 按专业性质划分:预算定额分为建筑工程定额和安装工程定额两大类。建筑工程定额按专业对象分为建筑工程预算定额、市政工程预算定额、铁路工程预算定额、公路工程预算定额、土地开发整理项目预算定额、房屋修缮工程预算定额、矿山井巷预算定额等。安装工程预算定额按专业对象分为电气设备安装工程预算定额、机械设备安装工程预算定额、通信设备安装工程定额、化学工业设备安装工程预算定额、工业管道安装工程预算定额、工艺金属结构安装工程预算定额、热力设备安装工程预算定额等。

2) 按管理权限和执行范围划分:预算定额分为全国统一定额、行业统一定额和地区统一定额等。

3) 按构成要素划分:预算定额分为劳动定额、材料消耗定额和机械台班定额,但是它们各自不具有独立性,必须互相依存并形成一个整体,作为编制预算定额的依据。

4. 预算定额的编制原则

由于预算定额是确定拟建工程项目投资额的价格依据,所以应符合价值规律要求和反映当时生产力水平,为此,预算定额的编制应遵循以下原则:

(1) 社会平均水平

预算定额是确定和控制建筑安装工程造价的主要依据,因此它必须遵照价值规律的客观要求,按生产过程中所消耗的社会必要劳动时间确定定额水平,即按照"在现有的社会正常生产条件下,在社会平均的劳动熟练程度和劳动强度下制造某种使用价值所需要的劳动时间"来确定定额水平。预算定额的平均水平,是在正常的施工条件、合理的施工组织和工艺条件、平均劳动熟练程度和劳动强度下,完成单位分项工程基本构造要素所需要的劳动时间。

（2）简明适用、严谨准确

该原则是针对执行定额的可操作性便于掌握而言的。为此,编制预算定额时,对于那些主要的、常用的、价值量大的项目,分项工程划分要细;次要的、不常用的、价值量相对较小的项目则可以放粗一些。同时,要合理确定预算定额的计量单位,简化工程量的计算,尽可能避免同一种材料用不同的计算单位,以及少留活口减少换算工作量。

（3）坚持统一性和差别性相结合

统一性,是指从培育全国统一市场规范计价行为出发,由国家建设主管部门归口管理,依照国家的方针政策和经济发展的要求,统一制定编制定额的方案、原则和办法,颁发相关条例和规章制度。这样,建筑产品才有统一的计价依据,对不同地区设计和施工的结果进行有效的考核和监督,避免地区或部门之间缺乏可比性。

差别性,是指在统一性基础上,各部门和省、自治区、直辖市工程建设主管部门可以在自己的管辖范围内,根据本部门和地区的具体情况,编制本地区、本部门的预算定额,颁发补充性的条例规定,以及对预算定额实行经常性的管理。

5. 预算定额的编制依据

1）现行施工定额。预算定额中人工、材料、机械台班消耗水平,需要根据施工定额取定;预算定额的计量单位的选择,也要以施工定额为参考,从而保证两者的协调和可比性,减轻预算定额的编制工作量,缩短编制时间。

2）现行设计规范、施工及验收规范,质量评价标准和安全操作规程。

3）具有代表性的典范工程施工图及有关标准图。对这些图纸进行仔细分析研究,并计算出工程数量,作为编制定额时选择施工方法确定定额含量的依据。

4）新技术、新结构、新材料和先进的施工方法等。这类资料是调整定额水平和增加新的定额项目所必需的依据。

5）有关科学实验、技术测定和统计资料是确定定额水平的重要依据。

6）现行的预算定额、材料预算价格及有关文件规定等,以及过去定额编制过程中积累的基础资料,也是编制预算定额的依据和参考。

（二）预算定额编制的方法

1. 确定预算定额的计量单位

预算定额与施工定额计量单位不同。施工定额的计量单位一般按照工序或施工过程确定;而预算定额的计量单位主要根据分部分项工程和结构构件的形体特征及其变化确定。由于预算定额涵盖的工作内容具有高度综合性,预算定额的计量单位亦具有综合的性质,工程量计算规则应确切反映定额项目所包含的工作内容。

预算定额的计量单位关系到预算工作的繁简和准确性,因此,要正确地确定各分部分项工程的计量单位。例如,建筑结构构件的断面有一定形状和大小,但是长度不定时,可按长度以延长米为计量单位;建筑结构构件的厚度有一定规格,但是长度和宽度不定时,可按面积以平方米为计量单位等。

预算定额中各项人工、机械、材料的计量单位选择相对固定。人工、机械按工日、台班计量;而对于各种材料,其计量单位与产品计量单位基本一致,精确要求高且材料贵重的,多取3位小数,如钢材吨以下取3位小数、木材立方米以下取3位小数,一般材料取2位小数。

2. 按典型设计图纸和资料计算工程数量

计算工程数量,是为了通过计算出典型设计图纸所包括的施工过程的工程量,以便在编制预算定额时,利用施工定额的劳动、机械和材料消耗指标确定预算定额所含工序的消耗量。

3. 确定预算定额各项目人工、材料和机械台班消耗指标

确定预算定额人工、材料、机械台班消耗标准时,必须先按施工定额的分项逐项计算出消耗指标,再按预算定额的项目加以综合。这种综合不是简单的合并和相加,而需要在综合过程中增加两种定额之间适当的水平差。预算定额的水平,首先取决于这些消耗量的合理确定。

人工、材料和机械台班消耗量指标,应根据定额编制原则和要求,采用理论与实际相结合、编制人员与现场工作人员相结合等方法进行计算和确定,使定额既符合政策要求,又与客观情况一致,便于贯彻执行。

4. 编制定额表和拟定有关说明

定额项目表的一般格式是:横向排列为各分项工程的项目名称,竖向排列为分项工程的人工、材料和施工机械消耗量指标。有的项目表下部,还有附注以说明设计有特殊要求时怎么进行调整和换算。预算定额的说明包括定额说明、分部工程说明及各分项工程说明。涉及各分部需要说明的共性问题列入总说明,属某一分部需要说明的事项列章节说明。说明要求简明扼要,但是必须分门别类注明,尤其是对特殊的变化,力求使用简便,避免争议。

(三)预算定额中消耗量指标的确定

1. 人工消耗量指标的确定

(1)人工工日消耗量指标的确定

人工的工日数可以有两种确定方法:一种是以劳动定额为基础确定;另一种是以现场观测资料为基础确定。预算定额中人工消耗量指标应包括为完成该分项工程定额单位所必需的用工数量,即应包括基本用工和其他用工两部分。

1)基本用工:是指完成单位合格产品所必需消耗的技术工种用工。例如,为完成墙体砌筑工程中的砌砖、调运砂浆、铺砂浆、运砖等所需要的工日数量。基本用工以技术工种相应劳动定额的工时定额计算,以不同工种列出定额工日。其计算公式为

$$相应工序基本用工数量 = \sum(某工序工程量 \times 相应工序的劳动定额) \quad (3-12)$$

2)其他用工:是指辅助基本用工完成生产任务所耗用的人工。按其工作内容的不同可分为以下3类:

① 超运距用工:是指预算定额中规定的材料、半成品的平均水平运距超过劳动定额规定运输距离的用工。

$$超运距用工 = \sum(超运距运输材料数量 \times 相应超运距劳动定额) \quad (3-13)$$

$$超运距 = 预算定额取定运距 - 劳动定额已包括的运距 \quad (3-14)$$

② 辅助用工:是指技术工种劳动定额内不包括而在预算定额内又必须考虑的用工。例如,筛砂、淋灰用工,机械土方配合用工等。

$$辅助用工 = \sum(某工序工程数量 \times 相应劳动定额) \qquad (3-15)$$

③ 人工幅度差:主要是指预算定额与劳动定额由于定额水平不同而引起的水平差,另外还包括定额中未包括,但在一般施工作业中又不可避免的而且无法计量的用工。例如,各工种间工序搭接、交叉作业时不可避免的停歇工时消耗,施工机械转移、水电线路移动以及班组操作地点转移造成的间歇工时消耗,质量检查影响操作消耗的工时,以及施工作业中不可避免的其他零星用工等。其计算公式为

$$人工幅度差 = (基本用工 + 辅助用工 + 超运距用工) \times 人工幅度差系数 \qquad (3-16)$$

由于,建筑工程预算定额各分项工程的人工消耗量指标等于该分项工程的基本用工数量与其他用工数量之和。即

$$某分项工程人工消耗量指标 = 相应分项工程基本用工数量 +$$
$$相应分项工程其他用工数量 \qquad (3-17)$$

$$其他用工数量 = 辅助用工数量 + 超运距用工数量 +$$
$$人工幅度差用工数量 \qquad (3-18)$$

(2) 人工消耗指标的计算依据

预算定额是一项综合性定额,它是按组成分项工程内容的各工序综合而成的。编制分项定额时,要按工序划分的要求测算、综合取定工程量,即按照一个地区历年实际设计房屋的情况,选用多份设计图纸,对各工序的工程量进行测算并取定数量。

(3) 计算预算定额用工的平均工资等级

在确定预算定额项目的平均工资等级时,应首先计算出各种用工的工资等级系数和工资等级总系数,然后计算出定额项目各种用工的平均工资等级系数,并查对工资等级系数表,最后求出预算定额用工的平均工资等级。其计算公式为

$$劳动小组成员平均工资等级系数 = \frac{\sum(某一等级的工人数量 \times 相应等级工资系数)}{小组工人总数}$$
$$(3-19)$$

$$某种用工的工资等级总系数 = 某种用工的总工日 \times 相应小组成员平均工资等级系数$$
$$(3-20)$$

$$幅度差平均工资等级系数 = \frac{幅度差所含各种用工工资等级总系数之和}{幅度差总工日} \qquad (3-21)$$

幅度差工资等级总系数可根据某种用工的工资等级总系数计算式计算。

$$定额项目用工的平均工资等级系数 = \frac{基本用工工资等级总系数之和 + 其他用工工资等级总系数}{基本用工总工日数 + 其他用工总工日数}$$
$$(3-22)$$

2. 材料消耗量指标的确定

(1) 材料消耗量计算方法

1) 凡有标准规格的材料,按规范要求计算定额计量单位耗用量。

2) 凡设计图纸标注尺寸及下料要求的,按设计图纸尺寸计算材料净用量。

3) 换算法。

4) 测定法:包括试验室试验法、统计法和现场观察法等。

（2）材料消耗量的确定

材料消耗定额中有直接性材料、周转性材料和其他材料，计算方法和表现形式也有所不同。

1）直接性材料消耗量指标的确定：直接性材料消耗量指标包括主要材料净用量和材料损耗量，其计算公式为

$$材料损耗率 = \frac{损耗量}{净耗量} \times 100\% \qquad (3-23)$$

$$材料消耗量 = 材料净用量 \times (1 + 损耗率) \qquad (3-24)$$

在确定预算定额中材料消耗量时，还必须充分考虑分项工程或结构构件所包括的工程内容、分项工程或结构构件的工程量计算规则等因素对材料消耗量的影响。另外，预算定额中材料的损耗率与施工定额中材料的损耗率不同，预算定额中材料损耗率的损耗范围比施工定额中材料损耗率的损耗范围更广，它必须考虑整个施工现场范围内材料堆放、运输、制备、制作及施工操作过程中的损耗。

2）周转性材料摊销的确定：施工措施项目中为直接性材料消耗工艺服务的一些工具性的周转材料应按多次使用、分次摊销的方式计入预算定额。

3）其他材料消耗量的确定：对于用量很少、价值又不大的次要材料，估算其用量后，合并成其他材料费，以元为单位列入预算定额表中。

3. 机械消耗量指标的确定

预算定额中的建筑施工机械消耗量指标，是以台班为单位进行计算，每一台班为 8 h 工作制。预算定额的机械化水平，应以多数施工企业采用的和已推广的先进施工方法为标准。预算定额中的机械台班消耗量按合理的施工方法取定并考虑增加机械幅度差。

（1）机械幅度差

机械幅度差是指在施工定额（机械台班量）中未曾包括的，而机械在合理的施工组织条件下所必需的停歇时间，在编制预算定额时，应予以考虑。其内容包括：

1）施工机械转移工作面及配套机械互相影响损失的时间。

2）在正常的施工情况下，机械施工中不可避免的工序间歇。

3）检查工程质量影响机械操作的时间。

4）临时水、电线路在施工中移动位置所发生的机械停歇时间。

5）工程结尾时，工作量不饱满所损失的时间。

机械幅度差系数一般根据测定和统计资料取定。大型机械的幅度差系数规定如下：土石方机械为 25%，吊装机械为 30%，打桩机械为 33%；其他专用机械，如打夯、钢筋加工、木工、水磨石等，幅度差系数为 10%。除此之外的机械均按统一规定的系数计算。由于垂直运输用的塔吊、卷扬机及砂浆、混凝土搅拌机是按小组配合，应以小组产量计算机械台班产量，不另增加机械幅度差。

（2）机械台班消耗量指标的计算

1）小组产量计算法：按小组日产量大小来计算耗用机械台班多少。

2）台班产量计算法：按台班产量大小来计算定额内机械消耗量大小。

根据施工定额或以现场测定资料为基础确定机械台班消耗量计算公式为

预算定额机械耗用台班 ＝ 施工定额机械耗用台班 ×（1 ＋ 机械幅度差系数） （3-25）

三、概算定额和概算指标

概算定额是指在正常的生产建设条件下,为完成一定计量单位的扩大分项工程或扩大结构构件的生产任务所需人工、材料和机械台班的消耗数量标准。概算指标则是以整个建筑物或构筑物为对象,以建筑面积、体积或成套设备装置的台或组为计量单位,包括人工、材料和机械台班的消耗量标准和造价指标。

(一)概算定额的编制

概算定额是编制设计概算的依据,而设计概算又是我国目前控制工程建设投资的主要依据。概算定额是在综合施工定额或预算定额的基础上,根据有代表性的工程通用图纸和标准图集等资料,进行综合、扩大和合并而成的。概算定额是编制初步设计概算和技术设计修正概算的依据,初步设计概算或技术设计修正概算经批准后是控制建设项目投资的依据。

1. 概算定额的编制原则

概算定额应遵循下列原则编制:

1)与设计、计划相适应。概算定额应适应设计、计划、统计和建设资金筹措的要求,方便建筑工程的管理工作。

2)在工程建设领域,满足概算对工程造价的有效控制至关重要,"细算粗编"原则应运而生。"细算"是指在含量的取定上,要正确选择有代表性且质量高的图纸和可靠的资料,精心计算,全面分析。"粗编"是指综合内容时,贯彻以主代次的指导思想,以影响水平较大的项目为主,并将影响水平较小的项目综合进去,但应尽量不留活口或少留活口。

3)适用性原则。"适用"既体现在项目的划分、编排、说明、附注、内容和表现形式等方面清晰醒目,一目了然;又要面对本地区,综合考虑到各种情况都能应用。

4)贯彻国家政策、法规。

2. 概算定额的主要编制依据

由于概算定额的适用范围不同,其编制依据一般有以下几种:

1)国家有关建设方针、政策及规定等。

2)现行建筑和安装工程预算定额。

3)现行的设计标准规范。

4)现行标准设计图纸或有代表性的设计图和其他设计资料。

5)编制期人工工资标准、材料预算价格、机械台班费用及其他的价格资料。

3. 概算定额的编制步骤

概算定额的编制一般分为准备阶段、编制阶段和审查报批阶段。

1)准备阶段。确定编制机构和人员组成,进行调查研究,了解现行概算定额执行情况与存在问题,明确编制的目的、编制范围。在此基础上制定概算定额的编制方案、细则和概算定额项目划分。

2)编制阶段。收集和整理各种编制依据,对各种资料进行深入细致的测算和分析,确定人工、材料和机械台班的消耗量指标,测算、调整新编制概算定额与原概算定额及现行预算定额之间的水平,编制概算定额初稿。

3)审查报批阶段。测算概算定额水平,即测算新编制概算定额与原概算定额及现行预算定额之间的水平。概算定额水平与预算定额水平之间应有一定的幅度差,幅度差一般在5%以内。概算定额经测算比较后,可报送国家授权机关审批。

(二)概算指标的编制

概算指标是以统计指标的形式反映的工程建设过程中生产单位合格建设产品所需资源消耗量的水平,它比概算定额更为综合和概括。

概算指标与各个设计阶段相适应,主要用于投资估价、初步设计阶段,特别是当工程设计尚不具体时或计算分部分项工程量有困难时,无法查用概算定额,同时又必须提供建筑工程概算的情况下,可利用概算指标。概算指标可以作为编制投资估算的参考,是匡算主要材料用量、设计单位进行设计方案比较和投资经济效果分析、建设单位选址的依据,同时,也是编制固定资产投资计划、确定投资额和主要材料计划的主要依据。

概算指标的分类如图3-2所示。

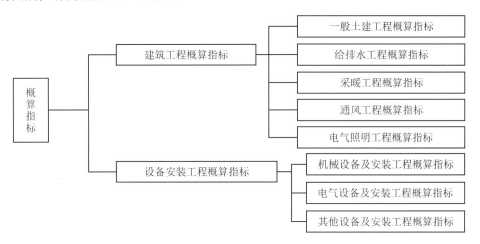

图3-2　概算指标分类图

1. 概算指标的编制依据

1)标准设计图纸和各类工程有代表性的典型设计图纸。

2)国家颁发的建筑标准、设计规范、施工规范等。

3)各类工程造价资料。

4)现行的概算定额和预算定额及补充定额。

5)人工工资标准、材料预算价格、机械台班预算价格及其他价格资料。

2. 概算指标的编制原则

1)按平均水平确定概算指标。在市场经济条件下,概算指标必须按社会必要劳动时间,贯彻平均水平的编制原则,只有这样才能使概算指标合理确定,并使其控制工程造价的作用得到充分发挥。

2)概算指标的内容和表现形式要简明适用。为概算指标进行项目划分应根据用途的不同,确定其项目的综合范围,遵循粗而不漏、适用面广的原则,体现综合扩大的性质。概算指标从形式到内容应简明易懂,要便于在采用时根据拟建工程的具体情况进行必要的调整换算,能在较大范围内满足不同用途的需要。

3）概算指标的编制依据,必须具有代表性。编制概算指标所依据的工程设计资料,应是具有代表性的,确保技术上先进、经济上合理。

3．概算指标的编制步骤

1）成立编制小组,拟定工作方案,明确编制原则和方法,确定指标的内容及表现形式,确定基价所依据的人工工资单价、材料预算价格、机械台班单价。

2）编制概算指标。收集整理编制指标所必需的标准设计、典型设计以及有代表性的工程设计图纸和设计预算等资料,计算出每一结构构件或分部工程的工程数量。

3）在计算工程量指标的基础上,按基价所依据的价格要求计算综合指标,并计算必要的主要材料消耗指标,用于调整价差的人工、材料和机械的消耗指标,一般可按不同类型工程划分项目进行计算。

4）计算出每平方米建筑面积和每立方米建筑物体积的单位造价,计算出该计量单位所需要的主要人工、材料和机械实物消耗量指标,同时计算该计量单位所需次要人工、材料和机械的消耗量,并将其综合为其他人工、其他机械、其他材料,统一以元为单位表示。

5）核对审核、平衡分析、水平测算、审查定稿,最后定稿报批。

随着有使用价值的工程造价资料积累制度和数据库的建立,以及计算机、网络的充分发展利用,概算指标的编制工作将得到根本改观。

四、投资估算指标

投资估算指标是在项目建议书和可行性研究阶段编制投资估算、计算投资额需要量时使用的一种定额。它往往以独立的单项工程或完整的工程项目为计算对象,编制内容是所有项目费用之和。

（一）投资估算指标的作用与编制原则

1．投资估算指标的作用

投资估算是指在建设项目的投资决策阶段,确定拟建项目所需投资数量的费用计算文件。编制投资估算的主要目的:一是作为拟建项目投资决策的依据;二是作为拟建项目实施阶段投资控制的目标值。

在编制建设项目建议书、可行性研究报告等前期工作阶段,投资估算以投资估算指标为依据,编制固定资产长远规划投资也可以此为参考。投资估算指标起着投资预测、投资控制、投资效益分析的作用,是合理确定项目投资的基础。估算指标中的主要材料消耗量也是一种扩大材料消耗量指标,可以作为计算建设项目主要材料消耗量的基础。估算指标的正确制订对于提高投资估算的准确度以及对建设项目进行合理评估、正确决策具有重要的意义。

2．投资估算指标的编制原则

投资估算指标一般根据历史的预、决算资料和价格变动等资料编制,其编制基础离不开预算定额、概算定额。由于投资估算指标比上述各种计价定额具有更大的综合性和概括性,因此其编制原则也有特殊之处。

（1）反映现实水平,适当考虑超前

投资估算指标属于项目建设前期进行估算投资的技术经济指标,它不但要反映实施阶段的静态投资,还须反映项目建设前期和交付使用期内发生的动态投资,以此为依据编制的投资估算,包含项目建设的全部投资额。投资估算指标项目的确定,须使指标的编制既能反映现实的科技成果、正常建设条件下的造价水平,也能适应今后若干年的科技发展水平,以满足以后几年编制建设项目建议书和可行性研究报告投资估算的需要。

（2）特点鲜明,适应性强

投资估算指标的分类、项目划分、项目内容、表现形式等要结合并反映不同行业、不同项目和不同工程的特点,并且要与项目建议书、可行性研究报告的编制深度相适应。项目建设的特定条件,在内容上既要贯彻指导性、准确性和可调性的原则,又要具有一定的深度和广度。

（3）贯彻静态和动态相结合的原则

考虑到建设期的价格、建设期利息、固定资产投资方向调节税及涉外工程的汇率等动态因素的变动,由此引发指标的量差、价差、利息差、费用差等动态因素对投资估算产生影响,需针对上述动态因素给予必要的调整办法和调整参数,尽可能减少这些动态因素对投资估算准确性的影响,加强实用性和可操作性。

（4）体现国家对固定资产投资实施间接调控的作用

要贯彻能分能合、有粗有细、细算粗编的原则,使投资估算指标能满足项目建议书和可行性研究各阶段的要求。该指标既要能反映一个建设项目的全部投资及其构成,又要有组成建设项目投资的各个单项工程投资。做到既能综合使用,又能个别分解使用。同时,还要便于在项目条件变化时,针对投资所受影响作相应的调整,满足对已有项目实行技术改造、扩建项目投资估算的需要,扩大投资估算指标的覆盖面,使投资估算能够合理准确地编制。

（二）投资估算指标的内容

投资估算指标是确定和控制建设项目全过程各项投资支出的技术经济指标,其范围涉及建设前期、建设实施期和竣工验收交付使用期等各个阶段的费用支出,内容因行业不同而各异,一般可分为建设项目综合指标、单项工程指标和单位工程指标 3 个层次。

1. 建设项目综合指标

建设项目综合指标指按规定应列入建设项目总投资的从立项筹建开始至竣工验收交付使用的全部投资额,包括单项工程投资、工程建设其他费用和预备费等。

建设项目综合指标一般以项目的综合生产能力单位投资表示,如元/t、元/kW 等,或以使用功能表示,如医院床位数以元/床表示。

2. 单项工程指标

单项工程指标指按规定应列入能独立发挥生产能力或使用效益的单项工程内的全部投资额,包括建筑工程费、安装工程费、设备费、工器具及生产家具购置费和其他费用。单项工程一般划分为:主要生产设施、辅助生产设施、公用工程、环境保护工程、总图运输工程、厂区服务设施、生活福利设施以及厂外工程等。

单项工程指标一般以单项工程生产能力单位投资或其他单位表示。例如,锅炉房以元/蒸汽吨表示;办公室、仓库、宿舍、住宅等房屋则区别不同结构形式以元/m² 表示。

3. 单位工程指标

单位工程指标指按规定应列入能独立设计、施工的工程项目的费用,即建筑安装工程费用。其费用组成包括:人工费、材料费、施工机械使用费、措施费、规费、企业管理费、利润及相关税金等。

单位工程指标通常以单位工程量或单位实物量为基数表示。例如,房屋区别不同结构形式以元/m² 表示,管道区别不同材质、管径以元/m 表示等。

(三)投资估算指标的编制方法

投资估算指标的编制工作,涉及建设项目的产品规模、产品方案、工艺流程、设备选型、工程设计和技术经济等各个方面,既要考虑到现阶段技术状况,又要展望近期技术发展趋势和设计动向。它的编制一般分为 3 个阶段:

1. 收集整理资料阶段

收集整理已建成或正在建设的、符合现行技术政策和技术发展方向、有可能重复采用、有代表性的工程设计施工图、标准设计以及相应的竣工决算或施工图预算资料等。同时,对调查收集到的资料选择占投资比重大、相互关联多的项目进行认真的分析整理后,将数据资料按项目划分栏目加以归类,按照编制年度的现行定额、费用标准和价格,调整成编制年度的造价水平。

2. 平衡调整阶段

由于调查收集的资料来源不同,虽然经过一定的分析整理,但难免会由于设计方案、建设条件和建设时间上的差异带来某些影响,使数据失准或漏项等,必须对有关资料进行综合平衡调整。

3. 测算审查阶段

测算是将新编的指标和选定工程的概预算,在同一价格条件下进行比较,检验其量差的偏离程度是否在允许偏差的范围之内,如偏差过大,则要查找原因,进行修正,以保证指标的确切、实用。测算同时也是对指标编制质量进行一次系统检查,应由专人进行,以保持测算口径的统一,在此基础上组织有关专业人员予以全面审查定稿。

第二节 工程量清单计价与计量规范

工程量清单计价是遵循市场经济规律并与国际接轨的一种建筑产品计价方式。我国采用清单计价始于 2003 年,2008 年作了修订,现行的 2013 版清单规范是在推行清单 10 年后作了重大调整而形成的。2024 年 12 月 30 日,《建筑工程工程量清单计价标准》(GB/T 50500—2024)发布,目前处于过渡期,以下仍以 2013 版介绍。

本节围绕工程量清单的组成,对其计量与计价的特点、计算方法以及所用表格加以介绍。

一、工程量清单计价与计量规范简介

(一)建设工程清单规范体系

清单规范是建设工程领域的一套工程计价标准体系,它是由《建设工程工程量清单计价规范》GB 50500—2013(以下简称计价规范)和 9 个专业工程的工程量计算规范(以下简称计量规范)所组成。9 个专业计量规范分别是《房屋建筑与装饰工程工程量计算规范》GB 50854—2013、《仿古建筑工程工程量计算规范》GB 50855—2013、《通用安装工程工程量计算规范》GB 50856—2013、《市政工程工程量计算规范》GB 50857—2013、《园林绿化工程工程量计算规范》GB 50858—2013、《构筑物工程工程量计算规范》GB 50860—2013、《矿山工程工程量计算规范》GB 50859—2013、《城市轨道交通工程工程量计算规范》GB 50861—2013 以及《爆破工程工程量计算规范》GB 50862—2013。我国现行的建设工程清单规范体系如图 3-3 所示。

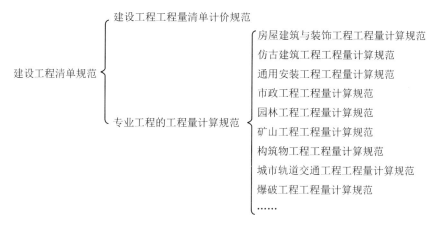

图 3-3 我国现行的建设工程量清单规范体系

（二）《建设工程工程量清单计价规范》的内容

《建设工程工程量清单计价规范》的内容包括：总则、术语、一般规定、工程量清单编制、招标控制价、投标报价、合同价款约定、工程计量、合同价款调整、合同价款期中支付、竣工结算与支付、合同解除的价款结算与支付、合同价款争议的解决、工程造价鉴定、工程计价资料与档案、工程计价表格及附录。

（三）《房屋建筑与装饰工程工程量计算规范》的内容

各专业工程计量规范通常包括总则、术语、一般规定、分部分项工程、措施项目、规范用词说明和条文说明。其中，《房屋建筑与装饰工程工程量计算规范》附录部分包括以下内容：

附录 A 土石方工程

附录 B 地基处理与边坡支护工程

附录 C 桩基工程

附录 D 砌筑工程

附录 E 混凝土及钢筋混凝土工程

附录 F 金属结构工程

附录 G 木结构工程

附录 H 门窗工程

附录 J 屋面及防水工程

附录 K 防腐、隔热、保温工程

附录 L 楼地面装饰工程

附录 M 墙柱面装饰与隔断幕墙工程

附录 N 天棚工程

附录 P 油漆、涂料、裱糊工程

附录 Q 其他装饰工程

附录 R 拆除工程

附录 S 措施项目

二、工程项目清单组成

无论是《房屋建筑与装饰工程工程量计算规范》还是其他专业工程量计量规范,其清单均由分部分项工程项目清单、措施项目清单、其他项目清单、规费和税金项目清单组成,如图3-4所示。

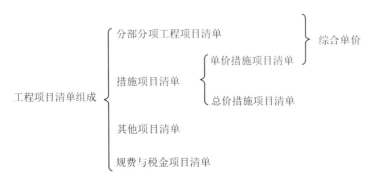

图3-4 工程项目清单组成

(一)分部分项工程量清单

分部分项工程是分部工程和分项工程的总称。分部工程是单项或单位工程的组成部分,是按结构部位、路段长度及施工特点或施工任务将单项或单位工程划分为若干分部的工程。例如,房屋建筑与装饰工程分为土石方工程、地基处理与边坡支护工程、桩基工程、砌筑工程、混凝土及钢筋混凝土工程、门窗工程、屋面及防水工程、楼地面装饰工程、墙柱面装饰与隔断幕墙工程、天棚工程等分部工程。分项工程是分部工程的组成部分,是按不同施工方法、材料、工序及路段长度等分部工程划分为若干个分项或项目的工程。例如,现浇混凝土梁分为基础梁、矩形梁、异形梁、圈梁、过梁、弧形拱形梁等分项工程。

分部分项工程项目清单由5个不可或缺的要素构成,即项目编码、项目名称、项目特征、计量单位和工程量,实际工程中每一个分部分项工程项目清单必须根据各专业工程计量规范规定的这5个要素及计算规则进行编制。在分部分项工程量清单的编制过程中,分部分项工程和单价措施项目清单与计价表如表3-1所列,表中前6列内容由招标人负责填列,金额部分在编制招标控制价和投标报价时由招标人和投标人填列。

表3-1 分部分项工程和单价措施项目清单与计价表

工程名称: 　　　　　　标段: 　　　　　　第　页　共　页

序　号	项目编码	项目名称	项目特征描述	计量单位	工程量	金额/元		
						综合单价	合价	其中:暂估价
本页小计								
合计								

1．项目编码

（1）十二位五级编码

项目编码是分部分项工程和措施项目清单名称的阿拉伯数字标识。分部分项工程量清单项目编码以五级编码设置，用十二位阿拉伯数字表示。一、二、三、四级编码为全国统一，即一至九位应按计价规范附录的规定设置；第五级即十至十二位为自行编制的编码，应根据拟建工程的工程量清单项目名称设置，即这三位清单项目编码由招标人针对招标工程项目具体编制，并应自001起顺序编制，不得有重号。各级编码代表的含义如下：

第一级表示专业工程代码（分二位）。

第二级表示附录分类顺序码（分二位）。

第三级表示分部工程顺序码（分二位）。

第四级表示分项工程项目名称顺序码（分三位）。

第五级表示工程量清单项目名称顺序码（分三位）。

工程量清单项目编码结构如图3-5所示（以房屋建筑与装饰工程为例）。

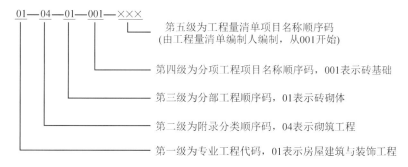

图3-5 工程量清单项目编码结构图

（2）"不得重码"的处理

当同一标段（或合同段）的一份工程量清单中含有多个单位工程且工程量清单是以单位工程为编制对象时，在编制工程量清单时应特别注意对项目编码十至十二位的设置不得有重码的规定。例如一个标段（或合同段）的工程量清单中含有三个单位工程，每一单位工程中都有项目特征相同的实心砖墙砌体，在工程量清单中又需反映三个不同单位工程的实心砖墙砌体工程量时，则第一个单位工程的实心砖墙的项目编码应为010401003001，第二个单位工程的实心砖墙的项目编码应为010401003002，第三个单位工程的实心砖墙的项目编码应为010401003003，并分别列出各单位工程实心砖墙的工程量。

2．项目名称

分部分项工程量清单的项目名称应按各专业工程计量规范附录的项目名称结合拟建工程的实际确定。附录表中的项目名称为分项工程项目名称，是形成分部分项工程量清单项目名称的基础，即在编制时，应考虑该项目的规格、型号、材质等特征要求，结合拟建工程的实际情况，使其工程量清单项目名称具体化、细化，以反映影响工程造价的主要因素。例如，011201001墙面一般抹灰这一分项工程在形成工程量清单项目名称时可以根据实际做法分别列为墙面抹石灰砂浆、水泥砂浆、混合砂浆、聚合物水泥砂浆、麻刀石灰浆、石膏灰浆等。又如，门窗工程中010804007特种门应区分冷藏门、冷冻间门、保温门、变电室门、隔音门、防射线门、人防门、金库门等分别编码列项。清单项目名称应表达详细、准确,各专业工程计量规范中的分项工程项目名称如有缺陷,招标人可作补充,并报当地工程造价管理机构(省级)备案。

3. 项目特征

项目特征是构成分部分项工程项目、措施项目自身价值的本质特征。准确地描述一个清单的项目特征,是确定一个清单项目综合单价不可缺少的重要依据,也是区分某一清单项目与其他清单项目的差异所在,还是甲乙双方履行合同义务的基础。分部分项工程量清单的项目特征应按各专业工程计量规范附录中规定的项目特征,结合技术规范、标准图集、施工图纸,按照工程结构、使用材质及规格或安装位置等,予以详细而准确的表述和说明。当各专业工程工程计量规范中项目特征所用的文字未能准确和全面描述清楚时,编制人可把握以下原则进行:

1)在遵循附录规定的基础上,结合拟建工程实际,其描述以满足确定综合单价的需要为准。

2)若采用标准图集或施工图纸能够全部或部分满足项目特征的要求时,项目特征描述可直接采用详见××图集或××图号的方式。

凡项目特征中未描述到的其他独有特征,由清单编制人视项目具体情况确定,以准确描述清单项目为准。

在各专业工程计量规范附录中还有关于各清单项目工作内容的描述。工程内容是指完成清单项目可能发生的具体工作和操作程序,值得注意的是,在编制分部分项工程量清单时,工程内容通常无需描述,因为在计价规范中,工程量清单项目与工程量计算规则、工程内容有一一对应关系,当采用计价规范这一标准时,工程内容均有规定。

4. 计量单位

计量单位应采用基本单位,除各专业另有特殊规定外均按附录所列单位计量,且保留规定的有效位数或取整数。计量单位的有关规定如表3-2所列。

表3-2 计量单位的有关规定

序 号	计量对象	单 位	有效位数规定	备 注
1	以质量计算的项目	吨(t)	保留三位小数,第四位小数四舍五入	质量指物体所含物质的多少
		千克(kg)		
2	以体积计算的项目	立方米(m³)	保留两位小数,第三位小数四舍五入	
3	以面积计算的项目	平方米(m²)		
4	以长度计算的项目	米(m)		
5	以自然计量单位计算的项目	个、根、块、樘、榀、套、组、台……	取整数	
6	没有具体数量的项目	天、昼夜、台次、项……		

为了扩大清单的使用面,现行的工程量计量规范,以方便计量为前提。考虑到与现行定额的规定相衔接,附录中一些同一名称的清单项目,其计量单位不再是唯一的计量单位,即有两个或两个以上计量单位均可满足某一工程项目计量要求。对此,在工程计量时,各地应根据拟建工程项目的实际或当地习惯,在清单规定的多个计量单位中选其中一个;在同一建设项目

(或标段、合同段)中,有多个单位工程的相同项目其计量单位必须保持一致。

对于有两个或两个以上计量单位的清单项目,在计量单位一栏中均作了标注,如桩基工程中,预制钢筋混凝土方桩与预制钢筋混凝土管桩就有 m、m^3、根 3 个可选单位,供招标人根据实际情况选用。实际工作中,各省、自治区、直辖市或行业建设主管部门可作出统一规定,如××省发文对执行各专业工程清单项目计量单位作了规定,对上述预制钢筋混凝土方桩与预制钢筋混凝土管桩的单位取定为 m^3,对钢管桩的单位取定为 t,如表 3-3 所列,使之与当地的建设工程预算基价(估价)表相对应。

表 3-3　××省工程清单项目多个计量单位及取定

序　号	《房屋建筑与装饰工程工程量计算规范》规定				××省(定额)取定单位
	附录	项目编码	项目名称	计量单位	
1	附录 C　桩基工程	010301001	预制钢筋混凝土方桩	m、m^3、根	m^3
		010301002	预制钢筋混凝土管桩		
		010301003	钢管桩	t、根	t
2	附录 S　措施项目	011703001	垂直运输	m^2、天	m^2

5. 工程数量的计算

工程数量主要通过工程量计算规则计算得到。工程量计算规则是指对清单项目工程量的计算规定。一般来说,绝大部分清单项目的工程量应以实体工程量为准,并以完成后的净值计算,投标人投标报价时,应在单价中考虑施工中的各种损耗和需要增加的工程量。但应注意有些项目关于工程量计算的说明。例如,土方工程平整场地项目按设计图示尺寸以建筑物首层建筑面积计算;挖沟槽、基坑、一般土方因工作面放坡增加的工程量(管沟工作面增加的工程量)是否并入各土方工程量中,按各省、自治区、直辖市或行业建设主管部门的规定实施,如并入各土方工程量中,办理工程结算时,按经发包人认可的施工组织设计规定计算,编制工程量清单时,按考虑放坡及工作面的规定进行计算;桩基工程现浇混凝土桩,工程量应包括超灌高度,桩长包括桩尖,空桩长度=孔深-桩长,孔深为自然地面至设计桩底的深度;现浇混凝土钢筋的搭接,注意事项为"除设计标明的搭接外,其他施工搭接不计算工程量,由投标人在报价中综合考虑";楼(地)面防水反边高度≤300 mm 算作地面防水,>300 mm 算作墙面防水;等等。还应注意的是,对于有多个计量单位的项目,应按相应计量单位的计算规则进行计量。例如,零星砌砖项目,当以立方米计量时,按设计图示尺寸截面积乘以长度计算;当以平方米为单位计量时,按设计图示尺寸水平投影面积计算;当以米为单位计量时,按设计图示尺寸中心线长度计算;当以个为单位计量时,按设计图示数量计算。

6. 补充工程量清单项目

随着工程建设中新材料、新技术、新工艺等的不断涌现,计量规范附录所列的工程量清单项目不可能包含所有项目。在编制工程量清单时,当出现计量规范附录中未包括的清单项目时,编制人应作补充。在编制补充项目时应注意以下 3 个方面:

1) 补充项目的编码应按计量规范的规定确定。具体做法如下:补充项目的编码由计量规范的代码与 B 和 3 位阿拉伯数字组成,并应从 001 起顺序编制。例如,房屋建筑与装饰工程如需补充项目,则其编码应从 01B001 开始顺序编制,同一招标工程的项目不得重码。

2）在工程量清单中应附补充项目的项目名称、项目特征、计量单位、工程量计算规则和工作内容。

3）将编制的补充项目报省级或行业工程造价管理机构备案。

体现 5 个要素的某住宅工程分部分项工程和单价措施项目清单与计价表（部分）如表 3－4 所列。

表 3－4　分部分项工程和单价措施项目清单与计价表

工程名称：　　　　　　　　　　标段：　　　　　　　　　　　　第　页　共　页

| 序　号 | 项目编码 | 项目名称 | 项目特征描述 | 计量单位 | 工程量 | 金额/元 | | |
						综合单价	合价	其中:暂估价
	D.2	砌筑工程						
1	010402001001	加气混凝土砌块墙	1. 墙体厚度:100 mm; 2. 空心砖、砌块品种、规格、强度等级:A5.0; 3. 砂浆强度等级、配合比:M7.5	m³	101.30	358.70	36 336.31	
2	010402001002	加气混凝土砌块墙	1. 墙体厚度:200 mm; 2. 空心砖、砌块品种、规格、强度等级:A5.0; 3. 砂浆强度等级、配合比:M7.5	m³	1 189.3	335.10	398 524.38	
3	010515003001	砌体钢筋加固	钢筋种类、规格:HRB400 Φ6.5	t	2.05	5 766.38	11 821.08	
		分部小计					446 681.77	
	E	混凝土及钢筋混凝土工程						
4	010502002001	构造柱	1. 混凝土强度等级:C20; 2. 混凝土拌和料要求:商品混凝土	m³	96.77	465.74	45 069.66	
5	010503004001	圈梁	1.混凝土强度等级:C25; 2.混凝土拌和料要求:商品混凝土	m³	68.16	483.32	32 943.09	
		分部小计						
		本页小计						
		合计						

（二）措施项目清单

措施项目是为完成工程项目施工,发生于该工程施工准备和施工过程中的技术、生活、安全、环境保护等方面的项目。根据住房和城乡建设部、财政部颁发的《关于印发〈建筑安装工程费用项目组成〉的通知》(建标〔2013〕44号),建筑安装工程费用项目组成按造价形成划分,措施项目费是不可或缺的重要内容。

1．措施项目的分类

《建设工程工程量清单计价规范》(GB 50500—2013)对措施项目作了分类,将能计算工程量的措施项目采用单价项目的方式即分部分项工程项目清单方式进行编制,各专业工程分别列出了相应的项目编码、项目名称、项目特征、计量单位和工程量计算规则;对不能(或不需要)计算出工程量的措施项目,则采用总价项目的方式,以项为单位进行编制,规范列出了项目编码、项目名称、工作内容及包含范围。

（1）以单价计算的措施项目

1）单价措施项目的内容:以单价计算的措施项目即单价措施项目。例如,房屋建筑与装饰工程的单价措施项目有:脚手架工程、混凝土模板及支架(撑)、垂直运输、超高施工增加、大型机械设备进出场及安拆、施工排水降水等。其中,脚手架工程中综合脚手架项目清单如表3-5所列。

表 3-5　脚手架工程中综合脚手架项目清单

项目编码	项目名称	项目特征	计量单位	工程量计算规则	工程内容
011701001	综合脚手架	1. 建筑结构形式; 2. 檐口高度	m²	按建筑面积计算	1. 场内、外材料搬运; 2. 搭设、拆除脚手架、斜道、上料平台; 3. 安全网的铺设; 4. 选择附墙点与主体连接; 5. 测试电动装置、安全锁等; 6. 拆除脚手架后材料的堆放

注:使用综合脚手架时,不再使用外脚手架、里脚手架等单项脚手架;综合脚手架不适用于房屋加层、构筑物及附属工程脚手架。

2）单价措施项目的计价:单价措施项目的计价及所用表格与分部分项工程相同,即分部分项工程和单价措施项目清单与计价表(见表3-4)。

（2）以总价计算的措施项目

1）总价措施项目的内容:总价措施项目是指安全文明施工及其他措施项目,共有7项内容,包括:安全文明施工、夜间施工、非夜间施工照明、二次搬运、冬雨季施工、地上地下设施的临时保护设施、已完工程及设备保护。这些项目应根据工程实际情况计算措施项目费用,需分摊的应合理计算摊销费用。

2）总价措施项目清单与计价表:以总价项目计算措施项目的计算基础及费率,如表3-6所列。

表 3 - 6　总价措施项目清单与计价表

工程名称:××工程　　　　　　　　标段:　　　　　　　　　　　　第　页　共　页

序　号	项目编码	项目名称	计算基础	费率/%	金额/元	调整费率/%	调整后金额/元	备　注
1		安全文明施工费						
2		夜间施工						
		⋯⋯						
		合计						

3)总价措施项目的计算:总价措施项目清单与计价表中,安全文明施工费的计算基础可为定额基价、定额人工费或定额人工费+定额机械费。除安全文明施工费外的其他项目的计算基础均可为定额人工费或定额人工费+定额机械费。

按施工方案计算的措施费,若无计算基础和费率的数值,也可只填金额,但应在备注栏说明施工方案出处或计算方法。

2．措施项目中的模板

关于现浇混凝土构件的模板,在造价中属于措施性消耗。由于模板与混凝土及钢筋混凝土结合紧密,现行规范对混凝土及钢筋混凝土工程在工作内容中增加了模板及支架的内容,并在正文中说明:本规范对现浇混凝土工程项目在工作内容中包括模板工程的内容,同时又在措施项目中单列了现浇混凝土模板工程项目。

因此,在编制招标文件时,招标人可根据工程的实际情况选用(即模板项目清单可单列也可不单列),若招标人在措施项目清单中未编列现浇混凝土模板项目清单,即表示该项目不单列,现浇混凝土工程项目的综合单价中应包括模板工程费用;相应地,此种情况下投标人应理解为该综合单价中已包括模板工程费用。而对预制混凝土构件按现场制作编制项目,工作内容中已包括了模板工程,勿需再单列;若采用成品预制混凝土构件时,构件成品价已包括了模板、钢筋、混凝土等所有费用,在确定综合单价时直接将其纳入其中。

3．措施项目清单的编制

措施项目清单的编制需考虑多种因素,除工程本身的因素外,还涉及水文、气象、环境、安全等因素。措施项目清单应根据拟建工程的实际情况列项。若出现清单计价规范中未列的项目,可根据工程实际情况补充。

措施项目清单的编制依据主要有:

1)施工现场情况、地勘水文资料、工程特点。

2)常规施工方案(招标人)、投标时拟定的施工组织设计或施工方案(投标人)。

3)与建设工程有关的标准、规范、技术资料。

4)拟定的招标文件。

5)建设工程设计文件及相关资料。

(三) 其他项目清单

其他项目清单是指除分部分项工程量清单、措施项目清单所包含的内容以外,因招标人的特殊要求而发生的与拟建工程有关的其他费用项目和相应数量的清单。其他项目清单包括暂列金额、暂估价（包括材料暂估单价、工程设备暂估单价、专业工程暂估价）、计日工、总承包服务费。其他项目清单与计价汇总表如表3－7所列。

表3－7 其他项目清单与计价汇总表

工程名称：　　　　　　　标段：　　　　　　　　　　　　第 页 共 页

序　号	项目名称	计量单位	金额/元	备　注
1	暂列金额			
2	暂估价			
2.1	材料（工程设备）暂估价		—	
2.2	专业工程暂估价			
3	计日工			
4	总承包服务费			
	合计		—	

注：材料暂估单价进入清单项目综合单价，此处不汇总。

由于工程建设标准的高低、工程的复杂程度、工程的工期长短、工程的组成内容、发包人对工程管理要求等都直接影响其他项目清单的具体内容，因此，当出现未包含在表格中的项目时，招标人可根据工程实际情况补充。

1．暂列金额

暂列金额是招标人在工程量清单中暂定并包括在合同价款中的一笔款项，用于工程合同签订时尚未确定或者不可预见的所需材料、工程设备、服务的采购，施工中可能发生的工程变更、合同约定调整因素出现时的合同价款调整以及发生的索赔、现场签证确认等的费用。不管采用何种合同形式，其理想的标准是，一份合同的价格就是其最终的竣工结算价格，或者至少两者应尽可能接近。我国规定对政府投资工程实行概算管理，经项目审批部门批复的设计概算是工程投资控制的刚性指标，即使商业性开发项目也有成本的预先控制问题，否则，无法相对准确预测投资的收益和科学合理地进行投资控制。但工程建设自身的特性决定了工程的设计需要根据工程进展不断地进行优化和调整，业主需求可能会随工程建设进展出现变化，工程建设过程还会存在一些不能预见、不能确定的因素。消化这些因素必然会影响合同价格的调整，暂列金额正是因这类不可避免的价格调整而设立，以便达到合理确定和有效控制工程造价的目标。设立暂列金额并不能保证合同结算价格就不会再出现超过合同价格的情况，是否超出合同价格完全取决于工程量清单编制人对暂列金额预测的准确性，以及工程建设过程是否出现了其他事先未预测到的事件。

暂列金额应根据工程特点，按有关计价规定估算。暂列金额明细表如表3－8所列。

表3－8 暂列金额明细表

工程名称：　　　　　　　标段：　　　　　　　　　　　　第 页 共 页

序　号	项目名称	计量单位	暂定金额/元	备　注
1				
2				

续表 3 - 8

序　号	项目名称	计量单位	暂定金额/元	备　注
……				
合计			—	

注:此表由招标人填写,如不能详列,也可只列暂定金额总额,投标人应将上述暂列金额计入投标总价中。

2. 暂估价

暂估价是指招标人在工程量清单中提供的用于支付必然发生但暂时不能确定价格的材料、工程设备的单价以及专业工程的金额,包括材料暂估单价、工程设备暂估单价和专业工程暂估价。暂估价类似于国际咨询工程师联合会(FIDIC)合同条款中的暂定金额项目(Prime Cost Items),在招标阶段预见肯定要发生,只是因为标准不明确或者需要由专业承包人完成,暂时无法确定价格。暂估价数量和拟用项目应当结合工程量清单中的暂估价表予以补充说明。为方便合同管理,需要纳入分部分项工程量清单项目综合单价中的暂估价应只是材料、工程设备暂估单价,以方便投标人组价。

专业工程的暂估价一般应是综合暂估价,应包括除规费和税金以外的管理费、利润等取费。总承包招标时,专业工程设计深度往往是不够的,一般需要交由专业人员设计。国际上,出于提高可建造性考虑,一般由专业承包人负责设计,以发挥其专业技能和专业施工经验的优势。这类专业工程交由专业分包人完成是国际工程的良好实践,目前在我国工程建设领域也已经比较普遍。公开透明地合理确定这类暂估价的实际开支金额的最佳途径就是通过施工总承包人与工程建设项目招标人共同组织的招标。

暂估价中的材料、工程设备暂估单价应根据工程造价信息或参照市场价格估算,列出明细表(见表 3 - 9);专业工程暂估价应分不同专业,按有关计价规定估算,列出明细表(见表 3 - 10)。

表 3 - 9　材料(工程设备)暂估单价表

工程名称:　　　　　　　　　标段:　　　　　　　　　　　　　　　第　页　共　页

序　号	材料(工程设备)名称、规格、型号	计量单位	单价/元	备　注
1				
2				
……				

注:1. 此表由招标人填写,并在备注栏说明暂估价的材料、工程设备拟用在哪些清单项目上,投标人应将上述材料、工程设备暂估单价计入工程量清单综合单价报价中;

　　2. 材料、工程设备单价包括《建筑安装工程费用项目组成》中规定的材料、工程设备费内容。

表 3 - 10　专业工程暂估价表

工程名称:　　　　　　　　　标段:　　　　　　　　　　　　　　　第　页　共　页

序　号	工程名称	工程内容	金额/元	备　注
1				
2				
……				
合计				

注:此表由招标人填写,投标人应将上述专业工程暂估价计入投标总价中。

3. 计日工

计日工(Daywork)是在施工过程中,承包人完成发包人提出的工程合同范围以外的零星项目或工作,按合同中约定的单价计价的一种方式,它是为了解决现场发生的零星工作的计价而设立的。国际上常见的标准合同条款中,大多数都设立了计日工计价机制。计日工对完成零星工作所消耗的人工工时、材料数量、施工机械台班进行计量,并按照计日工表中填报的适用项目的单价进行计价支付。计日工适用的所谓零星项目或工作一般是指合同约定之外的或者因变更而产生的、工程量清单中没有相应项目的额外工作,尤其是那些难以事先商定价格的额外工作。

计日工应列出项目名称、计量单位和暂估数量,如表3-11所列。

表 3-11　计日工表

工程名称:　　　　　　　　　标段:　　　　　　　　　　　　第　页　共　页

序　号	项目名称	计量单位	暂估数量	综合单价	合　价
一	人工				
1					
2					
……					
人工小计					
二	材料				
1					
2					
……					
材料小计					
三	施工机械				
1					
2					
……					
施工机械小计					
总计					

注:此表项目名称、数量由招标人填写,编制招标控制价时,单价由招标人按有关规定确定;投标时,单价由投标人自主报价,计入投标总价中。

4. 总承包服务费

总承包服务费是指总承包人为配合协调发包人进行的专业工程发包,对发包人自行采购的材料、工程设备等进行保管以及施工现场管理、竣工资料汇总整理等服务所需的费用。招标人应预估该项费用并按投标人的投标报价向投标人支付该项费用。

总承包服务费应列出服务项目及其内容等。总承包服务费计价表如表3-12所列。

表 3-12　总承包服务费计价表

工程名称：　　　　　　　　　　标段：　　　　　　　　　　第　页　共　页

序　号	项目名称	项目价值/元	服务内容	费率/%	金额/元
1	发包人发包专业工程				
2	发包人提供材料				
合计					

注：此表项目名称、服务内容由招标人填写，编制招标控制价时，费率及金额由招标人按有关计价规定确定；投标时，费率及金额由投标人自主报价，计入投标总价中。

(四)规费、税金项目清单

规费是政府部门或授权机构规定必须缴纳的费用。规费项目清单内容包括：社会保险费（包括养老保险费、失业保险费、医疗保险费、工伤保险费、生育保险费）、住房公积金。对《建筑安装工程费用项目组成》未包括的规费项目，编制人在编制规费项目清单时应根据省级政府部门或授权机构的规定列项。

目前税法规定应计入建筑安装工程造价的税种主要指增值税。

规费、税金项目清单与计价表如 3-13 所列。

表 3-13　规费、税金项目清单与计价表

工程名称：　　　　　　　　　　标段：　　　　　　　　　　第　页　共　页

序　号	项目名称	计算基础	计算基数	费率/%	金额/元
1	规费				
1.1	社会保险费				
(1)	养老保险费	定额人工费			
(2)	失业保险费	定额人工费			
(3)	医疗保险费	定额人工费			
(4)	工伤保险费	定额人工费			
(5)	生育保险费	定额人工费			
1.2	住房公积金	定额人工费			
2	税金	分部分项工程费+措施项目费+其他项目费+规费—按规定不计税的工程设备金额			
合计					

编制人(造价人员)：　　　　　　　　　　复核人(造价工程师)：

第三节　工程造价信息

一、工程造价信息的概念

工程造价信息是工程造价管理机构发布的建设工程人工、材料、工程设备、施工机械台班的价格信息，以及各类工程的造价指数、指标等。在工程承发包市场和工程建设过程中，工程

造价总是不停地运动着、变化着,并呈现出种种不同特征。人们对工程承发包市场和工程建设过程中工程造价运动的变化,是通过工程造价信息来认识和掌握的。

在工程承发包市场和工程建设中,工程造价信息是最灵敏的调节器和指示器,无论是政府工程造价主管部门还是工程承发包双方,都要通过接收工程造价信息来把握工程建设市场动态,预测工程造价发展,确定政府的工程造价政策和工程承发包价。因此,工程造价主管部门和工程承发包双方都要接受、加工、传递和利用工程造价信息。工程造价信息作为一种社会资源在工程建设中的地位日趋明显,特别是随着我国推行工程量清单计价制度,工程价格从政府计划的指令性价格向市场定价转化,而在市场定价的过程中,信息起着举足轻重的作用,因此,工程造价信息资源开发的意义更为重要。

二、工程造价信息的分类

为便于对信息的管理,有必要将各种信息按一定的原则和方法进行区分和归集,并建立一定的分类系统和排列顺序。在工程造价管理领域,也应该按照不同的标准对信息进行分类。主要分类方式有:

1) 按管理组织的角度划分,可以分为系统化工程造价信息和非系统化工程造价信息。

2) 按形式划分,可以分为文件式工程造价信息和非文件式工程造价信息。

3) 按信息来源划分,可以分为横向传递的工程造价信息和纵向传递的工程造价信息。

4) 按经济层面划分,可以分为宏观工程造价信息和微观工程造价信息。

5) 按动态性划分,可以分为过去的工程造价信息、现在的工程造价信息和未来的工程造价信息。

6) 按稳定程度划分,分为固定工程造价信息和流动工程造价信息。

三、工程造价信息的主要内容

广义上说,所有对工程造价的确定与控制起作用的资料都称之为工程造价信息,如各种定额资料、标准规范、政策文件等。其中最能体现信息动态性变化特征,并且在工程造价的市场机制中起重要作用的工程造价信息主要包括 3 类,分别为:工程价格信息、已完工程信息和工程造价指数。

(一) 工程价格信息

工程价格信息包括各种建筑材料、装修材料、安装材料、人工工资、施工机械等的最新市场价格。这些信息是比较初级的微观信息,一般没有经过系统加工处理,也可以称其为数据。

1. 人工价格信息

根据《关于开展建筑工程实物工程量与建筑工种人工成本信息测算和发布工作的通知》(建办标函〔2006〕765 号),我国自 2007 年起开展建筑工程实物工程量与建筑工种人工成本信息(即人工价格信息)的测算和发布工作。其目的是引导建筑劳务合同双方合理确定建筑工人工资水平的基础,为建筑业企业合理支付个人劳动报酬,为调节、处理建筑工人劳动工资纠纷提供依据,也为工程招标投标中评定成本提供依据。人工价格信息又分为建筑工程实务工程量人工价格信息和建筑工种人工成本信息。

（1）建筑工程实物工程量人工价格信息

建筑工程实物工程量人工价格信息是以建筑工程的不同划分标准为对象,反映了单位实物工程量的人工价格信息。根据工程不同部位、作业难易并结合不同工种作业情况将建筑工程划分为土石方工程、架子工程、砌筑工程、模板工程、钢筋工程、混凝土工程、防水工程、抹灰工程、木作业与木装饰工程、油漆工程、玻璃工程、金属制品制作及安装、其他工程13项。其表现形式如表3-14所列。

表3-14 20××年第一季度××市建筑工程实物工程量人工价格信息表(部分)

项目编码	项目名称	工程量计算规则	计量单位	人工单价/元	备注
010101001	平整场地	按实际平整面积计算	m²	4.41	
010101002	人工挖土方			24.32	
010101003	人工挖沟槽、坑土方（深2 m以内）	按实际挖方的天然密实体积计算	m³	26.70	一、二类
010101006	人工挖淤泥、流沙			47.14	

（2）建筑工种人工成本信息

建筑工种人工成本信息是按照建筑工人的工种分类,反映不同工种的单位人工日工资单价。建筑工种是根据《中华人民共和国劳动法》和《中华人民共和国职业教育法》的有关规定,对从事技术复杂,通用性广,涉及国家财产、人民生命安全和消费者利益的职业（工种）的劳动者实行就业准入的规定,结合建筑行业实际情况确定的。其表现形式如表3-15所列。

表3-15 20××年第二季度××市建筑工种人工成本信息表

序号	工种	月工资/元	日工资/(元/工日)
1	建筑、装饰工程普工	2 175	100
2	木工(模板工)	2 697	124
3	钢筋工	2 566.5	118
4	混凝土工	2 370.75	109
5	架子工	2 631.75	121

2.材料价格信息

在材料价格信息的发布中,应披露材料类别、规格供应地区、单价(不含可抵扣的进项税额)以及发布日期等信息,其表现形式如表3-16所列。

表3-16 2016年6月××市商品混凝土参考价格

序号	名称	规格型号	单位	零售价/元(不含可抵扣的进项税额)	供货城市	公司名称	发布日期
1	泵送商品混凝土	C30 坍落度12 cm±3 cm	m³	363.00	××市辖区	××××混凝土有限公司	2016.6
2	泵送商品混凝土	C25 坍落度12 cm±3 cm	m³	350.00	××市辖区	××××混凝土有限公司	2016.6

3．机械价格信息

机械价格信息包括设备市场价格信息和设备租赁市场价格信息两个部分。相对而言，后者对于工程计价更为重要，发布的机械价格信息应包括机械种类、规格型号、供货厂商名称、供货厂商的纳税人性质、租赁单位、发布日期等内容。其表现形式如表 3-17 所列。

表 3-17　2016 年 6 月××市设备租赁参考价信息表

机械设备名称	规格型号	供应厂商名称	租赁单价/(万元/月)（不含可抵扣的进项税额）	发布日期
塔式起重机	K80/115 型 70 m/11.5 t	××××公司机租公司	19.8（最低价）	2016.6
塔式起重机	K80/115 型 70 m/11.5 t	××××公司机租公司	22.5（最高价）	2016.6
塔式起重机	K30/21 型 60 m/2.1 t	××××公司机租公司	4.3（最低价）	2016.6
塔式起重机	K30/21 型 60 m/2.1 t	××××公司机租公司	4.8（最高价）	2016.6

（二）已完工程信息

1．已完工程信息的概念

已完工程信息是指已建成竣工和在建的有使用价值和有代表性的投资估算、工程设计概算、施工预算、工程竣工结算、竣工决算、单位工程施工成本以及新材料、新结构、新设备、新施工工艺等建筑安装工程分部分项的单位价格分析等资料。这种信息也可称为工程造价资料。

2．已完工程信息类型

已完工程信息可分为以下几种类别：

1）按照其不同工程类型，可划分为厂房、铁路、住宅、公共建筑、市政工程等已完工程信息，并分别列出其包含的单项工程和单位工程。

2）按照其不同阶段，一般分为项目可行性研究、投资估算、初步设计概算、施工图预算、竣工结算、竣工决算等。

3）按照其组成特点，一般分为建设项目、单项工程和单位工程造价资料，同时也包括有关新材料、新工艺、新设备、新技术的分部分项工程造价资料。

3．已完工程信息积累的主要内容

已完工程信息积累的内容应包括量（如主要工程量、材料量、设备量等）和价，还要包括已确定对造价有重要影响的技术经济文件，如工程的概括、建设条件等。

（1）建设项目和单项工程造价资料

1）对造价有重要影响的技术经济文件，如项目建设标准、建设工期、建设地点等。

2）主要的工程量、主要的材料量和主要设备的名称、型号、规格、数量等。

3）投资估算、概算、预算、竣工决算及造价指数等。

（2）单位工程造价资料

单位工程造价资料包括工程的内容、建筑结构特征、主要工程量、主要材料的用量和单价、人工工日和人工费以及相应的造价。

（3）其　他

除以上资料，还包括有关新材料、新工艺、新设备、新技术分部分项工程的人工工日，主要材料用量,机械台班用量。

4. 已完工程信息的运用

1)已完或在建工程的各种造价信息,可以为拟建工程或在建工程造价提供依据。

2)作为编制固定资产投资计划的参考,用作建设成本分析。

3)进行单位生产能力投资分析。

4)用作编制投资估算的重要依据。

5)用作编制初步设计概算和审查施工图预算的重要依据。

6)用作确定标底和投标报价的参考资料。

7)用作技术经济分析的基础资料。

8)用作编制各类定额的基础资料。

9)用以测定调价系数、编制造价指数。

10)用以研究同类工程造价的变化规律。

（三）工程造价指数

1. 工程造价指数的概念

工程造价指数是反映一定时期价格变化对工程造价影响程度的一种指标,是调整工程造价价差的依据。以合理的方法编制的工程造价指数,能够较好地反映工程造价的变动趋势和变化幅度,正确反映建筑市场的供求关系和生产力发展水平。工程造价指数反映了报告期与基期相比的价格变动趋势。需要注意的是,基期价格和报告期价格计算口径一致,都是指不含增值税可抵扣进项税额的价格。

利用工程造价指数分析价格变动趋势及其原因,估计工程造价变化对宏观经济的影响,是业主控制投资、投标人确定报价的重要依据。

2. 工程造价指数的编制

工程造价指数一般应按各主要构成要素(建筑安装工程造价、设备工器具购置费和工程建设其他费用)分别编制价格指数,然后汇总得到工程造价指数。

（1）各种单项价格指数的编制

1)人工费、材料费、施工机械使用费等价格指数的编制。这种价格指数的编制可以直接用报告期价格与基期价格相比后得到。其计算公式为

$$人工费（材料费、施工机械使用费）价格指数 = \frac{P_n}{P_0} \qquad (3-26)$$

式中:P_0为基期人工日工资单价(材料价格、机械台班单价);P_n为报告期人工日工资单价(材料价格、机械台班单价)。

2)企业管理费及工程建设其他费等费率指数的编制。其计算公式为

$$企业管理费（工程建设其他费）费率指数 = \frac{P_n}{P_0} \qquad (3-27)$$

式中:P_0为基期企业管理费(工程建设其他费)费率;P_n为报告期企业管理费(工程建设其他费)费率。

（2）设备、工器具价格指数

设备、工器具价格指数是用综合指数形式表示的总指数。运用综合指数计算总指数时,一

般要涉及两个因素:一个是指数所要研究的对象,称为指数化因素;另一个是将不能同度量现象过渡为可以同度量现象的因素,称为同度量因素。当指数化因素是数量指标时,这时计算的指数称为数量指标指数;当指数化因素是质量指标时,这时的指数称为质量指标指数。很明显,在设备、工器具价格指数中,指数化因素是设备、工器具的采购价格,同度量因素是设备、工器具的采购数量。因此设备、工器具价格指数是一种质量指标指数。

1) 同度量因素的选择。既然已经明确了设备、工器具价格指数是一种质量指标指数,那么同度量因素应该是数量指标,即设备、工器具的采购数量。那么就会面临一个新的问题,应该选择基期计划采购数量为同度量因素,还是选择报告期实际采购数量为同度量因素。根据统计学的一般原理,此处可分为拉斯贝尔体系和派许体系。

按照拉斯贝尔的主张,采用基期指标作为同度量因素,此时计算公式可以表示为

$$K_q = \frac{\sum q_1 p_0}{\sum q_0 p_0} \tag{3-28}$$

式中:K_q 为拉式数量指标;p_0 表示基期价格;q_0、q_1 分别表示基期数量和报告期数量。

按照派许的主张,采用报告期指标作为同度量因素,此时计算公式可以表示为

$$K_p = \frac{\sum q_1 p_1}{\sum q_1 p_0} \tag{3-29}$$

式中:K_p 为派氏质量指标;p_0 和 p_1 表示基期与报告期价格;q_1 表示报告期数量。

2) 设备、工器具价格指数的编制。考虑到设备、工器具的采购品种很多,为简化起见,计算价格指数时可选择其中用量大、价格高、变动多的主要设备、工器具的购置数量和单价进行计算,按照派氏公式进行计算为

$$设备、工器具价格指数 = \frac{\sum (报告期设备、工器具单价 \times 报告期购置数量)}{\sum (基期设备、工器具单价 \times 报告期购置数量)} \tag{3-30}$$

(3) 建筑安装工程价格指数

与设备、工器具价格指数类似,建筑安装工程价格指数也属于质量指标指数,所以也应用派氏公式计算。但考虑到建筑安装工程价格指数的特点,所以用综合指数的变形即平均数指数的形式表示。

1) 平均数指数。从理论上说,综合指数是计算总指数的比较理想的形式,因为它不仅可以反映事物变动的方向与程度,而且可以用分子与分母的差额直接反映事物变动的实际经济效果。然而,在利用派氏公式计算质量指标指数时,需要掌握 $\sum p_0 q_1$(基期价格乘报告期数量之积的和),这是比较困难的。而相比而言,基期和报告期的费用总值($\sum p_0 q_0$,$\sum p_1 q_1$)却是比较容易获得的资料。因此,可以在不违反综合指数的一般原则的前提下,改变公式的形式而不改变公式的实质,利用容易掌握的资料来推算不容易掌握的资料,进而再计算指数,在这种背景下所计算的指数即为平均数指数。利用派氏综合指数进行变形后计算得出的平均数指数称为加权调和平均数指数。其计算过程如下:

设 $k_p = p_1 p_0$ 表示个体价格指数,则派氏综合指数可以表示为

$$派氏价格指数 = \frac{\sum q_1 p_1}{\sum q_1 p_0} = \frac{\sum q_1 p_1}{\sum \dfrac{1}{K_p} q_1 p_1} \tag{3-31}$$

其中，$\dfrac{\sum q_1 p_1}{\sum \dfrac{1}{K_p} q_1 p_1}$ 即为派氏综合指数变形后的加权调和平均数指数。

2）建筑安装工程造价指数的编制。根据加权调和平均数指数的推导公式，可得建筑安装工程造价指数的编制如下（由于利润率、规费费率和税率通常不会变化，可以认为其单项价格指数为1）：

$$建筑安装工程造价指数 = \frac{报告期建筑安装工程费}{\dfrac{报告期人工费}{人工费指数} + \dfrac{报告期材料费}{材料费指数} + \dfrac{报告期施工机具使用费}{施工机具使用费指数} + \dfrac{报告期措施费}{措施费指数} + 利润 + 规费 + 税金} \tag{3-32}$$

（4）建设项目或单项工程造价指数的编制

建设项目或单项工程造价指数是由建筑安装工程造价指数，设备、工器具价格指数和工程建设其他费用指数综合而成的。与建筑安装工程造价指数类似，其计算也应采用加权调和平均数指数的推导公式，具体的计算过程如下：

$$建设项目或单项工程造价指数 = \frac{报告期建设项目或单项工程造价}{\dfrac{报告期建筑安装工程费}{建筑安装工程造价指数} + \dfrac{报告期设备、工器具费用}{设备、工器具价格指数} + \dfrac{报告期工程建设其他费}{工程建设其他费指数}} \tag{3-33}$$

编制完成的工程造价指数有很多用途，例如，作为政府对建设市场宏观调控的依据，也可以作为工程估算以及概预算的基本依据。当然，其最重要的作用是在建设市场的交易过程中，为承包商提出合理的投标报价提供依据，此时的工程造价指数也可称为投标价格指数，具体的表现形式如表3-18所列。

表 3-18　××省 2012—2015 年住宅建筑工程造价指数表

项　　目	2012 年第一季度	2013 年第二季度	2014 年第三季度	2015 年第四季度
多层（6 层以下）	107.7	109.2	114.6	110.8
小高层（7～12 层）	108.4	110.0	114.6	111.4
高层（12 层以上）	108.4	110.0	114.6	111.4
综合	108.3	109.8	114.6	111.3

课后思考与综合运用

课后思考

1. 什么是工程建设定额？

2. 现行工程建设定额是如何分类的？共分为哪几类？

3. 什么是劳动定额？

4. 什么是非周转性材料？

5. 什么是机械台班使用定额和机械时间定额？

6. 简述预算定额的概念及性质，施工定额与预算定额有何区别与联系？

7. 施工定额人工消耗量指标包括哪些内容？

8. 施工定额材料消耗量的计算方法有哪些？

9. 预算定额人工单价由哪几个部分组成？

10. 预算定额材料价格包括哪几个部分？

11. 预算定额机械台班预算价由哪几个部分组成？

12. 从研究对象、作用、编制方法等方面分别叙述不同定额的异同？

13. 什么是概算定额和概算指标？其应用范围如何？

14. 工程量清单规范体系的组成及计价是怎样的？

15. 工程量清单计价的作用有哪些？

16. 建设工程工程量清单是由哪些清单组成的？各包含哪些内容？

17. 工程造价信息有哪些分类方式？不同的分类方式对应的内容是什么？

能力拓展

[案例]　某钢筋混凝土框架结构建筑物，共四层，首层层高 4.2 m，柱顶的结构标高为 15.9 m，外墙为 240 mm 厚加气混凝土砌块填充墙，首层墙体砌筑在顶面标高为 −0.20 m 的钢筋混凝土基础梁上，M5.0 混合砂浆砌筑。M1 为 1 900 mm×3 300 mm 的铝合金平开门；C1 为 1 200 mm×2 400 mm 的铝合金推拉窗；C3 为 1 800 mm×2 400 mm 的铝合金推拉窗；门窗详见图集 L03J602；窗台高 900 mm。门窗洞口上设钢筋混凝土过梁，截面为 240 mm× 180 mm，过梁两端各伸入砌体 250 mm。已知本工程抗震设防烈度为 7 度，抗震等级为四级（框架结构），梁、板、柱的混凝土均采用 C30 商品混凝土；钢筋的保护层厚度：板为 15 mm，梁柱为 25 mm，基础为 35 mm。楼板厚有 150 mm 和 100 mm 两种。块料地面的做法是：素水泥浆一遍，25 mm 厚 1∶3 干硬性水泥砂浆结合层，800 mm×800 mm 全瓷地面，白水泥砂浆擦缝。木质踢脚线高 150 mm，基层为 9 mm 厚胶合板，面层为红榉木装饰板，上口钉木线。柱面的装饰做法为：木龙骨榉木装饰面包方柱，木龙骨为 25 mm×30 mm，中距 300 mm× 300 mm，基层为 9 mm 厚胶合板，面层为红桦木装饰板。四周内墙面做法为：20 mm 厚 1∶2.5 水泥砂浆抹面。顶棚吊顶为轻钢龙骨矿棉板平顶，U 形轻铜龙骨中距为 450 mm×450 mm，面层为矿棉吸声板，首层吊顶底标高为 3.4 m。

问题：查阅《房屋建筑与装饰工程工程量计算规范》(GB 50854—2013)中规定分部分项工程的统一编码，编制建筑物首层的过梁、填充墙、矩形柱（框架柱）、矩形梁（框架梁）、柱面（包括墙柱）装饰、吊顶顶棚、木质踢脚线、墙面抹灰、平板、块料地面的分部分项工程量清单，列出项目编码、项目特征描述、计量单位等内容填写表 3−19，不用计算工程量。

表 3 - 19　分部分项工程量清单与计价表

工程名称：　　　　　　　　　　标段：　　　　　　　　　　　　第　页　共　页

序　号	项目编码	项目名称	项目特征描述	计量单位	工程量	金额/元		
						综合单价	合价	其中：暂估价
		过梁						
		填充墙						
		矩形柱(框架柱)						
		矩形梁(框架梁)						
		柱面(包括墙柱)						
		装饰						
		吊顶顶棚						
		木质踢脚线						
		墙面抹灰						
		平板						
		块料地面						

同学们也可以自行寻找类似工程，进行编制工程量清单的练习。

推荐阅读材料

[1] 清华大学软件学院 BIM 课题组. 中国建筑信息模型标准框架[J]. 土木建筑工程信息技术,2010(2):1-5.

[2] 何关培. BIM 总论[M]. 北京:中国建筑工业出版社,2011.

[3] 何清华,钱丽丽,段运峰. BIM 在国内外应用的现状及障碍研究[J]. 工程管理学报,2012(1):12-16.

[4] 胡振中. 基于 BIM 和 4D 技术的建筑工程施工冲突与安全分析管理[D]. 北京:清华大学土木工程系,2009.

[5] 张洋. 基于 BIM 的建筑工程信息集成与管理研究[D]. 北京:清华大学,2009.

第四章　工程计量与建筑面积计算

实干。"道虽迩，不行不至；事虽小，不为不成。"苦干。"不经一番寒彻骨，怎得梅花扑鼻香。"巧干。巧干并非投机取巧、拈轻怕重，而是讲究方式方法、顺应事物发展的特点和规律。在实干苦干巧干中推动事业发展。[①]

导　言

某综合楼项目计量纠纷[②]

某综合楼项目，如图4-1所示，采用框架结构，其中地下1层，地上为9层，建筑物总高度为48.65 m，总建筑面积为14 500 m²。经向主管部门申请立项审批后，委托某设计院进行设计，并委托某招标代理公司编制工程量清单及招标控制价。本工程采用公开招标方式，通过公开招标，某建筑工程公司中标，中标金额为11 036万元。发承包双方根据中标通知书签订了施工合同。双方在合同中约定了预付款、工程进度款支付的时间和比例。

图4-1　某综合楼项目效果图

由于发包人资金不到位，在施工过程中，发包人单方要求解除合同，发承包双方经过协商，

---

①　摘自《人民日报》（2022年04月19日09版）。

②　摘自：杨明亮.建设工程全过程审计案例[M].北京：中国时代经济出版社，2016.

同意解除合同。第三方工程造价咨询单位接受委托在办理合同终止结算的过程中发现，合同中室外墙面干挂石材的施工面积为 7 200 m²，其中合同中显示的综合单价为 880 元/m²，承包人在申请月度工程进度款时，完成的工程量是按 7 000 m² 计算，发包人也据此支付了工程进度款，而工程造价咨询单位在审核时发现当期实际完成的室外墙面干挂石材的工程量为 4 000 m²，则发包人多支付工程进度款 224.4 万元（合同规定按完成工程进度款的 85% 计算，即(7 000－4 000)m²×880 元/ m²×85%＝2 244 000 元)。

发包人要求施工单位退还这部分工程款，承包人不同意。在《建设工程工程量清单计价规范》(GB 50500—2013)中对工程计量进行了明确的定义，工程计量是依据合同约定的计量规则和方法对承包人实际完成工程数量进行的确认和计算。工程实施阶段的工程计量是对承包人已经实施的工作，按照合同约定程序由发承包双方或者其代表实地测量所得的工程数量。经过测量程序后，如果双方对测量结果没有异议，就认为测量所得的工程量为准确的并被接受的工程量。在结算与支付时，承包人进行进度款申请后，发包人应派工程师进行审核。在进度款审核时，结算支付价款应与已完工程量匹配。案例中发包人没有按约定去现场核实承包人实际完成的工程量，因此承包人报告的工程量视为被确认。虽然进度款支付可以进行修正，但前提是发承包双方按约定的程序进行，发包人未核实承包人实际完成的工程量是发包人的责任，造成的损失由发包人承担，承包人不予退还。

从本案例中，我们知道正确进行工程计量对工程建设各单位加强管理、确定工程造价具有重要的现实意义。建设工程的最终目的是获得利益。在工程建设的全过程控制中，工程造价作为建筑经济的链条贯穿始终：申请项目要编制估算，设计要编制概算，施工要编制预算，竣工要做结算和决算等。所以说要搞好工程建设，做好工程计量对保证产品质量、可靠、安全方面都起到重要作用。

工程量计算是整个工程计价过程中最繁琐的工作，必须讲究方法和计算顺序，才能全面、准确地计算。建筑面积是工程计价中一项重要的数据和指标，起着衡量工程建设规模，建设标准、投资效益等方面的作用。因此，掌握工程量计算方法和建筑面积计算规则是工程计价的关键。

第一节　工程计量

工程量是以物理计量单位或自然计量单位所表示的各个分部分项工程、措施项目或者结构构件的数量。物理计量单位是指以公制度量表示的长度、面积、体积和重量等计量单位，如预制钢筋混凝土方桩以"米(m)"为计量单位，墙面抹灰以"平方米(m²)"为计量单位，混凝土以"立方米(m³)"为计量单位，现浇构件钢筋以"吨(t)"为计量单位等。自然计量单位指建筑成品表现在自然状态下的简单点数所表示的个、组、套、樘、榀等计量单位，如螺栓、铁件中机械连接以"个"为计量单位，门窗工程可以以"樘"为计量单位，预制混凝土屋架可以以"榀"为计量单位等。

一、工程计量的含义和作用

(一) 工程计量的含义

工程量计算是指建设工程项目以工程设计图纸、施工组织设计或施工方案及有关技术经济文件为依据,按照相关工程国家标准的计算规则、计量单位等规定,进行工程数量的计算活动,在工程建设中简称工程计量。

由于工程计价的多阶段性和多次性,工程计量也具有多阶段性和多次性。工程计量不仅包括招标阶段工程量清单编制中工程量的计算,也包括投标报价以及合同履约阶段的变更、索赔、支付和结算中工程量的计算和确认。工程计量工作在不同计价过程中有不同的内容,如在招标阶段主要依据施工图纸和工程量计算规则确定拟建分部分项工程项目和措施项目的工程数量;在施工阶段主要根据合同约定、施工图纸及工程量计算规则对已完成工程量进行计算和确认。

(二)工程计量的作用

准确计算工程量是工程计价活动中最基本的工作,它具有以下作用:

1)工程量是确定建筑安装工程造价的重要依据。只有准确计算工程量,才能正确计算工程相关费用,合理确定工程造价。

2)工程量是承包方生产经营管理的重要依据,具体如下:投标报价阶段,工程量是确定项目的综合单价和投标策略的重要依据;工程实施阶段,是编制项目管理规划,安排工程施工进度,编制材料供应计划,进行工料分析,编制人工、材料、机具台班需要量,进行工程统计和经济核算,编制工程形象进度统计报表的重要依据;工程竣工阶段是向工程建设发包方结算工程价款的重要依据。

3)工程量是发包方管理工程建设的重要依据,体现在编制建设计划、筹集资金、工程招标文件、工程量清单、建筑工程预算、安排工程价款的拨付和结算、进行投资控制等方面。

二、工程量计算的依据

工程量是根据施工图及其相关说明,按照一定的工程量计算规则逐项进行计算并汇总得到的。主要依据如下:

1)经审定的施工设计图纸及其说明。

施工图纸全面反映建筑物(或构筑物)的结构构造、各部位的尺寸及工程做法,是工程量计算的基础资料和基本依据。

2)工程施工合同、招标文件的商务条款。

3)经审定的施工组织设计(项目管理实施规划)或施工技术措施方案。

施工图纸主要表现拟建工程的实体项目,分项工程的具体施工方法及措施,应按施工组织设计(项目管理实施规划)或施工技术措施方案确定。例如,计算挖基础土方,施工方法是采用人工开挖,还是采用机械开挖,基坑周围是否需要放坡、预留工作面或做支撑防护等,应以施工方案为计算依据。

4)工程量计算规则。

工程量计算规则是规定在计算工程实物数量时,从设计文件和图纸中摘取数值的取定原则的方法。我国目前的工程量计算规则主要有两类:一是与预算定额相配套的工程量计算规则,原建设部制定了《全国统一建筑工程预算工程量计算规则》,各地方及不同行业也都制定了相应的预算工程量计算规则;二是与清单计价相配套的计算规则,原建设部于2003年和2008年先后颁布了两版《建设工程工程量清单计价规范》,在规范的附录部分明确了分部分项工程的工程量计算规则,2013年,住建部又公布了房屋建筑与装饰工程、仿古建筑工程、通用安装工程、市政工程、园林绿化工程、矿山工程、构筑物工程、城市轨道交通工程、爆破工程 9 个专业的工程量计算规范,进一步规范了工程造价中工程量计量行为,统一了各专业工程量清单的编制、项目设置和工程量计算规则。

5）经审定的其他有关技术经济文件。

三、工程量计算的原则

1）列项要正确,严格按照规范或有关定额规定的工程量计算规则计算工程量,避免错项。

2）工程量计量单位必须与工程量计算规范或有关定额中规定的计量单位相一致。

3）计算口径要一致。根据施工图列出的工程量清单项目的口径必须与工程量计算规范中相应清单项目的口径相一致。

4）按图纸,结合建筑物的具体情况进行计算。要结合施工图纸尽量做到结构按楼层、内装修按楼层分房间、外装修按施工层分立面计算,或按施工方案的要求分段计算,或按使用的材料不同分别进行计算。这样,在计算工程量时既可避免漏项,又可为安排施工进度和编制资源计划提供数据。

5）工程量计算精度要统一,要满足规范要求。

四、工程量计算的顺序

为了避免漏算或重算,提高计算的准确程度,工程量的计算应按照一定的顺序进行。具体的计算顺序应根据具体工程和个人的习惯来确定,一般有以下几种顺序:

（一）单位工程计算顺序

单位工程计算顺序一般按计价规范清单列项顺序计算。即按照计价规范上的分章或分部分项工程顺序来计算工程量。

（二）单个分部分项工程计算顺序

1）顺时针方向计算法。即先从平面图的左上角开始,自左至右,然后再由上而下,最后转回到左上角为止,按顺时针方向转圈依次进行计算。例如,计算外墙、地面、天棚等分部分项工程,都可以按照此顺序进行计算。

2）"先横后竖、先上后下、先左后右"计算法。即在平面图上从左上角开始,以先横后竖、从上而下、自左到右的顺序计算工程量。例如,房屋的条形基础土方、砖石基础、砖墙砌筑、门窗过梁、墙面抹灰等分部分项工程,均可按这种顺序计算工程量。

3）图纸分项编号顺序计算法。即按照图纸上所注结构构件、配件的编号顺序进行计算。例如,计算混凝土构件、门窗、屋架等分部分项工程,均可按照此顺序计算。

按一定顺序计算工程量的目的是防止漏项少算或重复多算的现象发生,只要能实现这一目的,采用哪种顺序方法计算都可以。

（三）用统筹法计算工程量

运用统筹法计算工程量,就是分析工程量计算中各分部分项工程量计算之间的固有规律和相互之间的依赖关系,运用统筹法原理和统筹图图解来合理安排工程量的计算程序,以达到节约时间、简化计算、提高工效以及为及时准确地编制工程预算提供科学数据的目的。

实践表明,每个分部分项工程量计算虽有着各自的特点,但都离不开计算"线""面"等基数。此外,某些分部分项工程的工程量计算结果往往是另一些分部分项工程的工程量计算的基础数据。根据这个特性,运用统筹法原理,对每个分部分项工程的工程量进行分析,依据计算过程的内在联系,按先主后次的顺序,统筹安排计算程序,从而简化繁琐的计算,形成统筹计算工程量的计算方法。

1. 统筹法计算工程量的基本要点

(1)统筹程序,合理安排

工程量计算程序的安排是否合理,关系着计量工作的效率高低和进度快慢。按施工顺序进行工程量计算,往往不能充分利用数据间的内在联系而形成重复计算,浪费时间和精力,有时还易出现计算差错。

(2)利用基数,连续计算

利用基数,连续计算就是以"线"或"面"为基数,利用连乘或加减,算出与它有关的分部分项工程量。这里的"线"和"面"指的是长度和面积。常用的基数为"三线一面":"三线"是指建筑物的外墙中心线、外墙外边线和内墙净长线;"一面"是指建筑物的底层建筑面积。

(3)一次算出,多次使用

在工程量计算过程中,往往有一些不能用"线""面"等基数进行连续计算的项目,如木门窗、屋架、钢筋混凝土预制标准构件等,此时,可以将常用数据一次算出,汇编成土建工程量计算手册(即"册"),将规律较明显的(如槽、沟断面等)也一次算出,编入手册。当需计算有关的工程量时,只要查手册就可快速算出所需要的工程量。这样可以减少按图逐项地进行繁琐而重复的计算,亦能保证计算的及时与准确性。

(4)结合实际,灵活机动

用"线""面""册"计算工程量,是一般常用的工程量基本计算方法,实践证明,在一般工程上完全可以使用。但在特殊工程上,由于基础断面、墙厚、砂浆标号和各楼层的面积不同,不能只用"线"或"面"的一个数作为基数,而必须结合实际灵活地计算。

一般常遇到的几种情况及采用的方法如下:

1)分段计算法。当基础断面不同时,就应分段计算基础工程量。

2)分层计算法。如遇多层建筑物,各楼层的建筑面积或砌体砂浆标号不同时,可分层计算。

3)补加计算法。即在同一分项工程中,遇到局部外形尺寸或结构不同时,为便于利用基数进行计算,可先将其看作相同条件计算,然后再加上多出部分的工程量,得出最终计算结果。例如,基础深度不同的内外墙基础、宽度不同的散水等工程。

4)补减计算法。与补加计算法相似,只是在原计算结果上减去局部不同部分工程量。例如,在楼地面工程中,各层楼面除每层盥洗间为水磨石面层外,其余均为水泥砂浆面层,则可先按各楼层均为水泥砂浆面层计算,然后补减盥洗间的水磨石地面工程量。

2. 统筹图

运用统筹法计算工程量,就是要根据统筹法原理对计价规范中清单列项和工程量计算规则,设计出计算工程量程序统筹图。统筹图以"三线一面"作为基数,连续计算与之有共性关系的分部分项工程量,而与基数无共性关系的分部分项工程量则用"册"或图示尺寸进行计算。

(1)统筹图的主要内容

统筹图主要由计算工程量的主次程序线、基数、分部分项工程量计算式及计算单位组成。

主要程序线是指在"线""面"基数上连续计算项目的线,次要程序线是指在分部分项项目上连续计算的线。

（2）计算程序的统筹安排

统筹图的计算程序安排是根据下述原则考虑的,即:

1）共性合在一起,个性分别处理。分部分项工程量计算程序的安排,是根据分部分项工程之间共性与个性的关系,采取共性合在一起、个性分别处理的办法。共性合在一起,就是把与墙的长度（包括外墙外边线、外墙中心线、内墙净长线）有关的计算项目,分别纳入各自系统中;把与建筑面积有关的计算项目,分别归于建筑物底层面积和分层面积系统中。与墙长或建筑面积这些基数联系不起来的计算项目,如楼梯、阳台、门窗、台阶等,按其个性分别处理,或利用工程量计算手册,或另行单独计算。

2）先主后次,统筹安排。用统筹法计算各分项工程量是从"线""面"基数的计算开始的。计算顺序必须本着先主后次原则统筹安排,才能达到连续计算的目的。先算的项目要为后算的项目创造条件,后算的项目才能在先算的基础上简化计算。有些项目只和基数有关,与其他项目之间没有关系,先算后算均可,前后之间要参照定额程序安排,以方便计算。

3）独立项目单独处理。当预制混凝土构件、钢窗或木门窗、金属或木构件、钢筋用量、台阶、楼梯、地沟等独立项目的工程量计算,与墙的长度、建筑面积没有关系,不能合在一起,也不能用"线""面"基数计算时,需要单独处理。可采用预先编制手册的方法解决,只要查阅手册即可得出所需要的各项工程量,或者利用表格形式填写计算的方法。与"线""面"基数没有关系又不能预先编入手册的项目,按图示尺寸分别计算。

3. 统筹法计算工程量的步骤

用统筹法计算工程量大体可分为 5 个步骤,如图 4-2 所示。

图 4-2 利用统筹法计算分部分项工程量步骤图

第二节 建筑面积的计算

一、建筑面积的概念

(一)建筑面积的概念

建筑面积是指建筑物(包括墙体)所形成的楼地面面积。面积是所占平面图形的大小,建筑面积主要是墙体围合的楼地面面积(包括墙体的面积),因此计算建筑面积时,先以外墙结构外围水平面积计算。

(二)建筑面积的组成

建筑面积包括使用面积、辅助面积和结构面积。其中使用面积和辅助面积的总和称为有效面积。

1. 使用面积

使用面积是指建筑物各层平面布置中,可直接为生产或生活使用的净面积总和。居室净面积在民用建筑中,亦称居住面积。例如,住宅建筑中的居室、客厅、书房等。

2. 辅助面积

辅助面积是指建筑物各层平面布置中未辅助生产或生活所占净面积的总和。例如,住宅建筑中的楼梯、走道、卫生间、厨房等。

3. 结构面积

结构面积是指建筑物各层平面布置中的墙体、柱等结构所占面积的总和(不包括抹灰厚度所占面积)。

二、建筑面积的作用

建筑面积计算是工程计量最基础的工作,在工程建设中具有重要意义。首先,工程建设的技术经济指标中,大多数以建筑面积为基数,建筑面积是核定估算、概算、预算工程造价的重要基础数据,是计算和确定工程造价,并分析工程造价和工程设计合理性的基础指标;其次,建筑面积是国家进行建设工程数据统计、固定资产宏观调控的重要指标;再次,建筑面积是房地产交易、工程承发包交易、建筑工程有关运营费用的核定等的关键指标。建筑面积的作用具体体现在以下几个方面:

(一)建筑面积是确定建设规模的重要指标

建筑面积的多少可以用来控制建设规模,如根据项目立项批准文件所核准的建筑面积,来控制施工图设计的规模。建设面积的多少也可以用来衡量一定时期国家或企业工程建设的发展状况和完成生产的情况等。

(二)建筑面积是确定各项技术经济指标的基础

建筑面积是衡量工程造价、人工消耗量、材料消耗量和机械消耗量的重要经济指标,有了这些技术经济指标才能对施工企业的经济效益及管理水平进行评价。

1. 单位面积工程造价

单位面积工程造价也被称为单方造价，用工程总（预算）造价除以总建筑面积。

$$单位建筑面积工程造价 = \frac{工程总（预算）造价}{建筑面积} \qquad (4-1)$$

2. 单位建筑面积的材料消耗量指标

单位建筑面积的材料消耗量也被称为材料单方用量，用消耗于工程中的某种材料的总量除以总建筑面积，就是此材料单方用料量，如单方用钢量、单方水泥耗用量等。

$$单位建筑面积的材料消耗指标 = \frac{某种工程材料耗用量}{建筑面积} \qquad (4-2)$$

3. 单位建筑面积的人工用量

单位建筑面积的人工用量也被称为单方用工量，用工程中人工工日消耗总量除以总建筑面积。

$$单位建筑面积的人工用量 = \frac{工程人工工日耗用量}{建筑面积} \qquad (4-3)$$

（三）建筑面积是评价设计方案的重要依据

建筑面积是设计的重要参数，是计算容积率（土地利用系数）的基础。建筑面积与建筑占地面积不同，建筑面积与占地面积之比称容积率，容积率是建设规划和建筑设计评价的重要控制指标。

$$容积率 = \frac{建筑总面积}{建筑占地面积} \times 100\% \qquad (4-4)$$

$$建筑密度 = \frac{建筑物底层面积}{建筑占地总面积} \times 100\% \qquad (4-5)$$

（四）建筑面积是计算有关分项工程量的依据和基础

综合脚手架、垂直运输等项目的工程量是以建筑面积为基础计算的工程量。同时利用底层建筑面积和底层墙柱面积就可以方便地推算出室内回填土体积、楼地面面积和天棚面积等。

三、建筑面积计算规则及方法

（一）建筑面积计算的一般原则

建筑面积计算的一般原则是：凡在结构上、使用上形成具有一定使用功能的建筑物和构筑物，并能单独计算出其水平面积的，应计算建筑面积；反之，不应计算建筑面积。取定建筑面积的顺序为：有围护结构的，按围护结构计算面积；无围护结构、有底板的，按底板计算面积（如室外走廊、架空走廊）；底板也不利于计算的，则取顶盖（如车棚、货棚等）；主体结构外的附属设施按结构底板计算面积。即在确定建筑面积时，围护结构优于底板，底板优于顶盖。

建筑面积的计算主要依据现行国家标准《建筑工程建筑面积计算规范》GB/T 50353—2013。该规范包括总则、术语、计算建筑面积的规定和条文说明四部分，规定了计算建筑全部面积、计算建筑部分面积和不计算建筑面积的情形及计算规则，适用于新建、扩建、改建的工业与民用建筑工程建设全过程的建筑面积计算。即该规范不仅仅适用于工程造价计价活动，也适用于项目规划、设计阶段,但房屋产权面积计算不适用于该规范。

(二) 常用术语

1) 自然层:按楼地面结构分层的楼层。

2) 结构层高:楼面或地面结构层上表面至上部结构层上表面之间的垂直距离。

3) 围护结构:围合建筑空间的墙体、门、窗。

4) 建筑空间:以建筑界面限定的、供人们生活和活动的场所。

5) 结构净高:楼面或地面结构层上表面至上部结构层下表面之间的垂直距离。

6) 围护设施:为保障安全而设置的栏杆、栏板等围挡。

7) 地下室:室内地平面低于室外地平面的高度超过室内净高的 1/2 的房间。

8) 半地下室:室内地平面低于室外地平面的高度超过室内净高的 1/3,且不超过 1/2 的房间。

9) 架空层:仅有结构支撑而无外围护结构的开敞空间层。

10) 走廊:建筑物中的水平交通空间。

11) 架空走廊:专门设置在建筑物的二层或二层以上,作为不同建筑物之间水平交通的空间。

12) 结构层:整体结构体系中承重的楼板层。

13) 落地橱窗:突出外墙面且根基落地的橱窗。

14) 凸窗(飘窗):凸出建筑物外墙面的窗户。

15) 檐廊:建筑物挑檐下的水平交通空间。

16) 挑廊:挑出建筑物外墙的水平交通空间。

17) 门斗:建筑物入口处两道门之间的空间。

18) 雨篷:建筑出入口上方为遮挡雨水而设置的部件。

19) 门廊:建筑物入口前有顶棚的半围合空间。

20) 楼梯:由连续行走的梯级、休息平台和维护安全的栏杆(或栏板)、扶手以及相应的支托结构组成的作为楼层之间垂直交通使用的建筑部件。

21) 阳台:附设于建筑物外墙,设有栏杆或栏板,可供人活动的室外空间。

22) 主体结构:接受、承担和传递建设工程所有上部荷载,维持上部结构整体性、稳定性和安全性的有机联系的构造。

23) 变形缝:防止建筑物在某些因素作用下引起开裂甚至破坏而预留的构造缝。

24) 骑楼:建筑底层沿街面后退且留出公共人行空间的建筑物。

25) 过街楼:跨越道路上空并与两边建筑相连接的建筑物。

26) 建筑物通道:为穿过建筑物而设置的空间。

27) 露台:设置在屋面、首层地面或雨篷上的供人室外活动的有围护设施的平台。

28) 勒脚:在房屋外墙接近地面部位设置的饰面保护构造。

29) 台阶:联系室内外地坪或同楼层不同标高而设置的阶梯形踏步。

(三) 应计算建筑面积计算规则及方法

1) 建筑物的建筑面积应按自然层外墙结构外围水平面积之和计算。结构层高在 2.20 m 及以上的,应计算全面积;结构层高在 2.20 m 以下的,应计算 1/2 面积。

2）建筑物内设有局部楼层时,对于局部楼层的二层及以上楼层,有围护结构的应按其围护结构外围水平面积计算,无围护结构的应按其结构底板水平面积计算,且结构层高在2.20 m及以上的,应计算全面积,结构层高在2.20 m以下的,应计算1/2面积。

例 4.1 如图 4-3 所示,若局部楼层结构层高均超过 2.2 m,计算其建筑面积。

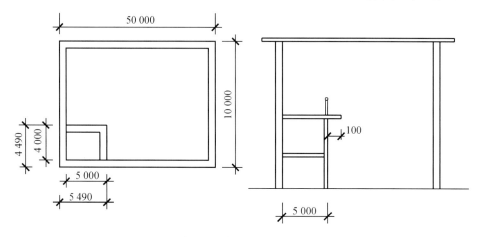

图 4-3 某建筑物内设有局部楼层的示意图

解 首层建筑面积＝50×10＝500 m²;

局部二层建筑面积(按围护结构计算)＝5.49×4.49＝24.65 m²;

局部三层建筑面积(按底板计算)＝(5+0.1)×(4+0.1)＝20.91 m²;

总建筑面积＝500+24.65+20.91＝545.56 m²。

3）形成建筑空间的坡屋顶,结构净高在 2.10 m 及以上的部位应计算全面积;结构净高在1.20 m 及以上至 2.10 m 以下的部位应计算 1/2 面积;结构净高在 1.20 m 以下的部位不应计算建筑面积。

例 4.2 如图 4-4 所示,计算坡屋顶建筑空间的建筑面积。

解 全面积部分＝50×(15-1×4)＝550 m²;

1/2 面积部分＝50×1×2×1/2＝50 m²;

总建筑面积＝550+50＝600 m²。

4）场馆看台下的建筑空间,结构净高在 2.10 m 及以上的部位应计算全面积;结构净高在1.20 m 及以上至 2.10 m 以下的部位应计算 1/2 面积;结构净高在 1.20 m 以下的部位不应计算面积。室内单独设置的有围护设施的悬挑看台,应按看台结构底板水平投影面积计算建筑面积。有顶盖无围护结构的场馆看台应按其顶盖水平投影面积的 1/2 计算面积。

例 4.3 某体育场看台剖面图如图 4-5 所示,该看台总长度 450 m,计算该看台下建筑空间的建筑面积。

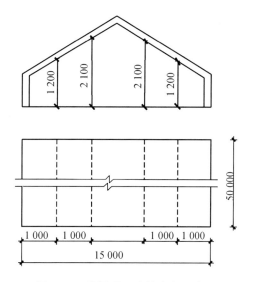

图 4 - 4　坡屋顶下建筑空间示意图

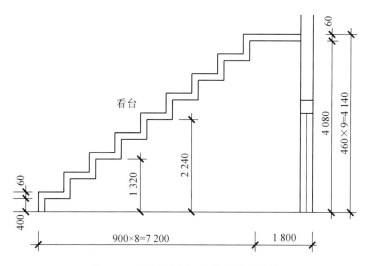

图 4 - 5　场馆看台下建筑空间示意图

解　全面积部分＝450×(0.9×4＋1.8)＝2 430 m²；

1/2 面积部分＝450×(0.9×2)×1/2＝405 m²；

总建筑面积＝2 430＋405＝2 835 m²。

例 4.4　某体育场看台如图 4 - 6 所示，该看台总长度 400 m，计算该看台的建筑面积。

解　400×4.8×1/2＝960 m²。

5）地下室、半地下室应按其结构外围水平面积计算。结构层高在 2.20 m 及以上的，应计算全面积；结构层高在 2.20 m 以下的，应计算 1/2 面积。

6）出入口外墙外侧坡道有顶盖的部位，应按其外墙结构外围水平面积的 1/2 计算面积。

7）建筑物架空层及坡地建筑物吊脚架空层，应按其顶板水平投影计算建筑面积。结构层高在 2.20 m 及以上的，应计算全面积；结构层高在 2.20 m 以下的，应计算 1/2 面积。

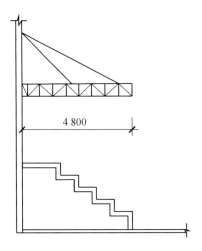

图 4-6 场馆看台示意图

例 4.5 某吊脚建筑如图 4-7 所示,结构层高均超过 2.20 m,计算该建筑的建筑面积。

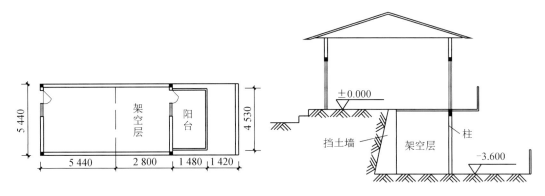

图 4-7 吊脚架空层示意图

解 单层建筑面积=5.44×(5.44+2.80)=44.83 m²;

阳台建筑面积=1.48×4.53/2=3.35 m²;

吊脚架空层建筑面积=5.44×2.8=15.23 m²;

总建筑面积=44.83+3.35+15.23=63.41 m²。

8) 建筑物的门厅、大厅应按一层计算建筑面积,门厅、大厅内设置的走廊应按走廊结构底板水平投影面积计算建筑面积。结构层高在 2.20 m 及以上的,应计算全面积;结构层高在 2.20 m 以下的,应计算 1/2 面积。

例 4.6 某建筑如图 4-8 所示,墙体厚度均为 240 mm,计算该建筑中走廊的建筑面积。

解 走廊建筑面积=[(2.7+4.5+2.7-0.12×2)×(6.3+1.5-0.12×2)-6.46×4.36]×2=89.73 m²。

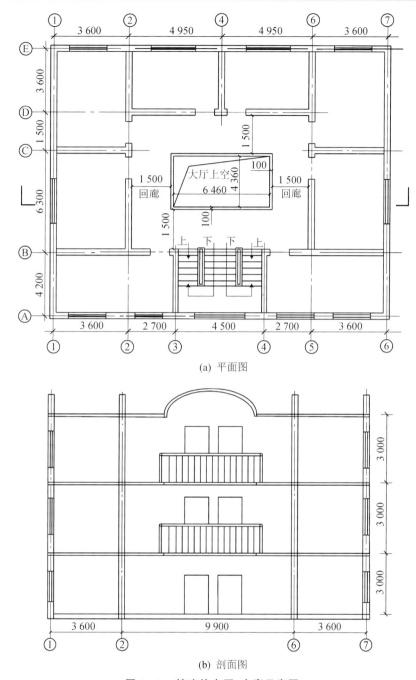

(a) 平面图

(b) 剖面图

图 4 - 8　某建筑大厅、走廊示意图

9）建筑物间的架空走廊，有顶盖和围护结构的（见图 4 - 9），应按其围护结构外围水平面积计算全面积；无围护结构、有围护设施的（见图 4 - 10），应按其结构底板水平投影面积计算 1/2 面积。

10）立体书库、立体仓库、立体车库，有围护结构的，应按其围护结构外围水平面积计算建筑面积；无围护结构、有围护设施的，应按其结构底板水平投影面积计算建筑面积。无结构层

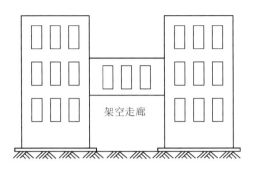

图 4 - 9 有围护结构的架空走廊示意图

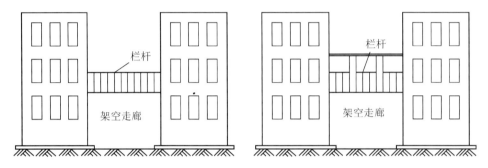

图 4 - 10 无围护结构、有围护设施的架空走廊示意图

的应按一层计算,有结构层的应按其结构层面积分别计算。结构层高在 2.20 m 及以上的,应计算全面积;结构层高在 2.20 m 以下的,应计算 1/2 面积。

11) 有围护结构的舞台灯光控制室,应按其围护结构外围水平面积计算。层高在 2.20 m 及以上的,应计算全面积;层高在 2.20 m 以下的,应计算 1/2 面积。

12) 附属在建筑物外墙的落地橱窗,应按其围护结构外围水平面积计算。结构层高在 2.20 m 及以上的,应计算全面积;结构层高在 2.20 m 以下的,应计算 1/2 面积。

13) 窗台与室内楼地面高差在 0.45 m 以下且结构净高在 2.10 m 及以上的凸(飘)窗,应按其围护结构外围水平面积计算 1/2 面积,如图 4 - 11 所示。

14) 有围护设施的室外走廊(挑廊),应按其结构底板水平投影面积计算 1/2 面积。有围护设施(或柱)的檐廊,应按其围护设施(或柱)外围水平面积计算 1/2 面积。

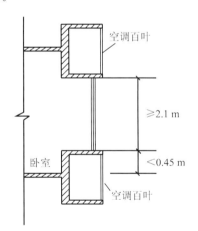

图 4 - 11 计算建筑面积
凸(飘)窗示意图

无论哪一种廊,除了必须有地面结构外,还必须有栏杆、栏板等围护设施或柱,这两个条件缺一不可,缺少任何一个条件都不计算建筑面积。如图 4 - 12 所示,3 部位没有围护设施,所以不计算建筑面积,4 部位有围护设施,按围护设施所围成面积的 1/2 计算。室外走廊(挑廊)、檐廊虽然都算 1/2 面积,但取定的计算部位不同:室外走廊(挑廊)按结构底板计算,檐廊

按围护设施（或柱）外围计算。

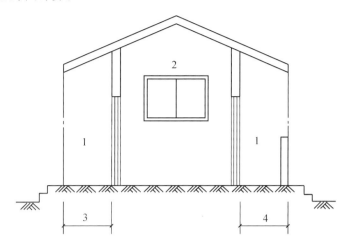

1—檐廊；2—室内；3—不计算建筑面积部位；4—计算1/2建筑面积部位。

图4-12　檐廊建筑面积计算示意图

15）门斗应按其围护结构外围水平面积计算建筑面积。结构层高在2.20 m及以上的，应计算全面积；结构层高在2.20 m以下的，应计算1/2面积。

16）门廊应按其顶板水平投影面积的1/2计算建筑面积。有柱雨篷应按其结构板水平投影面积的1/2计算建筑面积；无柱雨篷的结构外边线至外墙结构外边线的宽度在2.10 m及以上的，应按雨篷结构的水平投影面积的1/2计算建筑面积。

17）设在建筑物顶部的、有围护结构的楼梯间、水箱间、电梯机房等，结构层高在2.20 m及以上的，应计算全面积；结构层高在2.20 m以下的，应计算1/2面积。

18）围护结构不垂直于水平面的楼层，应按其底板面的外围水平面积计算。结构净高在2.10 m及以上的部位应计算全面积；结构净高在1.20 m及以上至2.10 m以下的部位应计算1/2面积；结构净高在1.20 m以下的部位不应计算建筑面积。如图4-13所示。

19）建筑物的室内楼梯间、电梯井、提物井、管道井、通风排气竖井、烟道，应并入建筑物的自然层计算建筑面积。有顶盖的采光井应按一层计算面积，且结构净高在2.10 m及以上的，应计算全面积；结构净高在2.10 m以下的，应计算1/2面积。

20）室外楼梯应并入所依附建筑物自然层，并应按其水平投影面积的1/2计算建筑面积。

室外楼梯所依附建筑物自然层，指梯段部分投影到建筑物范围的层数。利用室外楼梯下部的建筑空间不得重复计算建筑面积；利用地势砌筑的为室外踏步，不计算建筑面积。

21）在主体结构内的阳台，应按其结构外围水平面积计算全面积；在主体结构外的阳台，应按其结构底板水平投影面积计算1/2面积。

主体结构是接受、承担和传递建设工程所有上部荷载，维持上部结构整体性、稳定性和安全性的有机联系的构造。判断主体结构要依据建筑平、立、剖面图，并结合结构图纸仪器进行。可按如下原则进行判断：

① 砖混结构。通常以外墙（即围护结构，包括墙、门、窗）来判断，外墙以内为主体结构内，外墙以外为主体结构外。

② 框架结构。柱梁体系之内为主体结构内，柱梁体系之外为主体结构外。

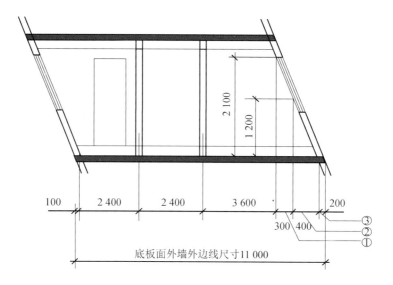

注：图中①部位结构净高在 1.20 m 及以上至 2.10 m 以下，计算 1/2 面积；

图中②部位结构净高小于 1.20 m，不计算建筑面积；图中③部位是围护结构，应计算全部面积。

图 4-13 围护结构不垂直水平楼面的建筑面积计算示意图

③ 剪力墙结构。分以下几种情况：如阳台在剪力墙包围之内，属于主体结构内；如相对两侧均为剪力墙时，属于主体结构内；如相对两侧仅一侧为剪力墙时，属于主体结构外；如相对两侧均无剪力墙时，属于主体结构外。

④ 阳台处剪力墙与框架混合时，分两种情况：角柱为受力结构，根基落地，则阳台为主体结构内；角柱仅为造型，无根基，则阳台为主体结构外。

22）有顶盖无围护结构的车棚、货棚、站台、加油站、收费站等，应按其顶盖水平投影面积的 1/2 计算建筑面积。

例 4.7 某车站单排柱站台如图 4-14 所示，计算该站台的建筑面积。

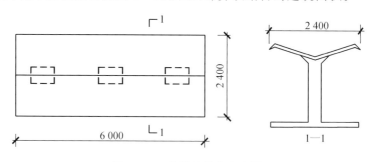

图 4-14 单排柱站台示意图

解 站台建筑面积＝6×2.4×1/2＝7.2 m²。

23）以幕墙作为围护结构的建筑物，应按幕墙外边线计算建筑面积。幕墙以其在建筑物中所起的作用和功能来区分，直接作为外墙起围护作用的幕墙，按其外边线计算建筑面积；设置在建筑物外起装饰作用的幕墙，不计算建筑面积。

24）建筑物的外墙外保温层，应按其保温材料的水平截面积计算，并计入自然层建筑面积。

建筑物外墙外侧有保温隔热层的，保温隔热层以保温材料的净厚度乘以外墙结构外边线长度，按建筑物的自然层计算建筑面积，其外墙外边线长度不扣除门窗和建筑物外已计算建筑面积构件（如阳台、室外走廊、门斗、落地橱窗等部件）所占长度。当建筑物外已计算建筑面积的构件（如阳台、室外走廊、门斗、落地橱窗等部件）有保温隔热层时，其保温隔热层也不再计算建筑面积。外墙是斜面者按楼面楼板处的外墙外边线长度乘以保温材料的净厚度计算。外墙外保温以沿高度方向满铺为准，某层外墙外保温铺设高度未达到全部高度时（不包括阳台、室外走廊、门斗、落地橱窗、雨篷、飘窗等），不计算建筑面积。保温隔热层的建筑面积是以保温隔热材料的厚度来计算的，不包含抹灰层、防潮层、保护层（墙）的厚度。建筑外墙外保温（见图 4－15）只计算保温材料本身

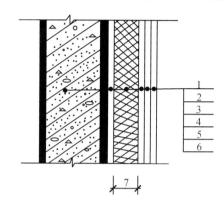

1—墙体；2—黏结胶浆；3—保温材料；4—标准网；
5—加强网；6—抹面胶浆；7—计算建筑面积部位。
图 4－15　建筑外墙外保温结构示意图

的面积。复合墙体不属于外墙外保温层，整体视为外墙结构，按外围面积计算。

25）与室内相通的变形缝，应按其自然层合并在建筑物建筑面积内计算。对于高低联跨的建筑物，当高低跨内部连通时，其变形缝应计算在低跨面积内。

与室内相通的变形缝，是指暴露在建筑物内，在建筑物内可以看见的变形缝，应计算建筑面积；与室内不相通的变形缝不计算建筑面积。

例 4.8　某餐馆如图 4－16 所示，变形缝宽度为 100 mm，计算该餐馆的建筑面积。

解　大餐厅建筑面积＝9.37×12.37＝115.91 m²；

操作间建筑面积＝6.24×（4.5＋0.12＋0.12＋0.1）＝30.20 m²；

小餐厅建筑面积＝6.24×（4.5＋0.12＋0.12＋0.1）＝30.20 m²；

总建筑面积＝115.91＋30.20＋30.20＝176.31 m²。

26）对于建筑物内的设备层、管道层、避难层等有结构层的楼层，结构层高在 2.20 m 及以上的，应计算全面积；结构层高在 2.20 m 以下的，应计算 1/2 面积。

设备层、管道层虽然其具体功能与普通楼层不同，但在结构上及施工消耗上并无本质区别，因此将设备、管道楼层归为自然层，其计算规则与普通楼层相同。在吊顶空间内设置管道的，则吊顶空间部分不能被视为设备层、管道层。

（四）不计算建筑面积的范围

1）与建筑物内不相连通的建筑部件。建筑部件指的是依附于建筑物外墙外不与户室开门连通，起装饰作用的敞开式挑台（廊）、平台，以及不与阳台相通的空调室外机搁板（箱）等设备平台部件。

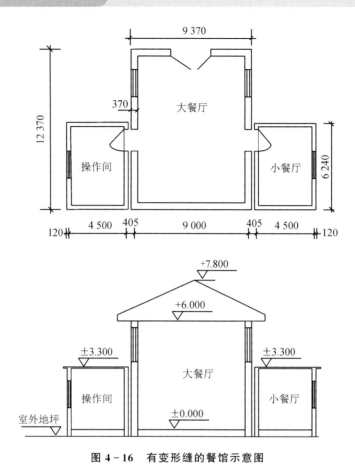

图 4-16 有变形缝的餐馆示意图

2）骑楼、过街楼底层的开放公共空间和建筑物通道，如图 4-17 所示。

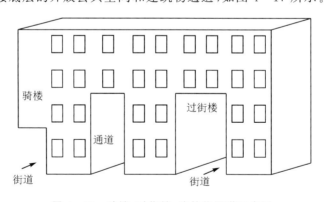

图 4-17 骑楼、过街楼、建筑物通道示意图

3）舞台及后台悬挂幕布和布景的天桥、挑台等。

4）露台、露天游泳池、花架、屋顶的水箱及装饰性结构构件。

5）建筑物内的操作平台、上料平台、安装箱和罐体的平台，如图 4-18 所示。

6）勒脚、附墙柱（非结构性装饰柱）、垛、台阶、墙面抹灰、装饰面、镶贴块料面层、装饰性幕墙、主体结构外的空调室外机搁板（箱）、构件、配件，挑出宽度在 2.10 m 以下的无柱雨篷和顶盖高度达到或超过两个楼层的无柱雨篷。

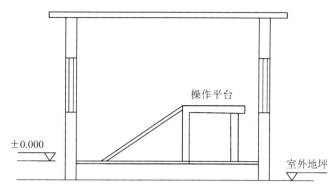

图 4-18　建筑物内的操作平台示意图

7）窗台与室内地面高差在 0.45 m 以下且结构净高在 2.10 m 以下的凸(飘)窗,窗台与室内地面高差在 0.45 m 及以上的凸(飘)窗(见图 4-19)。

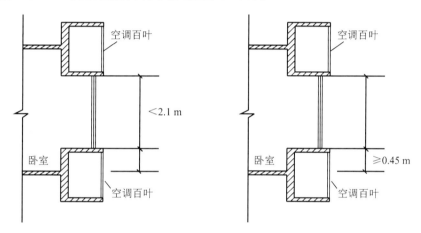

图 4-19　不计算建筑面积凸(飘)窗示意图

8）室外爬梯、室外专用消防钢楼梯,如图 4-20 所示。

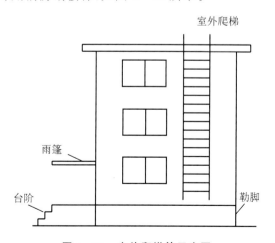

图 4-20　室外爬梯等示意图

9）无围护结构的观光电梯。

10）建筑物以外的地下人防通道，独立的烟囱、烟道、地沟、油（水）罐、气柜、水塔、贮油（水）池、贮仓、栈桥等构筑物。

课后思考与综合运用

课后思考

1. 试述建筑面积、使用面积的含义及计算建筑面积的意义。

2. 试述不计算建筑面积的范围有哪些？

能力拓展

[案例一] 某建筑物为一栋9层框架混凝土结构建筑物，其利用深基础架空层作设备层，层高为 2.20 m，外围水平面积为 800 m²。第一层为框架结构，层高为 6 m，外墙厚均为 240 mm，外墙轴线尺寸为 15 m×50 m，第一层至第五层外围面积均为 765.66 m²，第六层至第九层外墙的轴线尺寸为 6 m×50 m，第二层至第九层的层高均为 2.80 m。在第五层屋顶至第九层屋顶有一室外楼梯，室外楼梯每层水平投影面积为 15 m²。试计算该建筑物的总建筑面积。

[案例二] 某框架结构体系中，住宅户型图如图 4-21 所示，墙体厚度均为 240 mm，计算图中阳台的建筑面积。

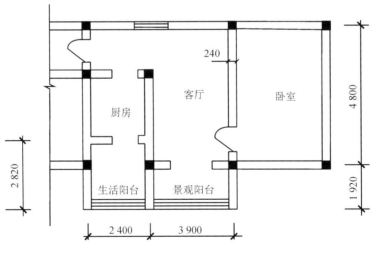

图 4-21　某框架结构示意图

[案例三] 某剪力墙结构体系中，住宅户型图如 4-22 所示，墙体厚度均为 240 mm，计算图中阳台的建筑面积。

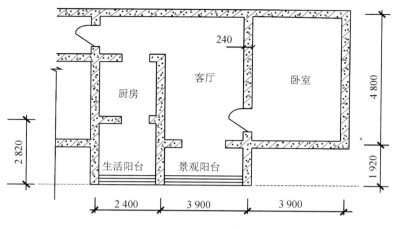

图 4－22　某剪力墙结构示意图

推荐阅读材料

［1］ 杜春宇,周亮,陈培智,等.基于 BIM 的输变电工程自动算量分析研究［J］.建筑经济,
　　2020,41(10)：64-68.

［2］ 任旭斌,康建锋,于东海.无人机倾斜摄影测量在房屋建筑面积测算中的应用［J］.测绘通
　　报,2022,(3)：116-120;126.

［3］ 张红标,钟文龙.建筑面积与房产面积辨析及其规范定位［J］.建筑经济,2019,40(3)：
　　9-12.

［4］ 原雯,王君,申鸿怡,等.基于统计年鉴和网络大数据的房屋竣工面积估算［J］.北京大学学
　　报(自然科学版),2021,57(5)：804-814.

第五章　土石方工程计量

合抱之木,生于毫末;九层之台,起于垒土;千里之行,始于足下。

——老子[①]

导　言

上海中心大厦土石方工程

上海中心大厦(Shanghai Tower),位于上海市陆家嘴金融贸易区银城中路 501 号,融办公、酒店、商业、观光等功能于一体,是上海市的一座巨型高层地标式摩天大楼。上海中心大厦将现代化的设计方案与中国传统文化底蕴相结合,大厦横截面类似一个三角形,以顺时针方向连续 120°螺旋式上升,一直延伸至顶端,与裙房结合来看像是从地面"破土而出",宛如一条巨龙直冲云霄,寓意现代中国的腾飞,如图 5-1 所示。上海中心大厦始建于 2008 年 11 月 29 日,2016 年 3 月 12 日,建筑总体全部完工,主楼为地上 127 层,建筑高度 632 m,地下室有 5 层;裙楼共 7 层,其中地上 5 层,地下 2 层,建筑高度为 38 m;总建筑面积约为 578 000 m²,其中地上总面积约 410 000 m²,地下总面积约 168 000 m²,占地面积 30 368 m²,工程总造价约 148 亿元。

上海中心大厦与环球金融中心、金茂大厦组成"品"字型超高层建筑群,场地狭小,环境保护要求高,但土质条件较差。本工程场地 150 m 深度范围内的土层主要由饱和粘性土、粉性土和砂土组成,24 m 深度范围以内的土层是黏土为主的软土层,具有低强度、高含水率、高孔隙率、高压缩性等不良地质特性。大厦基坑平面呈四边形,最短边长为 142 m,最大边长为 225 m,基坑面积约为 34 960 m²。由于本项目的基坑属于超大超深基坑,每边长度远远大于 100 m,故在主塔楼与裙房间增设 1 道分隔地下连续墙,将

图 5-1　上海中心大厦

整个基坑划分为主塔楼区和裙房区两个相对独立的基坑,如图 5-2 所示。主塔楼基坑开挖深度为 31.10 m,局部深度达 33.10 m,裙房区基坑深度 26.70 m,局部深度达 29.25 m。主塔楼区基坑采用直径为 121 m 的圆形地下连续墙,另加 6 道环形圈梁组成的围护结构体系,地下连续墙厚 1.2 m、深 50 m。裙房区基坑围护结构采用两墙合一的地下连续墙,墙厚 1.2 m、

深 48 m。主塔楼区基坑采用明挖顺作法施工，先开挖中部土方，再环形边土方开发，总土方工程量约 380 000 m³，采用机械开挖，垂直起吊后外运。裙房区基坑采用逆作法施工，总土方工程量 60 多万立方米。

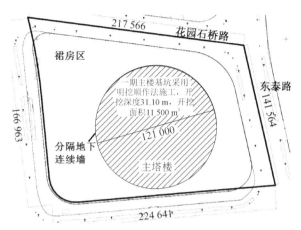

图 5 - 2　上海中心大厦基坑施工示意图

上海中心大厦土石方工程量如此巨大，究竟是按照什么规则计算土石方工程量？面对如此大规模的土石方开挖、运输工程，工程建设者又是如何计算得到土石方工程量？带着这样的问题学习本章知识，相信大家一定会为广大建设者的智慧所折服。

第一节　土方工程

一、定额工程量计算规则

（一）土方工程量计算一般规则

1）土方体积均以天然密实体积为准计算。当虚方体积、夯实体积和松填体积必须折算成天然密实体积时，可按表 5 - 1 中所列数值予以换算。凡图示沟槽底宽在 3 m 以外，坑底面积在 20 m² 以外，平整场地挖土厚度在 300 mm 以外，均按挖土方计算。

表 5 - 1　土方体积折算系数表

天然密实体积	虚方体积	松填体积	夯实后体积
0.77	1.00	0.83	0.67
0.92	1.20	1.00	0.80
1.00	1.30	1.08	0.87
1.15	1.50	1.25	1.00

2）建筑物挖土以设计室外地坪标高为准计算。

3）土方工程量按图示尺寸计算，修建机械上下坡的便道土方量并入土方工程量内。

4）清理土堤基础按设计规定以水平投影面积计算，清理厚度为 300 mm 内，废土运距按 30 m 计算。

5）人工挖土堤台阶工程量,按挖前的堤坡斜面积计算,运土应另行计算。

6）管道接口作业坑和沿线各种井室所需增加开挖的土方工程量:排水管道按2.5%计算;排水箱涵不增加;给水管道按1.5%计算。

7）竖井挖土方按设计结构外围水平投影面积乘以竖井高度,以立方米计量,其竖井高度指实际自然地面标高至竖井底板下表面标高之差。

(二)挖沟槽、基坑土方工程量

1. 沟槽、基坑的划分

建筑、安装、园林工程凡图示沟槽底宽在3 m以内,且沟槽长大于沟槽宽3倍以上的为沟槽。凡图示基坑底面积在20 m² 以内,且坑底的长与宽之比小于或等于3倍的为基坑。凡图示沟槽底宽3 m以外,坑底面积20 m² 以外,平整场地挖土方厚度在300 mm以外,均按挖一般土方计算。

市政工程底宽7 m以内,底长大于底宽3倍以上按沟槽计算。底长小于或等于底宽3倍的按基坑计算,基坑底面积在150 m² 以内的执行基坑定额。

2. 人工挖沟槽

凡图示沟槽底宽在3 m以内,且沟槽长度大于槽宽3倍以上的为沟槽(见图5-3)。

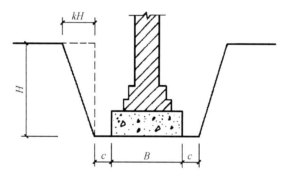

图 5-3 有放坡沟槽示意图

满足上述两个条件均为沟槽,其工程量按图示尺寸以立方米计量,计算公式为

$$V = (B + 2c + kH)HL \tag{5-1}$$

式中:V 为挖沟槽体积;B 为沟槽中基础或垫层的宽度;k 为放坡系数,按表5-2所列选用,不放坡或支挡土板时均取零;c 为工作面宽度,按表5-3选用;H 为自设计室外标高到槽底的深度;L 为沟槽长度,外墙按中心线计算,内墙按净长线计算。

1）沟槽、基坑加宽工作面,放坡系数按设计图示尺寸计算,无明确规定时按表5-2所列规定计算。

表 5-2 放坡系数表

土壤类别	放坡起点/m	人工挖土	机械挖土	
			在坑内作业	在坑上作业
一、二类土	1.20	1:0.50	1:0.33	1:0.75
三类土	1.50	1:0.33	1:0.25	1:0.67
四类土	2.00	1:0.25	1:0.10	1:0.33

2）挖沟槽、基坑需支挡土板时，其挡土板按各专业施工技术措施项目中相应子目计算。凡放坡部分不得再计算挡土板，支挡土板后不得再计算放坡。

3）基础、构筑物施工所需工作面宽度按表 5-3 所列规定计算，管沟施工所需工作面宽度按表 5-4 所列规定计算。

表 5-3　基础、构筑物施工所需工作面宽度表

基础、构筑物材料	砖基础	浆砌毛石、条石基础	混凝土基础垫层支模板	混凝土基础支模板	基础垂直面做防水层	构筑物（无防潮层）	构筑物（有防潮层）
每边各增加工作面宽度/mm	200	150	300	300	800（防水层面）	400	600

表 5-4　管沟底部每侧工作面宽度表

管道结构宽/mm	混凝土管道基础90°	混凝土管道基础大于90°	金属管道	塑料管道
500 以内	400	400	300	300
1 000 以内	500	500	400	400
2 500 以内	600	500	400	400
2 500 以外	600	500	400	400

4）挖土交接处产生的重复工程量不扣除（见图 5-4）。如在同一断面内遇有数类土壤，其放坡系数可按各类土占全部深度的百分比加权计算。

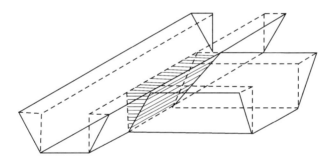

图 5-4　沟槽放坡时的交接处重复工程量示意图

管道结构宽：无管座按管道外径计算，有管座按管道基础外缘计算，构筑物按基础外缘计算。若设挡土板、打钢板桩，则每侧增加 100 mm。

建筑物沟槽、基坑工作面放坡自垫层按上表面开始计算。

管道沟槽、给排水构筑物沟槽基坑工作面及放坡自垫层按下表面开始计算。

5）挖沟槽：外墙按图示中心线长度计算，内墙按图示基础底面之间净长度计算，内外突出部分（垛、附墙烟囱等）的体积并入沟槽土方工程量内计算。

6）挖管道沟槽按管道中心线长度计算。

3. 人工挖基坑

凡图示基坑底面积在 20 m² 以内，且坑底的长与宽之比小于或等于 3 倍的为基坑（见图 5-5）。

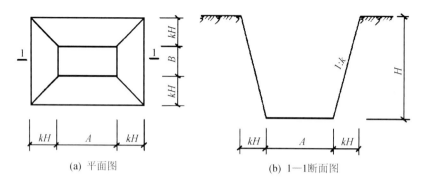

(a) 平面图 　　　　　　　 (b) 1—1断面图

图 5-5　矩形基坑示意图

挖基坑的工程量按以下公式计算：

$$V=(A+2c+kH)(B+2c+kH)H+\frac{1}{3}k^2H^3 \qquad (5-2)$$

式中：V 为基坑的体积；A 为坑底长；B 为坑底宽；c 为工作面宽，按表 5-3 所列选用；H 为基坑深度；k 为放坡系数，按表 5-2 所列选用。

例 5.1 某沟槽长 28.76 m，槽深 1.60 m，混凝土基础垫层宽 0.90 m，有工作面，三类土，计算人工挖沟槽工程量并确定定额项目。

解 已知

$$B=0.90 \text{ m}$$
$$c=0.30 \text{ m（查表 5-3）}$$
$$H=1.60 \text{ m}$$
$$L=28.76 \text{ m}$$
$$k=0.33 \text{（查表 5-2）}$$

则其工程量为

$$V=(B+2c+kH)HL$$
$$=(0.90+2\times0.30+0.33\times1.60)\times1.60\times28.76$$
$$=2.028\times1.60\times28.76=93.32 \text{ m}^3$$

定额项目为：G1-11　人工挖沟槽　三类土　深度 2 m 以内。

定额基价：556.05 元/(10 m³)。

例 5.2 某基坑混凝土垫层的尺寸为 4.00 m×3.60 m，垫层底面距设计室外地面 3.10 m。已知：三类土、垫层采用支模浇筑。试计算人工放坡开挖的工程量并确定定额项目。

解 因为垫层底面积 $S=4.00\times3.60=14.40 \text{ m}^3<20 \text{ m}^3$，所以属于挖基坑。又因为开挖深度 $H=3.10 \text{ m}$，大于三类土的放坡起点深度 1.50 m，所以按放坡开挖计算。

查取定额可知人工开挖、三类土的放坡系数 $k=0.33$。因为混凝土垫层采用支模浇筑，所以周边应增加支模工作面 $c=300 \text{ mm}$。

$$V=(A+2c+kH)\times(B+2c+kH)H+\frac{1}{3}k^2H^3$$
$$=(4.00+2\times0.30+0.33\times3.10)\times(3.60+2\times0.30+0.33\times3.10)\times3.10+$$

$$\frac{1}{3} \times 0.33^2 \times 3.10^3 = 92.13 \text{ m}^3$$

定额项目为:G1-20 人工挖基坑 三类土 深度 4 m 以内。

定额基价为:722.55 元/(10 m³)。

(三)地下连续墙挖土成槽土方

地下连续墙挖土成槽土方工程量按设计长度乘以墙厚及成槽深度(设计室外地坪至连续墙底),以体积计算。

二、清单工程量计算规则

土方工程工程量清单项目设置、项目特征描述的内容、计量单位及工程量计算规则,应按如表 5-5 所列的规定执行。

表 5-5 土方工程(编号:010101)

项目编码	项目名称	项目特征	计量单位	工程量计算规则	工作内容
010101001	平整场地	1. 土壤类别; 2. 弃土运距; 3. 取土运距	m²	按设计图示尺寸以建筑物首层建筑面积计算	1. 土方挖填; 2. 场地找平; 3. 运输
010101002	挖一般土方	1. 土壤类别; 2. 挖土深度; 3. 弃土运距	m³	按设计图示尺寸以体积计算	1. 排地表水; 2. 土方开挖; 3. 围护(挡土板)及拆除; 4. 基底钎探; 5. 运输
010101003	挖沟槽土方			按设计图示尺寸以基础垫层底面积乘以挖土深度计算	
010101004	挖基坑土方				
010101005	冻土开挖	1. 冻土厚度; 2. 弃土运距		按设计图示尺寸开挖面积乘厚度以体积计算	1. 爆破; 2. 开挖; 3. 清理; 4. 运输
010101006	挖淤泥、流砂	1. 挖掘深度; 2. 弃淤泥、流砂距离		按设计图示位置、界限以体积计算	1. 开挖; 2. 运输
010101007	管沟土方	1. 土壤类别; 2. 管外径; 3. 挖沟深度; 4. 回填要求	1. m; 2. m³	1. 以米计量,按设计图示以管道中心线长度计算; 2. 以立方米计量,按设计图示管底垫层面积乘以挖土深度计算;无管底垫层按管外径的水平投影面积乘以挖土深度计算。不扣除各类井的长度,井的土方并入	1. 排地表水; 2. 土方开挖; 3. 围护(挡土板)、支撑; 4. 运输; 5. 回填

第二节 石方工程

一、定额工程量计算规则

1）石方工程量按图示尺寸加允许超挖量以立方米计量。

2）沟槽和基坑的深度、宽度每边允许超挖量：较软岩及较坚硬岩为 200 mm；坚硬岩为 150 mm。

3）机械拆除混凝土障碍物，按被拆除构件的体积以立方米计量。

4）人工凿钢筋混凝土桩头按桩截面积乘以被凿断的桩头长度以立方米计量。

例 5.3 某工程钢筋混凝土预制方桩 345 根，截面尺寸为 450 mm×450 mm，平均截桩长度为 650 mm。试计算人工凿钢筋混凝土桩头的工程量并确定定额项目。

解 人工凿钢筋混凝土桩头的工程量为
$$V = 0.45^2 \times 0.65 \times 345 = 45.41 \text{ m}^3$$

定额项目为：G3-57 人工凿钢筋混凝土桩头。

定额基价为：1 563.54 元/(10 m³)。

二、清单工程量计算规则

石方工程工程量清单项目设置、项目特征描述的内容、计量单位及工程量计算规则，应按如表 5-6 所列的规定执行。

表 5-6 石方工程（编号：010102）

项目编码	项目名称	项目特征	计量单位	工程量计算规则	工作内容
010102001	挖一般石方	1. 岩石类别；2. 开凿深度；3. 弃渣运距	m³	按设计图示尺寸以体积计算	1. 排地表水；2. 凿石；3. 运输
010102002	挖沟槽石方			按设计图示尺寸沟槽底面积乘以挖石深度以体积计算	
010102003	挖基坑石方			按设计图示尺寸基坑底面积乘以挖石深度以体积计算	
010102004	挖管沟石方	1. 岩石类别；2. 管外径；3. 挖沟深度	1. m；2. m³	1. 以米计量，按设计图示以管道中心线长度计算；2. 以立方米计量，按设计图示截面积乘以长度计算	1. 排地表水；2. 凿石；3. 回填；4. 运输

第三节　土石方运输、回填及其他工程

一、定额工程量计算规则

(一)土石方运输工程

土石方的运输是指把开挖后多余的土、石运至指定地点,或在回填土不足的情况下,从取土地点回运到现场。

1.土石方运距

土石方运距应以挖土质心至填土质心或弃土质心最近距离计算,挖土质心、填土质心、弃土质心按施工组织设计确定。如遇下列情况应增加运距:

1)人力及人力车运土、石方上坡坡度在15%以上;推土机推土、推石碴,铲运机铲运土重车上坡时,坡度大于5%,其运距按坡度区段斜长乘以表5-7所列的系数计算。

表5-7　土石方运输系数表

项　目	推土机、铲运机				人力及人力车
坡度	5%~10%	15%以内	20%以内	25%以内	15%以上
系数	1.75	2.00	2.25	2.50	5.00

2)采用人力垂直运输土、石方,垂直深度每米折合水平运距7 m计算。

3)拖式铲运机3 m^{3}加27 m转向距离,其余型号铲运机加45 m转向距离。

2.余土或取土工程量

余土或取土工程量可按下式计算:

$$余土外运体积=挖土总体积-回填土总体积(或按施工组织设计计算) \qquad (5-3)$$

式中,计算结果为正值时为余土外运体积,负值时为取土体积。

例5.4　某单层建筑工程基础图如图5-6所示,土质为三类土,垫层为C10混凝土支模板。试计算其土方运输工程量并确定定额项目。已知:土方运输距离为40 m。

解　已知:基槽土方体积为42.20 m^3,回填土体积为36.02 m^3,则土方运输工程量为

$$V=42.20-36.02=6.18 \text{ m}^3$$

计算结果为正,表示回填后尚有余土,应由场内向场外运输。

定额项目为:G1-219　单(双)轮车运土方　运距50 m以内。

定额基价:957.00 元/(100 m^3)。

(二)回填及其他工程

1.回填土工程量

回填土区分夯填、松填按设计图示回填体积并依下列规定以立方米计量:

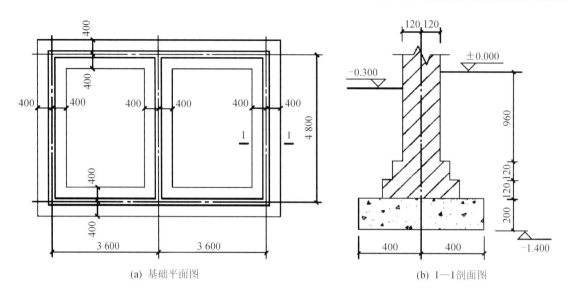

(a) 基础平面图　　　　　　　　　　　(b) 1—1剖面图

图 5－6　某工程基础平面及剖面图

1) 建筑物沟槽、基坑回填土体积,以挖方体积减去设计室外地坪以下埋设砌筑物(包括基础垫层、基础等)体积计算。

2) 管道沟槽回填应扣除管径在 200 mm 以上的管道、基础、垫层和各种构筑物所占体积。

3) 室内回填土按主墙之间的面积乘以回填土厚度计算。

2. 平整场地及碾压工程量

平整场地及碾压工程量按下列规定计算:

1) 平整场地是指建筑场地以设计室外地坪为准,±300 mm 以内挖、填土方及找平;挖、填土厚度超过±300 mm 时,按场地土方平衡竖向布置图另行计算。

2) 平整场地工程量按设计图示尺寸,以建筑物首层建筑面积计算。建筑物地下室结构外边线突出首层结构外边线时,其突出部分的建筑面积合并计算。围墙、挡土墙、窨井、化粪池都不计算平整场地。

3) 原土碾压按设计图示碾压面积以平方米计量,填土碾压按设计图示填土体积以立方米计量。

3. 基底钎探

基底钎探按设计图示垫层(或基础)面积以平方米计量。

4. 回填土

回填土是指将所挖沟槽、基坑等经砌筑或浇筑后的空隙部分以原挖土或外购土予以填充。建筑物回填土可分为基础回填土和室内回填土两部分,如 5－7 所示。回填土应区分夯填或松填,以立米方计量。

(1) 基础回填土

基础回填土体积以挖方体积减去设计室外地坪以下埋设砌筑物(包括基础垫层、基础等)体积计算,即

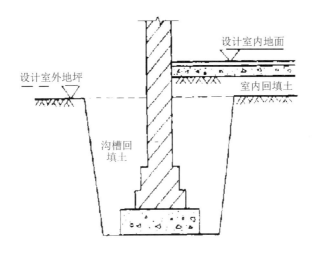

图 5-7 建筑物回填土示意图

基础回填土体积＝基础挖土体积－室外地坪以下埋设物的体积 （5-4）

式中：室外地坪以下埋设物的体积＝基础体积＋基础垫层体积＋地梁体积。

（2）室内回填土

室内回填土又称房心回填土，是设计室外地坪标高至房屋室内设计标高之间的回填土，按主墙之间的净面积（扣除连续底面积 2 m^2 以上的设备基础等面积）乘以回填土厚度计算，不扣除附墙垛、附墙烟囱和垃圾道等所占的面积，即

室内回填土体积＝底层主墙间净面积×（室内外高差－地坪厚度） （5-5）

式中：底层主墙间净面积＝底层占地面积－（外墙中心线长度×外墙厚＋内墙净长线长度×内墙厚）。主墙为墙厚大于15 cm的墙体。

（3）管道沟回填土

管道沟回填土体积按挖方体积减去管道基础和表5-8所列管道折合回填体积计算。

表 5-8 管道折合回填体积表

管 道	公称直径/mm					
	501～600	601～800	801～1 000	1 001～1 200	1 201～1 400	1 401～1 600
混凝土管	0.33	0.60	0.92	1.15	1.35	1.55
钢管	0.21	0.44	0.71	—	—	—
铸铁管	0.24	0.9	0.77	—	—	—

例 5.5 某建筑底层外墙如图 5-8 所示，已知：$L=27.24$ m，$B=18.24$ m。试计算其人工平整场地的工程量并确定定额项目。

解 平整场地为矩形，求其底层建筑面积即可。计算如下：

$$S = 27.24 \times 18.24 = 496.86 \text{ m}^2$$

定额子目为：G1-318 人工平整场地。

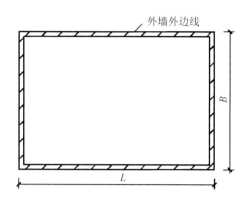

图 5-8 某建筑底层外墙示意图

定额基价为:332.84 元/(100 m²)。

例 5.6 根据例 5.4 所提供的有关资料,试计算基底钎探的工程量并确定定额项目。

解 基底钎探工程量按基底面积计算。计算如下:

$$L = (7.20 + 4.80) \times 2 + (4.80 - 0.80) \times 1 = 28.00 \text{ m}$$

$$S = 0.80 \times 28.00 = 22.40 \text{ m}^2$$

定额项目为:G1-332 基底钎探。

定额基价为:276.48 元/(100 m²)。

例 5.7 根据例 5.4 中所提供的有关资料,试计算其人工回填土工程量并确定定额项目。已知:基槽土方体积为 42.20 m³,设计室外地面以下砖基础的体积为 7.52 m³,混凝土垫层体积为 4.48 m³,室内地面构造层总厚度为 110 mm。

解 回填土工程量包括基槽回填土和室内回填土两部分。

基槽回填土工程量为

$$V_1 = 42.20 - 4.48 - 7.52 = 30.20 \text{ m}^3$$

室内回填土工程量为

$$V_2 = (7.44 \times 5.04 - 28.56 \times 0.24) \times (0.30 - 0.11) = 30.64 \times 0.19 = 5.82 \text{ m}^3$$

回填土工程量为

$$V = V_1 + V_2 = 30.20 + 5.82 = 36.02 \text{ m}^3$$

定额项目为:G1-329 夯填土,人工、槽坑。

定额基价为:267.13 元/(10 m³)。

二、清单工程量计算规则

回填工程量清单项目设置、项目特征描述的内容、计量单位及工程量计算规则,应按如表 5-9 所列的规定执行。

表 5 - 9 回填(编号:010103)

项目编码	项目名称	项目特征	计量单位	工程量计算规则	工作内容
010103001	回填土	1. 密实度要求; 2. 填方材料品种; 3. 填方粒径要求; 4. 填方来源、运距	m³	按设计图示尺寸以体积计算。 1. 场地回填:回填面积乘平均回填厚度。 2. 室内回填:主墙间面积乘以回填厚度,不扣除间隔墙。 3. 基础回填:按挖方清单项目工程量减去自然地坪以下埋设的基础体积(包括基础垫层及其他构筑物)	1. 运输; 2. 回填; 3. 压实
010103002	余方弃置	1. 废弃料品种; 2. 运距		按挖方清单项目工程量减利用回填方体积(正数)计算	余方点装料运输至弃置点

课后思考与综合运用

课后思考

1. 土方工程量计算包括哪些内容?

2. 怎样计算平整场地工程量?

3. 怎样区分沟槽与基坑?

4. 放坡系数 k 值与槽坑深度有什么关系?

5. 怎样确定槽坑挖土是否放坡?

6. 怎样确定沟槽长度?

7. 叙述矩形放坡基坑工程量计算公式的含义。

8. 怎样计算沟槽、基坑、房心回填土?

9. 怎样计算运土工程量?

10. 某建筑工程的基础施工图如图 5 - 9 所示。已知:基础墙厚为 240 mm,地基为三类土,室内地面构造厚 110 mm,基础垫层支模板,土方为人工施工。试计算土方工程的相关工程量并确定定额项目。

能力拓展

BIM 技术在土石方算量中的应用

土石方量的计算在土木工程、水利水电和固体矿产采剥等诸多工程领域均有涉及,也是工程决策者所关心的问题,其计算成果不仅服务于工程实施的概预算,还会对工程总体设计、施工安排及进度有重要的影响。因此,在工程的各个设计阶段中,都需要快速、准确地计算土石方量。土石方量的大小主要由地形曲面和开挖面形状决定。

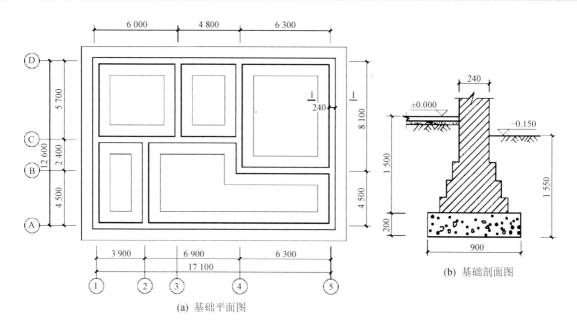

图 5-9　砖基础施工图

传统土石方量的计算方法有断面法、方格网法、TIN(Triangulated Irregular Network)法、体积法等,计算过程都比较繁琐,而且计算效率和精度也比较低,尤其是对于地形复杂或者开挖范围较大的工程。

近几年来,BIM 技术在土木工程领域迅速发展,基于 BIM 技术进行工程全过程正向设计也已经成为行业发展的大趋势。Civil 3D 软件是 Autodesk 公司开发的面向基础设施行业的 BIM 设计与开发软件,曲面模拟功能较为强大,可以处理多种类型的原始地形资料,在土石方工程量计算中得到广泛应用。

推荐阅读材料

[1] 袁凤祥,秦岩宾,安家瑞. 三维激光扫描技术在土石方量测量中的应用[J]. 测绘工程,2016,25(9):55-58.

[2] 张珊珊,苏义坤,苏伟胜,等.应用无人机系统对高速公路土石方的智能化计量[J].东北林业大学学报,2021,49(7):122-126;132.

[3] 王海龙.低空摄影测量技术在露天矿山土石方剥离工程量计算方面的应用探索[J].测绘通报,2014,(2):170-172.

[4] 杨长成,许东林.南方 CASS 软件在土石方工程量计算中的运用[J].人民长江,2012,43(2):135-138.

[5] 彭慧琼.基于 BIM 的精细化土石方量计算方法[J].长江科学院院报,2021,38(7):109-114.

[6] 闫若钰,王宗敏.基于 BIM 技术的土石方调运程序化探究[J].土木工程与管理学报,2021,38(6):203-209.

[7] 陈竹安,罗亦泳,张立亭.基于 Surfer 的土地整理土石方量计算及精度分析[J].工程勘察,

2010,38(5)：53-56.

[8] 毕林,赵辉,杨新锋.DIMINE 填挖方量计算原理与方法研究[J].黄金科学技术,2017,25
(3)：108-115.

[9] 周远忠.大型土石方工程造价计算方法与应用[J].建筑经济,2013,(9)：55-57.

[10] 郑晓蕾,张仕廉.基于主要特征因素与 BP - GEP 网络的公路工程造价预测模型探究[J].
公路工程,2018,(1)：206-210.

[11] 杨任杰,周俊.线性工程土石方单项审计的要点分析[J].中国审计,2011,(6)：71-72.

[12] 周杨,王淼.利用地理信息技术计算填海造地项目工程量的方法[J].中国审计,2020,
(18)：55-56.

第六章　房屋建筑工程计量

　　"工匠精神",对于个人,是干一行、爱一行、专一行、精一行,务实肯干、坚持不懈、精雕细琢的敬业精神;对于企业,是守专长、制精品、创技术、建标准,持之以恒、精益求精、开拓创新的企业文化;对于社会,是讲合作、守契约、重诚信、促和谐,分工合作、协作共赢、完美向上的社会风气。①

导　言

广佛地铁站工程中的桩基工程②

　　广佛地铁二期工程土建监理 1 标段监理部管辖的新城东站为广佛线二期的始发站,如图 6-1 所示。由于该车站局部基底下卧淤泥质土层,地基承载力较低。为避免地基基础产生不均匀沉降,设计中采用 φ600 搅拌桩进行基底加固。搅拌桩以梅花形布置,间距 1.0 m×1.0 m。现场施工时,基坑底部以上为空桩,以下为实桩,加固深度穿越淤泥质土层进入强风化泥质粉砂岩 0.5 m。设计图显示,搅拌区域起点里程 YDK-6-291.72,终点里程 YDK-6-144.098,加固长度为 147.622 m,宽度为 10.378~19.700 m,加固深度为 22~28 m。

图 6-1　广佛地铁站

---

①　摘自:《2016 年国务院政府工作报告》。
②　摘自:罗臣立.地铁工程变更监理审核案例分析[J].市政技术,2015,33(4):185-194.

2012 年 9 月,承包人在进场进行地表土方清运、车站地下连续墙导墙沟槽开挖、地下连续墙 A9～A14 和 A142～E3 成槽施工时,分别发现了不明构筑物。在完成不明构筑物区域的地质报告后,变更设计方案如下:

① YDK-6-144.098～YDK-6-179.468(长度为 35.37 m)范围内分布有少量石块且埋深较浅,挖掘机进行清表翻渣后直接施工搅拌桩。

② YDK-6-179.468～YDK-6-221.148(长度为 41.5 m)范围内废旧桥涵基础埋置较深,清表翻渣无法清除障碍物,且废旧桥涵基础底板下存在木桩,无法进行搅拌桩施工,因此改用地质钻机引孔穿过障碍物后再进行旋喷加固。旋喷桩桩径为 600 mm,桩间距变更为 1.5 m× 1.5 m,梅花形布置,桩长为原设计长度。

该工程中,变更后旋喷桩加固(空桩)的工程量为 4 537.68 m,旋喷桩加固(实桩)的工程量为 2 119.92 m。

第一节　地基处理与边坡支护工程

一、定额工程量计算规则

(一)地基处理

1)掺石灰、回填砂、碎石、片石工程量均按设计图示尺寸以体积计算。

2)堆载预压、真空预压工程量按设计图示尺寸以加固面积计算。

3)强夯分满夯、点夯,区分不同夯击能量,其工程量按设计图示尺寸的夯击范围以面积计算,设计无规定时,按每边超过基础外缘宽度 4 m 计算。

4)振冲桩(填料)工程量按设计图示尺寸以体积计算。

5)振动砂石桩工程量按设计桩截面乘以桩长(包括桩尖),以体积计算。

6)低强度混凝土桩(LCG)工程量按设计图示尺寸以桩长(包括桩尖)计算。取土外运按成孔体积计算。

7)水泥搅拌桩(含深层水泥搅拌法和粉体喷搅法)工程量按设计桩长加 50 cm 乘以设计桩外径截面,以体积计算。

8)高压旋喷桩工程量,钻孔按原地面至设计桩底的距离,以长度计算;喷浆按设计加固桩截面面积乘以设计桩长加 50 cm,以体积计算。

9)石灰桩工程量按设计桩长(包括桩尖)以长度计算。

10)灰土桩工程量按设计桩长(包括桩尖)乘以设计桩外径截面积,以体积计算。

11)压密注浆钻孔数量按设计图示以钻孔深度计算。注浆数量按下列规定计算:

① 若设计图纸明确加固土体体积的,按设计图纸注明的体积计算。

② 若设计图纸以布点形式图示土体加固范围的,则按两孔间距的一半作为扩散半径,以布点边线各加扩散半径,形成计算平面,计算注浆体积。

③ 若设计图纸注浆点在钻孔灌注桩之间,按两注浆孔的一半作为每孔的扩散半径,依此

圆柱体积计算注浆体积。

12）分层注浆钻孔数量按设计图示尺寸以钻孔深度计算。注浆数量按设计图纸注明加固土体的体积计算。

13）褥垫层工程量按设计图示尺寸以面积计算。

（二）基坑与边坡支护工程

1）地下连续墙按下列规定：

① 现浇导墙混凝土工程量按设计图示以体积计算。现浇导墙混凝土模板工程量按混凝土与模板接触面的面积，以面积计算。

② 成槽工程量按设计长度乘以墙厚及成槽深度（设计室外地坪至连续墙底），以体积计算。

③ 锁口管工程量以段为单位（段指槽壁单元槽段），锁口管吊拔按连续墙段数计算，定额中已包括锁口管的摊销费用。

④ 清底置换工程量以段为单位（段指槽壁单元槽段）。

⑤ 浇筑连续墙混凝土工程量按设计长度乘以墙厚及墙深加 0.5 m，以体积计算。

⑥ 凿地下连续墙超灌混凝土，当设计无规定时，其工程量按墙体断面面积乘以 0.5 m，以体积计算。

2）咬合灌注桩工程量按设计图示单桩尺寸以体积计算。

3）型钢水泥土搅拌墙工程量按设计截面面积乘以设计长度计算，插、拔型钢工程量按设计图示型钢重量计算。土钉、锚杆、锚索的钻孔、灌浆，按设计文件（或施工组织设计）规定（设计图示尺寸）的钻孔深度，以长度计算。钢筋、钢管锚杆按设计图示以质量计算。锚头制作、安装、张拉、锁定按设计图示以套计算。

4）喷射混凝土护坡区分土层与岩层，其工程量按设计文件（或施工组织设计）规定尺寸，以面积计算。

5）挡土板工程量按设计文件（或施工组织设计）规定的支挡范围，以面积计算。

6）钢支撑工程量按设计图示尺寸以质量计算，不扣除孔眼质量，焊条、铆钉、螺栓等也不另增加质量。

7）圆木桩工程量按设计桩长 L（检尺长）和圆木桩小头直径 D（检尺径）查《木材、立木材积速算表》，计算圆木桩体积。

8）打、拔槽型钢板桩工程量按钢板桩重量以吨（t）计量。

9）打、拔拉森钢板桩（SP-Ⅳ型）工程量以设计桩长计算。

10）凡打断、打弯的桩，均需拔除重打，但不重复计算工程量。

二、清单工程量计算规则

地基处理与边坡支护工程的清单工程量计算规则如表 6-1、表 6-2 所列。

表 6-1 地基处理(编码:010201)

项目编码	项目名称	项目特征	计量单位	工程量计算规则	工作内容
010201001	换填垫层	1. 材料种类及配比; 2. 压实系数; 3. 掺加剂品种	m³	按设计图示尺寸以体积计算	1. 分层铺填; 2. 碾压、振密或夯实; 3. 材料运输
010201002	铺设土工合成材料	1. 部位; 2. 品种; 3. 规格	m²	按设计图示尺寸以面积计算	1. 挖填锚固沟; 2. 铺设; 3. 固定; 4. 运输
010201003	预压地基	1. 排水竖井种类、断面尺寸、排列方式、间距、深度; 2. 预压方法; 3. 预压荷载、时间; 4. 砂垫层厚度		按设计图示处理范围以面积计算	1. 设置排水竖井、盲沟、滤水管; 2. 铺设砂垫层、密封膜; 3. 堆载、卸载或抽气设备安拆、抽真空; 4. 材料运输
010201004	强夯地基	1. 夯击能量; 2. 夯击遍数; 3. 夯击点布置形式、间距; 4. 地耐力要求; 5. 夯填材料种类			1. 铺设夯填材料; 2. 强夯; 3. 夯填材料运输
010201005	振冲密实 (不填料)	1. 地层情况; 2. 振密深度; 3. 孔距			1. 振冲加密; 2. 泥浆运输
010201006	振冲桩 (填料)	1. 地层情况; 2. 空桩长度、桩长; 3. 桩径; 4. 填充材料种类	1. m; 2. m³	1. 以米计量,按设计图示尺寸以桩长计算; 2. 以立方米计量,按设计桩截面乘以桩长以体积计算	1. 振冲成孔、填料、振实; 2. 材料运输; 3. 泥浆运输
010201007	砂石桩	1. 地层情况; 2. 空桩长度、桩长; 3. 桩径; 4. 成孔方法; 5. 材料种类、级配		1. 以米计量,按设计图示尺寸以桩长(包括桩尖)计算; 2. 以立方米计量,按设计桩截面乘以桩长(包括桩尖)以体积计算	1. 成孔; 2. 填充、振实; 3. 材料运输

项目编码	项目名称	项目特征	计量单位	工程量计算规则	工作内容
010201008	水泥粉煤灰碎石桩	1. 地层情况； 2. 空桩长度、桩长； 3. 桩径； 4. 成孔方法； 5. 混合料强度等级	m	按设计图示尺寸以桩长（包括桩尖）计算	1. 成孔； 2. 混合料制作、灌注、养护； 3. 材料运输
010201009	深层搅拌桩	1. 地层情况； 2. 空桩长度、桩长； 3. 桩截面尺寸； 4. 水泥强度等级、掺量		按设计图示尺寸以桩长计算	1. 预搅下钻、水泥浆制作、喷浆搅拌提升成桩； 2. 材料运输
010201010	粉喷桩	1. 地层情况； 2. 空桩长度、桩长； 3. 桩径； 4. 粉体种类、掺量； 5. 水泥强度等级、石灰粉要求			1. 预搅下钻、喷粉搅拌提升成桩； 2. 材料运输
010201011	夯实水泥土桩	1. 地层情况； 2. 空桩长度、桩长； 3. 桩径； 4. 成孔方法； 5. 水泥强度等级； 6. 混合料配比		按设计图示尺寸以桩长（包括桩尖）计算	1. 成孔、夯底； 2. 水泥土拌合、填料、夯实； 3. 材料运输
010201012	高压喷射注浆桩	1. 地层情况； 2. 空桩长度、桩长； 3. 桩截面尺寸； 4. 注浆类型、方法； 5. 水泥强度等级		按设计图示尺寸以桩长计算	1. 成孔； 2. 水泥浆制作、高压喷射注浆； 3. 材料运输
010201013	石灰桩	1. 地层情况； 2. 空桩长度、桩长； 3. 桩径； 4. 成孔方法； 5. 掺和料种类、配比		按设计图示尺寸以桩长（包括桩尖）计算	1. 成孔； 2. 混合料制作、运输、夯填
010201014	灰土（土）挤密桩	1. 地层情况； 2. 空桩长度、桩长； 3. 桩径； 4. 成孔方法； 5. 灰土级配			1. 成孔； 2. 灰土拌和、运输、填充、夯实

项目编码	项目名称	项目特征	计量单位	工程量计算规则	工作内容
010201015	柱锤冲扩桩	1. 地层情况; 2. 空桩长度、桩长; 3. 桩径; 4. 成孔方法; 5. 桩体材料种类、配合比	m	按设计图示尺寸以桩长计算	1. 安、拔套管; 2. 冲孔、填料、夯实; 3. 桩体材料制作、运输
010201016	注浆地基	1. 地层情况; 2. 空钻深度、注浆深度; 3. 注浆间距; 4. 浆液种类及配比; 5. 注浆方法; 6. 水泥强度等级	1. m; 2. m³	1. 以米计量,按设计图示尺寸以钻孔深度计算; 2. 以立方米计量,按设计图示尺寸以加固体积计算	1. 成孔; 2. 注浆导管制作、安装; 3. 浆液制作、压浆; 4. 材料运输
010201017	褥垫层	1. 厚度; 2. 材料品种及比例	1. m²; 2. m³	1. 以平方米计量,按设计图示尺寸以铺设面积计算; 2. 以立方米计量,按设计图示尺寸以体积计算	材料拌合、运输、铺设、压实

注:1. 地层情况按"土壤分类表"和"岩石分类表"的规定,并根据岩土工程勘察报告按单位工程各地层所占比例(包括范围值)进行描述。对无法准确描述的地层情况,可注明由投标人根据岩土工程勘察报告自行决定报价。

2. 项目特征中的桩长应包括桩尖,空桩长度=孔深－桩长,孔深为自然地面至设计桩底的深度。

3. 高压喷射注浆类型包括旋喷、摆喷、定喷,高压喷射注浆方法包括单管法、双重管法、三重管法。

4. 如采用泥浆护壁成孔,工作内容包括土方、废泥浆外运;如采用沉管灌注成孔,工作内容包括桩尖制作、安装。

表 6－2 基坑与边坡支护(编码:010202)

项目编码	项目名称	项目特征	计量单位	工程量计算规则	工作内容
010202001	地下连续墙	1. 地层情况; 2. 导墙类型、截面; 3. 墙体厚度; 4. 成槽深度; 5. 混凝土种类、强度等级; 6. 接头形式	m³	按设计图示墙中心线长乘以厚度乘以槽深以体积计算	1. 导墙挖填、制作、安装、拆除; 2. 挖土成槽、固壁、清底置换; 3. 混凝土制作、运输、灌注、养护; 4. 接头处理; 5. 土方、废泥浆外运; 6. 打桩场地硬化及泥浆池、泥浆沟

续表 6-2

项目编码	项目名称	项目特征	计量单位	工程量计算规则	工作内容
010202002	咬合灌注桩	1. 地层情况；2. 桩长；3. 桩径；4. 混凝土种类、强度等级	1. m；2. 根	1. 以米计量，按设计图示尺寸以桩长计算；2. 以根计量，按设计图示数量计算	1. 成孔、固壁；2. 混凝土制作、运输、灌注、养护；3. 套管压拔；4. 土方、废泥浆外运；5. 打桩场地硬化及泥浆池、泥浆沟
010202003	圆木桩	1. 地层情况；2. 桩长；3. 材质；4. 尾径；5. 桩倾斜度		1. 以米计量，按设计图示尺寸以桩长（包括桩尖）计算；2. 以根计量，按设计图示数量计算	1. 工作平台搭拆；2. 桩机移位；3. 桩靴安装；4. 沉桩
010202004	预制钢筋混凝土板桩	1. 地层情况；2. 送桩深度、桩长；3. 桩截面；4. 沉桩方法；5. 连接方式；6. 混凝土强度等级			1. 工作平台搭拆；2. 桩机移位；3. 沉桩；4. 板桩连接
010202005	型钢桩	1. 地层情况或部位；2. 送桩深度、桩长；3. 规格型号；4. 桩倾斜度；5. 防护材料种类；6. 是否拔出	1. t；2. 根	1. 以吨计量，按设计图示尺寸以质量计算；2. 以根计量，按设计图示数量计算	1. 工作平台搭拆；2. 桩机移位；3. 打（拔）桩；4. 接桩；5. 刷防护材料
010202006	钢板桩	1. 地层情况；2. 桩长；3. 板桩厚度	1. t；2. m²	1. 以吨计量，按设计图示尺寸以质量计算；2. 以平方米计量，按设计图示墙中心线长乘以桩长以面积计算	1. 工作平台搭拆；2. 桩机移位；3. 打拔钢板桩
010202007	锚杆（锚索）	1. 地层情况；2. 锚杆（索）类型、部位；3. 钻孔深度；4. 钻孔直径；5. 杆体材料品种、规格、数量；6. 预应力；7. 浆液种类、强度等级	1. m；2. 根	1. 以米计量，按设计图示尺寸以钻孔深度计算；2. 以根计量，按设计图示数量计算	1. 钻孔、浆液制作、运输、压浆；2. 锚杆（锚索）制作、安装；3. 张拉锚固；4. 锚杆（锚索）施工平台搭设、拆除

续表 6 - 2

项目编码	项目名称	项目特征	计量单位	工程量计算规则	工作内容
010202008	土钉	1. 地层情况; 2. 钻孔深度; 3. 钻孔直径; 4. 置入方法; 5. 杆体材料品种、规格、数量; 6. 浆液种类、强度等级	1. m; 2. 根	1. 以米计量,按设计图示尺寸以钻孔深度计算; 2. 以根计量,按设计图示数量计算	1. 钻孔、浆液制作、运输、压浆; 2. 土钉制作、安装; 3. 土钉施工平台搭设、拆除
010202009	喷射混凝土、水泥砂浆	1. 部位; 2. 厚度; 3. 材料种类; 4. 混凝土(砂浆)类别、强度等级	m²	按设计图示尺寸以面积计算	1. 修正边坡; 2. 混凝土(砂浆)制作、运输、喷射、养护; 3. 钻排水孔、安装排水管; 4. 喷射施工平台搭设、拆除
0102020010	钢筋混凝土支撑	1. 部位; 2. 混凝土种类; 3. 混凝土强度等级	m³	按设计图示尺寸以体积计算	1. 模板制作、安装、拆除、堆放、运输及清理模内杂物、刷隔离剂等; 2. 混凝土制作、运输、浇筑、振捣、养护
0102020011	钢支撑	1. 部位; 2. 钢材品种、规格; 3. 探伤要求	t	按设计图示尺寸以质量计算。不扣除孔眼质量,焊条、铆钉、螺栓等不另增加质量	1. 支撑、铁件制作(摊销、租赁); 2. 支撑、铁件安装; 3. 探伤; 4. 刷漆; 5. 拆除; 6. 运输

注:1. 地层情况按"土壤分类表"和"岩石分类表"的规定,并根据岩土工程勘察报告按单位工程各地层所占比例(包括范围值)进行描述。对无法准确描述的地层情况,可注明由投标人根据岩土工程勘察报告自行决定报价。

2. 土钉置入方法包括钻孔置入、打入或射入。

3. 混凝土种类:指清水混凝土、彩色混凝土等,如在同一地区既使用预拌(商品)混凝土,也允许现场搅拌混凝土时,也应注明(下同)。

4. 地下连续墙和喷射混凝土(砂浆)的钢筋网、咬合灌注桩的钢筋笼及钢筋混凝土支撑的钢筋制作、安装,按"混凝土及钢筋混凝土工程"中相关项目列项。本分部未列的基坑与边坡支护的排桩按"桩基工程"中相关项目列项。水泥土墙、坑内加固按"地基处理"中相关项目列项。砖、石挡土墙、护坡按"砌筑工程"中相关项目列项。

例 6.1 某幢别墅工程基底为可塑粘土,不能满足设计承载力要求,采用水泥粉煤灰碎石桩(CFG桩)进行地基处理,桩径为400 mm,桩体强度等级为C20,桩数为52根,设计桩长为10 m,桩端进入硬塑粘土层不少于1.5 m,桩顶在地面以下1.5～2 m,CFG桩采用振动沉管灌注桩施工,桩顶采用200 mm厚人工级配砂石(砂：碎石＝3：7,最大粒径30 mm)作为褥垫层,如图6-2所示。

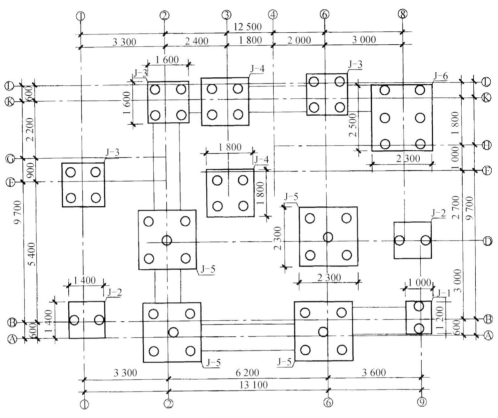

(a) 水泥粉煤灰碎石桩平面图

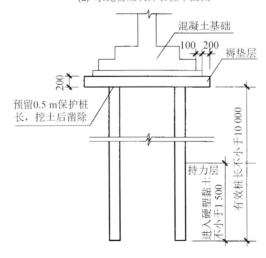

(b) 水泥粉煤灰碎石桩详图

图6-2 某别墅工程水泥粉煤灰碎石桩示意图

　　根据以上背景资料及现行国家标准《建设工程工程量清单计价规范》GB 50500—2013、《房屋建筑与装饰工程工程量计算规范》GB 50854—2013,试列出该工程水泥粉煤灰碎石桩、褥垫层、截(凿)桩头的分部分项工程量清单,以及各清单项目的工程量的计算过程。背景资料中如未提供清单项目特征信息时,可表述为"满足规范及设计"。

　　解　水泥粉煤灰碎石桩、褥垫层、截(凿)桩头的分部分项工程量清单及计算过程如表6-3所列。

表6-3　水泥粉煤灰碎石桩、褥垫层、截(凿)桩头的分部分项工程量清单

序　号	清单项目编码	清单项目名称	计算式	计量单位	工程量
1	010201008001	水泥粉煤灰碎石桩	$L = 52 \times 10$	m	520
2	010201017001	褥垫层	J-1:$1.8 \times 1.6 \times 1 = 2.88$ m^2; J-2:$2.0 \times 2.0 \times 2 = 8.00$ m^2; J-3:$2.2 \times 2.2 \times 3 = 14.52$ m^2; J-4:$2.4 \times 2.4 \times 2 = 11.52$ m^2; J-5:$2.9 \times 2.9 \times 4 = 33.64$ m^2; J-6:$2.9 \times 3.1 \times 1 = 8.99$ m^2; $S = 2.88 + 8.00 + 14.52 + 11.52 + 33.64 + 8.99$	m^2	79.55
3	010301004001	截(凿)桩头		根	52

第二节　桩基工程

一、定额工程量计算规则

(一)打　桩

　　1)预制钢筋混凝土桩:打、压预制钢筋混凝土桩工程量按设计桩长(包括桩尖)乘以桩截面面积,以体积计算。

　　2)预应力钢筋混凝土管桩:

　　① 打、压预应力钢筋混凝土管桩工程量按设计桩长(不包括桩尖),以长度计算。

　　② 预应力钢筋混凝土管桩钢桩尖工程量按设计图示尺寸,以质量计算。

　　③ 预应力钢筋混凝土管桩工程量,如设计要求加注填充材料时,填充部分工程量另按本章钢管桩填芯相应项目执行。

　　④ 桩头灌芯工程量按设计尺寸以灌注体积计算。

　　3)钢管桩:

　　① 钢管桩工程量按设计要求的桩体质量计算。

　　② 钢管桩内切割、精割盖帽工程量按设计要求的数量计算。

③ 钢管桩管内钻孔取土、填芯工程量按设计桩长(包括桩尖)乘以填芯截面积,以体积计算。

4) 打桩工程的送桩工程量均按设计桩顶标高至打桩前的自然地坪标高另加 0.5 m 计算相应的送桩工程量。

5) 预制混凝土桩、钢管桩电焊接桩工程量按设计要求接桩头的数量计算。

6) 预制混凝土桩截桩工程量按设计要求截桩的数量计算。当截桩长度≤1 m 时,不扣减相应桩的打桩工程量;当截桩长度>1 m 时,其超过部分按实扣减打桩工程量,但桩体的价格不扣除。

7) 预制混凝土桩凿桩头工程量按设计图示桩截面积乘以凿桩头长度,以体积计算。当凿桩头长度设计无规定时,桩头长度按桩体高 40d(d 为桩体主筋直径,主筋直径不同时取大者)计算;灌注混凝土桩凿桩头按设计超灌高度(设计有规定的按设计要求,设计无规定的按 0.5 m)乘以桩身设计截面积,以体积计算。

8) 桩头钢筋整理工程量按所整理桩的数量计算。

(二)灌注桩

1) 钻孔桩、旋挖桩成孔工程量按打桩前自然地坪标高至设计桩底标高的成孔长度乘以设计桩径截面积,以体积计算。入岩增加项目工程量按实际入岩深度乘以设计桩径截面积,以体积计算,竣工时按实调整。

2) 钻孔桩、旋挖桩、冲击桩灌注混凝土工程量按设计桩径截面积乘以设计桩长(包括桩尖)另加加灌长度,以体积计算。加灌长度设计有规定时,按设计要求计算,无规定时,按 0.5 m 计算。

3) 沉管成孔工程量按打桩前自然地坪标高至设计标底标高(不包括预制桩尖)的成孔长度乘以钢管外径截面积,以体积计算。

4) 沉管桩灌注混凝土工程量按钢管外径截面积乘以设计桩长(不包括预制桩尖)另加加灌长度,以体积计算。加灌长度设计有规定时,按设计要求计算,无规定时,按 0.5 m 计算。

5) 人工挖孔桩挖孔工程量按进入土层、岩石层的成孔长度乘以设计护壁外围截面积,以体积计算。

6) 人工挖孔桩灌注混凝土按设计图示截面积乘以设计桩长另加加灌长度,以体积计算。加灌长度设计有规定时,按设计要求计算,无规定时,按 0.5 m 计算。

7) 钻(冲)孔灌注桩、人工挖孔桩,设计要求扩底时,其扩底工程量按设计尺寸,以体积计算,并计入相应的工程量内。

8) 泥浆池建造和拆除、泥浆运输工程量,按成孔工程量以体积计算。

9) 桩孔回填工程量按打桩前自然地坪标高至桩加灌长度的顶面乘以桩孔截面积,以体积计算。

10) 注浆管、声测管埋设工程量按打桩前的自然地坪标高至设计桩底标高另加 0.5 m,以长度计算。

11) 桩底(侧)后压浆工程量按设计注入水泥用量,以质量计算。如水泥用量差别大,允许换算。

例 6.2 某单位工程设计采用预制钢筋混凝土方桩,如图 6-3 所示,混凝土强度等级 C35,碎石粒径为 40 mm,共 120 根,柴油打桩机打桩,桩加工厂距现场堆放点最短运输距离为 8 km,设计室外地面标高为 -0.30 m,设计桩顶标高为 -1.50 m,一级场地土,平地打直桩。试计算打桩、送桩的工程量并确定定额项目。

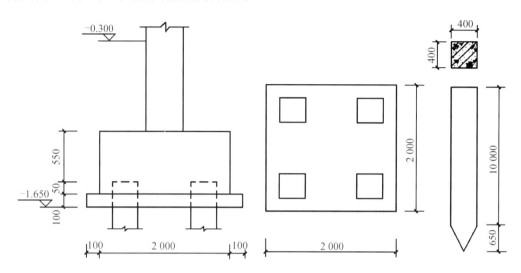

图 6-3　预制钢筋混凝土方桩示意图

解　① 打预制桩工程量。
$$V = 0.40^2 \times (10.00 + 0.65) \times 120 = 204.48 \text{ m}^3$$
定额项目为:G3-1　打预制钢筋混凝土方桩　桩长在 12 m 以内。

定额全费用为:13 227.58 元/(10 m³)。

说明:在湖北省定额打、压已包含预制钢筋混凝土桩,定额按购入成品构件考虑,已包含桩位半径在 15 m 范围内的移动、起吊、就位;超过 15 m 时的场内运输,执行《湖北省房屋建筑与装饰工程消耗量定额及全费用基价表》第二十章"成品构件二次运输"相应项目。

② 送桩工程量。

图 6-3 中设计室外地面标高为 -0.30 m,即室内外高差为 0.30 m。根据工程量计算规则,送桩长度应自设计桩顶面至设计室外地面另加 0.50 m。
$$H = 1.50 - 0.30 + 0.50 = 1.70 \text{ m} \quad (\text{送桩深度})$$
$$V = 0.40^2 \times 1.70 \times 120 = 32.64 \text{ m}^3$$
定额项目为:G3-5　打送预制钢筋混凝土方桩　桩长在 12 m 以内。

定额全费用为:4 470.18 元/(10 m³)。

二、清单工程量计算规则

桩基工程的清单工程量计算规则如表 6-4、表 6-5 所列。

表 6 - 4　打桩(编码:010301)

项目编码	项目名称	项目特征	计量单位	工程量计算规则	工作内容
010301001	预制钢筋混凝土方桩	1. 地层情况; 2. 送桩深度、桩长; 3. 桩截面; 4. 桩倾斜度; 5. 沉桩方法; 6. 接桩方式; 7. 混凝土强度等级	1. m; 2. m³; 3. 根	1. 以米计量,按设计图示尺寸以桩长(包括桩尖)计算; 2. 以立方米计量,按设计图示截面积乘以桩长(包括桩尖)以实体积计算; 3. 以根计量,按设计图示数量计算	1. 工作平台搭拆; 2. 桩基竖拆、移位; 3. 沉桩; 4. 接桩; 5. 送桩
010301002	预制钢筋混凝土管桩	1. 地层情况; 2. 送桩深度、桩长; 3. 桩外径、壁厚; 4. 桩倾斜度; 5. 沉桩方法; 6. 桩尖类型; 7. 混凝土强度等级; 8. 填充材料种类; 9. 防护材料种类			1. 工作平台搭拆; 2. 桩基竖拆、移位; 3. 沉桩; 4. 接桩; 5. 送桩; 6. 桩尖制作安装; 7. 填充材料、刷防护材料
010301003	钢管桩	1. 地层情况; 2. 送桩深度、桩长; 3. 材质; 4. 管径、壁厚; 5. 桩倾斜度; 6. 沉桩方法; 7. 填充材料种类; 8. 防护材料种类	1. t; 2. 根	1. 以吨计量,按设计图示尺寸以质量计算; 2. 以根计量,按设计图示数量计算	1. 工作平台搭拆; 2. 桩基竖拆、移位; 3. 沉桩; 4. 接桩; 5. 送桩; 6. 切割钢管、精割盖帽; 7. 管内取土; 8. 填充材料、刷防护材料
010301004	截(凿)桩头	1. 桩类型; 2. 桩头截面、高度; 3. 混凝土强度等级; 4. 有无钢筋	1. m³; 2. 根	1. 以立方米计量,按设计桩截面乘以桩头长度以体积计算; 2. 以根计量,按设计图示数量计算	1. 截(切割)桩头; 2. 凿平; 3. 废料外运

注:1. 地层情况按"土壤分类表"和"岩石分类表"的规定,并根据岩土工程勘察报告按单位工程各地层所占比例(包括范围值)进行描述。对无法准确描述的地层情况,可注明由投标人根据岩土工程勘察报告自行决定报价。

　　2. 项目特征中的桩截面、混凝土强度等级、桩类型等可直接用标准图代号或设计桩型进行描述。

　　3. 预制钢筋混凝土方桩、预制钢筋混凝土管桩项目以成品桩编制,应包括成品桩购置费,如果采用现场预制,应包括现场预制桩的所有费用。

　　4. 打试验桩和打斜桩应按相应项目单独列项,并应在项目特征中注明试验桩或斜桩(斜率)。

　　5. 截(凿)桩头项目适用于"地基处理与边坡支护工程"和"桩基工程"所列桩的桩头截(凿)。

　　6. 预制钢筋混凝土管桩桩顶与承台的连接构造按"混凝土及钢筋混凝土工程"相关项目列项。

表 6 – 5 灌注桩(编码:010302)

项目编码	项目名称	项目特征	计量单位	工程量计算规则	工作内容
010302001	泥浆护壁成孔灌注桩	1. 地层情况; 2. 空桩长度、桩长; 3. 桩径; 4. 成孔方法; 5. 护筒类型、长度; 6. 混凝土种类、强度等级	1. m; 2. m³; 3. 根	1. 以米计量,按设计图示尺寸以桩长(包括桩尖)计算; 2. 以立方米计量,按不同截面在桩上范围内以体积计算; 3. 以根计量,按设计图示数量计算	1. 护筒埋设; 2. 成孔、固壁; 3. 混凝土制作、运输、灌注、养护; 4. 土方、废泥浆外运; 5. 打桩场地硬化及泥浆池、泥浆沟
010302002	沉管灌注桩	1. 地层情况; 2. 空桩长度、桩长; 3. 复打长度; 4. 桩径; 5. 沉管方法; 6. 桩尖类型; 7. 混凝土种类、强度等级			1. 打(沉)拔钢管; 2. 桩尖制作、安装; 3. 混凝土制作、运输、灌注、养护
010302003	干作业成孔灌注桩	1. 地层情况; 2. 空桩长度、桩长; 3. 桩径; 4. 扩孔直径、高度; 5. 成孔方法; 6. 混凝土种类、强度等级			1. 成孔、扩孔; 2. 混凝土制作、运输、灌注、振捣、养护
010302004	挖孔桩土石方	1. 地层情况; 2. 挖孔深度; 3. 弃土(石)运距	m³	按设计图示尺寸(含护壁)截面积乘以挖孔深度以体积计算	1. 排地表水; 2. 挖土、凿石; 3. 基底钎探; 4. 运输
010302005	人工挖孔灌注桩	1. 桩芯长度; 2. 桩芯直径、扩底直径、扩底高度; 3. 护壁厚度、高度; 4. 护壁混凝土种类、强度等级; 5. 桩芯混凝土种类、强度等级	1. m³; 2. 根	1. 以立方米计量,按桩芯混凝土体积计算; 2. 以根计量,按设计图示数量计算	1. 护壁制作; 2. 混凝土制作、运输、灌注、振捣、养护

项目编码	项目名称	项目特征	计量单位	工程量计算规则	工作内容
010302006	钻孔压浆桩	1. 地层情况； 2. 空钻长度、桩长； 3. 钻孔直径； 4. 水泥强度等级	1. m； 2. 根	1. 以米计量，按设计图示尺寸以桩长计算； 2. 以根计量，按设计图示数量计算	钻孔、下注浆管、投放骨料、浆液制作、运输、压浆
010302007	灌注桩后压浆	1. 注浆导管材料、规格； 2. 注浆导管长度； 3. 单孔注浆量； 4. 水泥强度等级	孔	按设计图示尺寸以注浆孔数计算	1. 注浆导管制作、安装； 2. 浆液制作、运输、压浆

注：1. 地层情况按"土壤分类表"和"岩石分类表"的规定，并根据岩土工程勘察报告按单位工程各地层所占比例（包括范围值）进行描述。对无法准确描述的地层情况，可注明由投标人根据岩土工程勘察报告自行决定报价。

  2. 项目特征中的桩长应包括桩尖，空桩长度＝孔深－桩长，孔深为自然地面至设计桩底的深度。

  3. 项目特征中的桩截面（桩径）、混凝土强度等级、桩类型等可直接用标准图代号或设计桩型进行描述。

  4. 泥浆护壁成孔灌注桩是指在泥浆护壁条件下成孔，采用水下灌注混凝土的桩。其成孔方法包括冲击钻成孔、冲抓锥成孔、回旋钻成孔、潜水钻成孔、泥浆护壁的旋挖成孔等。

  5. 沉管灌注桩的沉管方法包括锤击沉管法、振动沉管法、振动冲击沉管法、内夯沉管法等。

  6. 干作业成孔灌注桩是指不用泥浆护壁和套管护壁的情况下，用钻机成孔后，下钢筋笼，灌注混凝土的桩，适用于地下水位以上的土层使用。其成孔方法包括螺旋钻成孔、螺旋钻成孔扩底、干作业的旋挖成孔等。

  7. 混凝土种类指清水混凝土、彩色混凝土、水下混凝土等，如在同一地区既使用预拌（商品）混凝土，又允许现场搅拌混凝土时，也应注明。

  8. 混凝土灌注桩的钢筋笼制作、安装，按"混凝土及钢筋混凝土工程"中相关项目编码列项。

第三节 砌筑工程

一、定额工程量计算规则

（一）砖砌体、砌块砌体

1. 基础与墙（柱）身的划分

① 基础与墙（柱）身使用同一种材料时，以设计室内地面为界（有地下室时，以地下室室内设计地面为界），以下为基础，以上为墙（柱）身。

② 基础与墙（柱）身使用不同材料时，位于设计室内地面高度≤±300 mm 时，以不同材料为分界线；高度＞±300 mm 时，以设计室内地面为分界线。

③ 砖砌地沟不分墙基和墙身，按不同材质合并工程量套用相应项目。

④ 围墙以设计室外地坪为界，以下为基础，以上为墙身。

2. 砖基础工程量

砖基础工程量按设计图示尺寸以体积计算。

（1）砖基础

砖基础工程量按结构施工图示尺寸，以体积计算。

$$V = LA \tag{6-1}$$

式中：V 为基础体积；L 为基础长度，外墙为中心线长，内墙为净长线长；A 为基础断面积，等于基础墙的面积与大放脚的面积之和。

大放脚的形式有两种，即等高式大放脚和间隔式大放脚。为了简化带形砖基础工程量的计算，提高计算速度，可将砖基础大放脚增加断面面积转换成折加高度后再进行基础工程量计算。设带形砖基础设计深度为 H，折加高度为 h，砖基础的墙厚为 b，基础长度为 L，如图 6-4 所示，则有

$$V = b(H+h)L \tag{6-2}$$

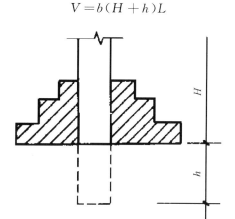

图 6-4　大放脚折加高度示意图

根据大放脚增加断面面积和折加高度公式，不同墙厚、不同台阶数大放脚的折加高度和增加断面面积如表 6-6 所列，供计算工程量时查用。

表 6-6　标准砖大放脚折算高度表

单位：m

放脚层数 (n)	放脚形式	砖墙厚度/m						放脚面积/m²
		115	180	240	365	490	615	
1	等高式	0.137	0.087	0.066	0.043	0.032	0.026	0.015 8
	间隔式	0.137	0.087	0.066	0.043	0.032	0.026	0.015 8
2	等高式	0.411	0.263	0.197	0.129	0.096	0.077	0.047 3
	间隔式	0.342	0.219	0.164	0.108	0.080	0.064	0.039 4
3	等高式	0.822	0.525	0.394	0.259	0.193	0.154	0.094 5
	间隔式	0.685	0.437	0.328	0.216	0.161	0.128	0.078 8
4	等高式	1.370	0.875	0.656	0.432	0.321	0.256	0.157 5
	间隔式	1.096	0.700	0.525	0.345	0.257	0.205	0.126 0
5	等高式	2.054	1.312	0.984	0.647	0.482	0.384	0.236 3
	间隔式	1.643	1.050	0.788	0.518	0.386	0.307	0.189 0
6	等高式	2.876	1.837	1.378	0.906	0.675	0.538	0.330 8
	间隔式	2.260	1.444	1.083	0.712	0.530	0.423	0.259 9

放脚层数（n）	放脚形式	砖墙厚度/m						放脚面积/m²
		115	180	240	365	490	615	
7	等高式	3.574	2.450	1.838	1.208	0.900	0.717	0.441 0
	间隔式	3.013	1.925	1.444	0.949	0.707	0.563	0.346 5
8	等高式	4.930	3.150	2.365	1.553	1.157	0.922	0.567 0
	间隔式	3.835	2.450	1.838	1.208	0.900	0.717	0.441 0
9	等高式	6.163	3.937	2.953	1.942	1.446	1.152	0.708 8
	间隔式	4.793	3.062	2.297	1.510	1.125	0.896	0.551 3
10	等高式	7.533	4.812	3.609	2.373	1.768	1.409	0.866 3
	间隔式	5.821	3.719	2.789	1.834	1.366	1.088	0.669 4

砖柱基础如图 6-5 所示，其大放脚增加体积如表 6-7 所列。

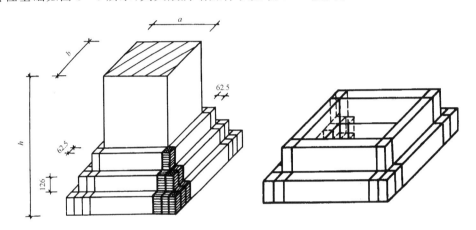

图 6-5 砖柱基础四周放脚增加体积示意图

表 6-7 砖柱基础大放脚增加体积表

单位:m³

放脚层数（n）	放脚形式	砖柱截面尺寸/(mm×mm)							
		240×240	240×365	365×365	365×490	490×490	490×615	615×615	615×740
1	等高式	0.010	0.012	0.014	0.015	0.017	0.019	0.021	0.023
	间隔式	0.010	0.012	0.014	0.015	0.017	0.019	0.021	0.023
2	等高式	0.033	0.038	0.044	0.050	0.056	0.062	0.068	0.074
	间隔式	0.028	0.033	0.038	0.043	0.047	0.052	0.057	0.062
3	等高式	0.073	0.085	0.097	0.108	0.120	0.132	0.144	0.156
	间隔式	0.061	0.071	0.081	0.091	0.101	0.111	0.121	0.130
4	等高式	0.135	0.154	0.174	0.194	0.213	0.233	0.253	0.273
	间隔式	0.110	0.125	0.141	0.157	0.173	0.188	0.204	0.220
5	等高式	0.222	0.251	0.281	0.310	0.340	0.369	0.399	0.428
	间隔式	0.179	0.203	0.227	0.250	0.274	0.297	0.321	0.345

放脚层数 (n)	放脚形式	砖柱截面尺寸/(mm×mm)							
		240×240	240×365	365×365	365×490	490×490	490×615	615×615	615×740
6	等高式	0.338	0.379	0.421	0.462	0.503	0.545	0.586	0.627
	间隔式	0.269	0.302	0.334	0.367	0.399	0.432	0.464	0.497
7	等高式	0.487	0.542	0.598	0.653	0.708	0.763	0.818	0.873
	间隔式	0.387	0.430	0.473	0.517	0.560	0.603	0.647	0.690
8	等高式	0.674	0.745	0.816	0.886	0.957	1.029	1.099	1.170
	间隔式	0.531	0.586	0.641	0.696	0.751	0.806	0.861	0.916
9	等高式	0.901	0.990	1.079	1.167	1.256	1.344	1.433	1.521
	间隔式	0.708	0.776	0.845	0.914	0.983	1.052	1.121	1.190
10	等高式	1.174	1.282	1.390	1.499	1.607	1.715	1.824	1.932
	间隔式	0.917	1.000	1.084	1.168	1.251	1.335	1.419	1.502

（2）附墙垛基础

附墙垛基础宽出部分体积按折加长度合并计算，扣除地梁（圈梁）、构造柱所占体积，不扣除基础大放脚 T 形接头处的重叠部分及嵌入基础内的钢筋、铁件、管道、基础砂浆防潮层和单个面积≤0.3 m² 的孔洞所占体积，靠墙暖气沟的挑檐不增加。

附墙垛基础如图 6－6 所示，砖垛基础宽出部分增加体积如表 6－8 所列。

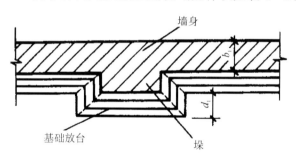

图 6－6　附墙垛基础示意图

表 6－8　砖垛基础增加体积表

单位：m³

放脚层数 (n)	放脚形式	突出墙面宽/mm			
		125	250	375	500
1	等高式	0.002	0.004	0.006	0.008
	间隔式	0.002	0.004	0.006	0.008
2	等高式	0.006	0.012	0.018	0.023
	间隔式	0.005	0.010	0.015	0.020
3	等高式	0.012	0.023	0.035	0.047
	间隔式	0.010	0.020	0.029	0.039

放脚层数（n）	放脚形式	突出墙面宽/mm			
		125	250	375	500
4	等高式	0.020	0.039	0.059	0.078
	间隔式	0.016	0.032	0.047	0.063
5	等高式	0.029	0.059	0.088	0.117
	间隔式	0.024	0.047	0.070	0.094
6	等高式	0.041	0.082	0.123	0.164
	间隔式	0.032	0.065	0.097	0.129
7	等高式	0.055	0.109	0.164	0.221
	间隔式	0.043	0.086	0.129	0.172
8	等高式	0.070	0.141	0.211	0.284
	间隔式	0.055	0.109	0.164	0.225

（3）基础长度

基础长度外墙按外墙中心线长度计算，内墙按内墙基净长线计算。

例 6.3 根据例 5.4 中所提供的资料，试计算砖基础的工程量并确定定额项目。已知：砖基础为干混砌筑砂浆 DM M10 砌标准黏土砖；防潮层为 20 mm 厚 1:2 水泥砂浆加 5% 防水粉。

解 砖基础工程量为

$$H = 1.40 - 0.20 = 1.20 \text{ m}$$
$$h = 0.197 \text{ m} \quad (\text{折加高度查表 } 6-6, n=2)$$
$$L = (7.20 + 4.80) \times 2 + (4.80 - 0.24) \times 1 = 28.56 \text{ m}$$
$$V = 0.24 \times (1.20 + 0.197) \times 28.56 = 9.58 \text{ m}^3$$

定额项目为：A1-1　直形砖基础　干混砌筑砂浆 DM M10。

定额全费用为：6 104.16 元/(10 m³)。

3. 砖墙、砌块墙工程量

砖墙、砌块墙工程量按设计图示尺寸以体积计算。扣除门窗、洞口、嵌入墙内的钢筋混凝土柱、梁、圈梁、挑梁、过梁及凹进墙内的壁龛、管槽、暖气槽、消火栓箱所占体积，不扣除梁头、板头、檩头、垫木、木楞头、沿缘木、木砖、门窗走头、砖墙内加固钢筋、木筋、铁件、钢管及单个面积 ≤0.3 m² 的孔洞所占的体积。凸出墙面的腰线、挑檐、压顶、窗台线、虎头砖、门窗套的体积亦不增加。凸出墙面的砖垛并入墙体体积内计算。

$$\text{砖墙工程量} = \text{墙长} \times \text{墙厚} \times \text{墙高} \qquad (6-3)$$

（1）墙长度

外墙按中心线、内墙按净长线计算。

（2）墙高度

① 外墙：斜（坡）屋面无檐口天棚时算至屋面板底；有屋架且室内外均有天棚时算至屋架

下弦底另加 200 mm；无天棚时算至屋架下弦底另加 300 mm，出檐宽度超过 600 mm 时按实砌高度计算；有钢筋混凝土楼板隔层时算至板顶；平屋顶时算至钢筋混凝土板底。

②内墙：位于屋架下弦时算至屋架下弦底；无屋架时算至天棚底另加 100 mm；有钢筋混凝土楼板隔层时算至楼板底；有框架梁时算至梁底。

③女儿墙：从屋面板上表面算至女儿墙顶面（如有混凝土压顶时算至压顶下表面）。

④内、外山墙：按其平均高度计算。

（3）墙厚度

标准砖砌体计算厚度如表 6-9 所列。

表 6-9　标准砖砌体计算厚度表

砖　　数	1/4	1/2	3/4	1	3/2	2	5/2	3
计算厚度/mm	53	115	178	240	365	490	615	740

注：1. 标准砖以 240mm×115mm×53mm 为准，其砌体厚度按上表计算。

2. 使用非标准砖时，其砌体厚度应按砖实际规格和设计厚度计算；如设计厚度与实际规格不同时，按实际规格计算。

例 6.4　某单层建筑物如图 6-7 所示，墙身为干混砂浆 DM M10 砌筑标准黏土砖，内外墙厚均为 240 mm 的混水砖墙，已知室内地面以上部分的构造柱工程量为 1.83 m³。门窗洞口上全部采用钢筋混凝土过梁，过梁体积为 0.73 m³。M-1：1 500 mm×2 700 mm；M-2：1 000 mm×2 700 mm；C-1：1 800 mm×1 800 mm。试计算砖墙的工程量并确定定额项目。

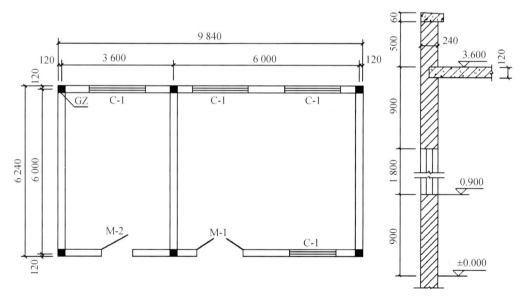

图 6-7　某单层建筑物示意图

解　砖墙工程量计算如下：

①墙体总体积为

$$L_z = (3.60 + 6.00 + 6.00) \times 2 = 31.20 \text{ m} \quad (外墙中心线长)$$

$$L_\mathrm{n} = 6.00 - 0.24 = 5.76 \text{ m} \quad (\text{内墙净长})$$
$$V_1 = 0.24 \times (31.20 \times 4.10 + 5.76 \times 3.60) = 0.24 \times 148.66 = 35.68 \text{ m}^3$$

② 洞口体积为

$$V_2 = 0.24 \times (1.50 \times 2.70 \times 1 + 1.00 \times 2.70 \times 1 + 1.80^2 \times 4)$$
$$= 0.24 \times 19.71 = 4.73 \text{ m}^3$$

③ 墙体工程量为

$$V = 35.68 - (4.73 + 1.83 + 0.73) = 35.68 - 7.29 = 28.39 \text{ m}^3$$

定额项目为:A1-5 混水砖墙 1砖 干混砌筑砂浆 DM M10。

定额全费用为:6 864.11 元/(10 m³)。

(4) 框架间墙

不分内外墙按墙体净尺寸以体积计算。

(5) 围 墙

高度算至压顶上表面(如有混凝土压顶时算至压顶下表面),围墙柱并入围墙体积内。

4. 空斗墙工程量

空斗墙工程量按设计图示尺寸以空斗墙外形体积计算。

① 墙角、内外墙交接处、门窗洞口立边、窗台砖、屋檐处的实砌部分体积已包括在空斗墙体积内。

② 空斗墙的窗间墙、窗台下、楼板下、梁头下等的实砌部分,应另行计算,套用零星砌体项目。

5. 空花墙工程量

空花墙工程量按设计图示尺寸以空花部分外形体积计算,不扣除空花部分体积,其中实砌体部分另行计算。

6. 填充墙工程量

填充墙工程量按设计图示尺寸以填充墙外形体积计算,其中实砌部分已包括在定额内,不另行计算。

7. 砖柱工程量

砖柱工程量按设计图示尺寸以体积计算,扣除混凝土及钢筋混凝土梁垫、梁头、板头所占体积。

例 6.5 某工程有独立砖柱 4 根,柱身高度为 3.12 m,砖柱断面为 365 mm×365 mm,干混砌筑砂浆 DM M10 砌筑,柱面抹水刷石。试计算砖柱的工程量并确定定额项目。

解 砖柱工程量计算如下:

$$V = 0.365^2 \times 3.12 \times 4 = 1.66 \text{ m}^3$$

该柱为混水方砖柱,则

定额项目为:A1-18 混水方砖柱。

定额全费用为:8 065.17 元/(10 m³)。

8．零星砌体、地沟、砖过梁工程量

零星砌体、地沟、砖过梁工程量按设计图示尺寸以体积计算。零星砌体系指台阶、台阶挡墙、梯带、锅台、炉灶、蹲台、池槽、池槽腿、花台、花池、楼梯栏板、阳台栏板、地垄墙、≤0.3 m²的孔洞填塞、突出屋面的烟囱、屋面伸缩缝砌体、隔热板砖墩等。

例6.6 某建筑物砖砌台阶采用干混砌筑砂浆 DM M10 砌筑，如图 6 - 8 所示。试计算其工程量并确定定额项目。

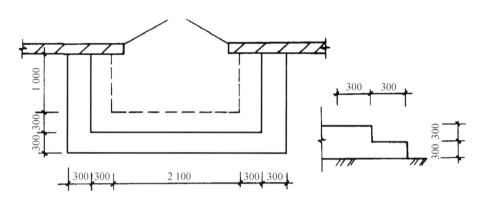

图 6 - 8 某建筑物砖砌台阶示意图

解 砌体工程量计算如下：

$$S = (2.10 + 0.30 \times 2 \times 2) \times (1.00 + 0.30 \times 2) \times 0.3 +$$
$$(2.10 + 0.30 \times 2) \times (1.00 + 0.30) \times 0.3$$
$$= 2.63 \ m^3$$

该台阶属于零星砌体，则

定额项目为：A1 - 21 零星砌体 普通砖。

定额全费用为：9 284.64 元/(10 m³)。

9．砖散水、地坪工程量

砖散水、地坪工程量按设计图示尺寸以面积计算。

10．附墙烟囱、通风道、垃圾道工程量

附墙烟囱、通风道、垃圾道工程量应按设计图示尺寸以体积（扣除孔洞所占体积）计算并入所依附的墙体体积内。当设计规定孔洞内需抹灰时，另按"墙柱面工程"相应项目计算。

11．轻质砌块 L 型专用连接件的工程量

轻质砌块 L 型专用连接件的工程量按设计数量计算。

（二）轻质隔墙

轻质隔墙的工程量按设计图示尺寸以面积计算。

（三）石砌体

石基础、石墙的工程量计算规则参照砖砌体相应规定。石勒脚、石挡土墙、石护坡、石台阶按设计图示尺寸以体积计算,石坡道按设计图示尺寸以水平投影面积计算,墙面勾缝按设计图示尺寸以面积计算。

（四）垫　层

垫层工程量按设计图示尺寸以体积计算。

二、清单工程量计算规则

砌筑工程的清单工程量计算规则如表 6-10、表 6-11 所列。

表 6-10　砖砌体(编码:010401)

项目编码	项目名称	项目特征	计量单位	工程量计算规则	工作内容
010401001	砖基础	1. 砖品种、规格、强度等级; 2. 基础类型; 3. 砂浆强度等级; 4. 防潮层材料种类	m³	按设计图示尺寸以体积计算,包括附墙垛基础宽出部分体积,扣除地梁(圈梁)、构造柱所占体积,不扣除基础大放脚 T 形接头处的重叠部分及嵌入基础内的钢筋、铁件、管道、基础砂浆防潮层和单个面积≤0.3 m² 的孔洞所占体积,靠墙暖气沟的挑檐不增加。 基础长度:外墙按外墙中心线,内墙按内墙净长线计算	1. 砂浆制作、运输; 2. 砌砖; 3. 防潮层铺设; 4. 材料运输
010401002	砖砌挖孔桩护壁	1. 砖品种、规格、强度等级; 2. 砂浆强度等级		按设计图示尺寸以体积计算	1. 砂浆制作、运输; 2. 砌砖; 3. 材料运输
010401003	实心砖墙	1. 砖品种、规格、强度等级; 2. 墙体类型; 3. 砂浆强度等级、配合比	m³	按设计图示尺寸以体积计算,扣除门窗、洞口、嵌入墙内的钢筋混凝土柱、梁、圈梁、挑梁、过梁及凹进墙内的壁龛、管槽、暖气槽、消火栓箱所占体积,不扣除梁头、板头、檩头、垫木、木楞头、沿椽木、木砖、门窗走头、砖墙内加固钢筋、木筋、铁件、钢管及单个面积≤0.3 m² 的孔洞所占的体积。凸出墙面的	1. 砂浆制作、运输; 2. 砌砖; 3. 刮缝; 4. 砖压顶砌筑; 5. 材料运输

项目编码	项目名称	项目特征	计量单位	工程量计算规则	工作内容
010401004	多孔砖墙	1. 砖品种、规格、强度等级; 2. 墙体类型; 3. 砂浆强度等级、配合比	m³	腰线、挑檐、压顶、窗台线、虎头砖、门窗套的体积亦不增加。凸出墙面的砖垛并入墙体体积计算。 1. 墙长度:外墙按中心线、内墙按净长计算。 2. 墙高度: (1) 外墙:斜(坡)屋面无檐口天棚时算至屋面板底;有屋架且室内外均有天棚时算至屋架下弦另加 200 mm;无天棚时算至屋架下弦底另加 300 mm,出檐宽度超过 600 mm 时按实砌高度计算;有钢筋混凝土楼板隔层时算至板顶;平屋顶算至钢筋混凝土板底。 (2) 内墙:位于屋架下弦时算至屋架下弦底;无屋架时算至天棚底另加 100 mm;有钢筋混凝土楼板隔层时算至楼板顶;有框架梁时算至梁底。 (3) 女儿墙:从屋面板上表面算至女儿墙顶面(如有混凝土压顶时算至压顶下表面)。 (4) 内外山墙:按其平均高度计算。 3. 框架间墙:不分内外墙按墙体净尺寸以体积计算。 4. 围墙:高度算至压顶上表面(如有混凝土压顶时算至压顶下表面),围墙柱并入围墙体积内	1. 砂浆制作、运输; 2. 砌砖; 3. 刮缝; 4. 砖压顶砌筑; 5. 材料运输
010401005	空心砖墙				
010401006	空斗墙	1. 砖品种、规格、强度等级; 2. 墙体类型; 3. 砂浆强度等级、配合比	m³	按设计图示尺寸以空斗墙外形体积计算,墙角、内外墙交接处、门窗洞口立边、窗台砖、屋檐处的实砌部分体积并入空斗墙体积内	1. 砂浆制作、运输; 2. 砌砖; 3. 装填充料; 4. 刮缝; 5. 材料运输
010401007	空花墙			按设计图示尺寸以空花部分外形体积计算,不扣除空洞部分体积	

项目编码	项目名称	项目特征	计量单位	工程量计算规则	工作内容
010401008	填充墙	1. 砖品种、规格、强度等级； 2. 墙体类型； 3. 填充材料种类及厚度； 4. 砂浆强度等级、配合比	m³	按设计图示尺寸以填充墙外形体积计算	1. 砂浆制作、运输； 2. 砌砖； 3. 装填充料； 4. 刮缝； 5. 材料运输
010401009	实心砖柱	1. 砖品种、规格、强度等级； 2. 柱类型； 3. 砂浆强度等级、配合比		按设计图示尺寸以体积计算,扣除混凝土及钢筋混凝土梁垫、梁头、板头所占体积	1. 砂浆制作、运输； 2. 砌砖； 3. 刮缝； 4. 材料运输
010401010	多孔砖柱				
010401011	砖检查井	1. 井截面、深度； 2. 砖品种、规格、强度等级； 3. 垫层材料种类、厚度； 4. 底板厚度； 5. 井盖安装； 6. 混凝土强度等级； 7. 砂浆强度等级； 8. 防潮层材料种类	座	按设计图示数量计算	1. 砂浆制作、运输； 2. 铺设垫层； 3. 底板混凝土制作、运输、浇筑、振捣、养护； 4. 砌砖； 5. 刮缝； 6. 井池底、壁抹灰； 7. 抹防潮层； 8. 材料运输
010401012	零星砌砖	1. 零星砌砖名称、部位； 2. 砖品种、规格、强度等级； 3. 砂浆强度等级、配合比	1. m³； 2. m²； 3. m； 4. 个	1. 以立方米计量,按设计图示尺寸截面积乘以长度计算。 2. 以平方米计量,按设计图示尺寸以水平投影面积计算。 3. 以米计量,按设计图示尺寸以长度计算。 4. 以个计量,按设计图示数量计算	1. 砂浆制作、运输； 2. 砌砖； 3. 刮缝； 4. 材料运输

项目编码	项目名称	项目特征	计量单位	工程量计算规则	工作内容
010401013	砖散水、地坪	1. 砖品种、规格、强度等级； 2. 垫层材料种类、厚度； 3. 散水、地坪厚度； 4. 面层种类、厚度； 5. 砂浆强度等级	m²	按设计图示尺寸以面积计算	1. 土方挖、运、填； 2. 地基找平、夯实； 3. 铺设垫层； 4. 砌砖散水、地坪； 5. 抹砂浆面层
010401014	砖地沟、明沟		m	以米计量，按设计图示以中心线长度计算	1. 土方挖、运、填； 2. 铺设垫层； 3. 底板混凝土制作、运输、浇筑、振捣、养护； 4. 砌砖； 5. 刮缝、抹灰； 6. 材料运输

注：1．"砖基础"项目适用于各种类型砖基础、柱基础、墙基础、管道基础等。

2．基础与墙（柱）身使用同一种材料时，以设计室内地面为界（有地下室时，以地下室室内设计地面为界），以下为基础，以上为墙（柱）身。基础与墙身使用不同材料时，位于设计室内地面高度≤±300 mm 时，以不同材料为分界线；高度＞±300 mm，以设计室内地面为分界线。

3．砖围墙以设计室外地坪为界，以下为基础，以上为墙身。

4．框架外表面的镶贴砖部分，按零星项目编码列项。

5．附墙烟囱、通风道、垃圾道应按设计图示尺寸以体积（扣除孔洞所占体积）计算并入所依附的墙体体积内。当设计规定孔洞内需抹灰时，应按"墙、柱面装饰与隔断、幕墙工程"中零星抹灰项目编码列项。

6．空斗墙的窗间墙、窗台下、楼板下、梁头下等的实砌部分，按零星砌砖项目编码列项。

7．"空花墙"项目适用于各种类型的空花墙，使用混凝土花格砌筑的空花墙，实砌墙体与混凝土花格应分别计算，混凝土花格按"混凝土及钢筋混凝土工程"中预制构件相关项目编码列项。

8．台阶、台阶挡墙、梯带、锅台、炉灶、蹲台、池槽、池槽腿、砖胎膜、花台、花池、楼梯栏板、阳台栏板、地垄墙、≤0.3 m² 的孔洞填塞等，应按零星砌砖项目编码列项。砖砌锅台与炉灶可按外形尺寸以个计算，砖砌台阶可按水平投影面积以平方米为单位计量，小便槽、地垄墙可按长度计算，其他工程以立方米为单位计量。

9．砖砌体内钢筋加固，应按"混凝土及钢筋混凝土工程"中相关项目编码列项。

10．砖砌体勾缝按"墙、柱面装饰与隔断、幕墙工程"中相关项目编码列项。

11．检查井内的爬梯按"混凝土及钢筋混凝土工程"中相关项目编码列项；井内的混凝土构件按"混凝土及钢筋混凝土工程"中预制构件编码列项。

12．如施工图设计标注做法见标准图集时，应在项目特征描述中注明标准图集的编码、页号及节点大样。

表 6－11　垫层（编码：010404）

项目编码	项目名称	项目特征	计量单位	工程量计算规则	工作内容
010404001	垫层	垫层材料种类、配合比、厚度	m³	按设计图示尺寸以体积计算	1. 垫层材料的拌制； 2. 垫层铺设； 3. 材料运输

注：除混凝土垫层应按"混凝土及钢筋混凝土工程"中相关项目编码列项外，没有包括垫层要求的清单项目应按本表垫层项目编码列项。

第四节　混凝土及钢筋混凝土工程

一、定额工程量计算规则

(一)混凝土

1. 现浇混凝土

1) 混凝土的工程量除另有规定者外,均按设计图示尺寸以体积计算,不扣除构件内钢筋、预埋铁件及墙、板中 $0.3\ m^2$ 以内的孔洞所占体积。型钢混凝土中型钢骨架所占体积按钢材密度为 $7\ 850\ kg/m^3$ 计算扣除。

例 6.7　根据例 5.4 中提供的资料,计算其混凝土垫层工程量并确定定额项目。

解　混凝土垫层工程量按垫层层体积计算如下:

$$L = (7.20 + 4.80) \times 2 + (4.80 - 0.80) \times 1 = 28.00\ m$$
$$V = 0.80 \times 0.20 \times 28.00 = 4.48\ m^3$$

定额项目为:A2-1　基础垫层　预拌混凝土 C15。

定额全费用为:4 667.78 元/(10 m³)。

---

2) 基础的工程量按设计图示尺寸以体积计算,不扣除伸入承台基础的桩头所占体积。

① 带形基础的工程量不分有肋式与无肋式均按带形基础项目计算,有肋式带形基础,肋高(指基础扩大顶面至梁顶面的高)≤1.2 m 时,合并计算;>1.2 m 时,扩大顶面以下的基础部分,按无肋带形基础项目计算,扩大顶面以上部分,按墙项目计算。

② 箱式基础的工程量分别按基础、柱、墙、梁、板等有关规定计算。

③ 设备基础的工程量除块体(块体设备基础是指没有空间的实心混凝土形状)以外,其他类型设备基础分别按基础、柱、墙、梁、板等有关规定计算。

④ 杯形基础的工程量:在计算杯形基础的体积时,经常要用到截头矩形角锥(见图 6-9)体积计算公式,即

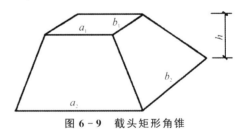

图 6-9　截头矩形角锥

$$V = \frac{h}{6}\left[a_1 b_1 + (a_1 + a_2)(b_1 + b_2) + a_2 b_2\right] \qquad (6-4)$$

式中:a_1、b_1 为截头矩形角锥顶面的长度和宽度;a_2、b_2 为截头矩形角锥底面的长度和宽度;h 为截头矩形角锥的高度。

例 6.8　某厂房钢筋混凝土杯形基础如图 6-10 所示,共 16 个,混凝土强度等级 C20,碎石 40 mm。试求混凝土的工程量并确定其定额项目。

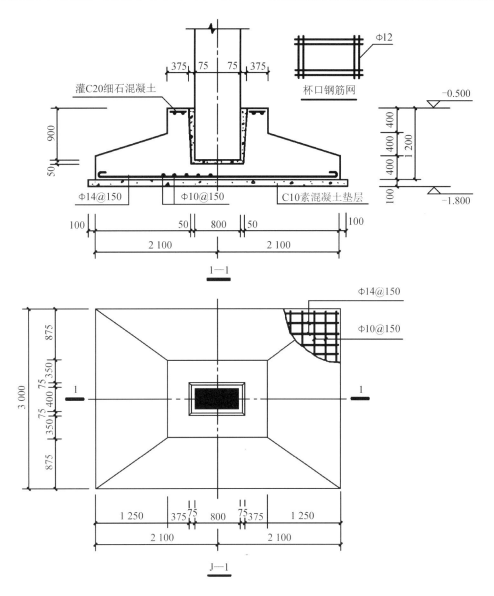

图 6 - 10 杯型基础

解 杯形基础的体积由杯口部分(V_1)、截头矩形角锥部分(V_2)和基底部分(V_3),并扣除杯芯部分(V_4)得到,计算如下:

$$V_1 = 1.70 \times 1.25 \times 0.40 = 0.850 \ \text{m}^3$$

$$V_2 = \frac{1}{6} \times 0.40 \times [1.70 \times 1.25 + (1.70 + 4.20) \times$$
$$(1.25 + 3.00) + 4.20 \times 3.00)] = 2.653 \ \text{m}^3$$

$$V_3 = 4.20 \times 3.00 \times 0.40 = 5.040 \ \text{m}^3$$

$$V_4 = \frac{1}{6} \times 0.95 \times [0.90 \times 0.50 + (0.90 + 0.95) \times$$
$$(0.50 + 0.55) + 0.95 \times 0.55] = 0.462 \ \text{m}^3$$

则杯形基础的工程量为

$$V=(0.850+2.653+5.040-0.462)\times 16=8.081\times 16=129.30\ m^3$$

定额项目为:A2-6 杯形基础 预拌混凝土 C20。

定额全费用为:4 547.81 元/(10 m³)。

3)柱的工程量按设计图示尺寸以体积计算。

① 有梁板的柱高应自柱基上表面(或楼板上表面)至上一层楼板上表面之间的高度计算。

② 无梁板的柱高应自柱基上表面(或楼板上表面)至柱帽下表面之间的高度计算。

③ 框架柱的柱高应自柱基上表面至柱顶面之间高度计算。

例 6.9 某单层现浇框架结构房屋的屋顶结构平面如图 6-11 所示。已知板顶标高为 4.50 m,柱基顶面标高为-0.60 m,设计室外地坪标高为-0.30 m,板厚为 100 mm,构件断面尺寸如表 6-12 所列。试计算框架柱的工程量并确定定额项目。

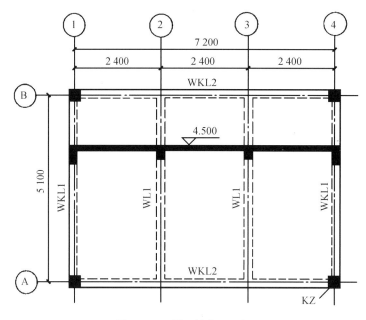

图 6-11 顶层结构平面图

表 6-12 构件断面尺寸表

构件名称	KZ	WKL1	WKL2	WL1
构件尺寸/(mm×mm)	400×400	250×550(宽×高)	300×600(宽×高)	250×500(宽×高)

解 矩形柱混凝土工程量为混凝土实体体积,计算如下:

$$V=0.40^2\times(4.50+0.60)\times 4=3.26\ m^3$$

定额项目为:A2-11 矩形柱 预拌混凝土 C20。

定额全费用为:5 402.37 元/(10 m³)。

④ 构造柱按全高计算,嵌接墙体部分(马牙槎)并入柱身体积。

构造柱工程量计算规则为:构造柱按全高计算,与砖墙嵌接部分的体积并入柱身体积内计算。构造柱示意图如图 6-12 所示。当墙厚为 240 mm 时,构造柱的工程量计算公式为

$$V = (0.24 \times 0.24 + 马牙槎宽度 \times 0.24 \times n) \times H \tag{6-5}$$

式中:n 为构造柱马牙槎边数;H 为构造柱高度。

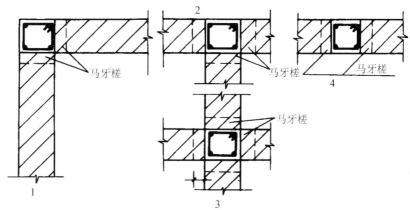

1—90°转角; 2—T形接头; 3—十字形接头; 4——一字形。

图 6-12　构造柱示意图

例 6.10　某建筑有 90°转角构造柱 4 根,柱高为 12 m,采用现场搅拌混凝土,马牙槎宽度为 60 mm。试计算该建筑混凝土构造柱的工程量并确定定额项目。

解　构造柱马牙槎边数 $n = 2$,计算如下:

$V = (0.24 \times 0.24 + 0.06 \times 0.24 \times 2) \times 12.00 \times 4 = 0.086 \times 12.00 \times 4 = 4.13 \ \text{m}^3$

定额项目为:A2-12　构造柱　预拌混凝土 C20。

定额全费用为:6 458.85 元/(10 m³)。

⑤ 依附柱上的牛腿并入柱身体积内计算。

⑥ 钢管混凝土柱以钢管高度按照钢管内径计算混凝土体积。

4) 墙的工程量按设计图示尺寸以体积计算,扣除门窗洞口及 0.3 m² 以外孔洞所占体积,墙垛及凸出部分并入墙体积内计算。直形墙中门窗洞口上的梁并入墙体积;短肢剪力墙结构砌体内门窗洞口上的梁并入梁体积。墙与柱连接时墙算至柱边;墙与梁连接时墙算至梁底;墙与板连接时墙算至板底;未凸出墙面的暗梁暗柱并入墙体积。

5) 梁的工程量按设计图示尺寸以体积计算,伸入砖墙内的梁头、梁垫并入梁体积内。

① 梁与柱连接时,梁长算至柱侧面。

② 主梁与次梁连接时,次梁长算至主梁侧面。

6) 板的工程量按设计图示尺寸以体积计算,不扣除单个面积 0.3 m² 以内的柱、垛及孔洞所占体积。

① 有梁板指梁(包括主、次梁)与板构成一体的板,其工程量按梁与板的体积总和计算,与柱头重合部分体积应扣除。

② 无梁板指不带梁直接用柱头支承的板,其体积按板与柱帽体积之和计算。

③ 平板指无柱、梁,直接用墙支承的板。

④ 各类板伸入砖墙内的板头并入板体积内计算,薄壳板的肋、基梁并入薄壳体积内计算。

⑤ 空心板按设计图示尺寸以体积(扣除空心部分)计算。

例 6.11 根据例 6.9 中所提供的资料,试计算有梁板的工程量并确定定额项目。

解 有梁板混凝土工程量为梁与板的体积之和,包括 WKL1(V_1)、WKL2(V_2)、WL1(V_3)、板(V_4),计算如下:

$$V_1 = 0.25 \times 0.55 \times (5.10 - 0.20 \times 2) \times 2 = 1.29 \text{ m}^3$$

$$V_2 = 0.30 \times 0.60 \times (7.20 - 0.20 \times 2) \times 2 = 2.45 \text{ m}^3$$

$$V_3 = 0.25 \times 0.50 \times (5.10 - 0.10 \times 2) \times 2 = 1.23 \text{ m}^3$$

$$V_4 = [(5.10 + 0.20 \times 2) \times (7.20 + 0.20 \times 2) - 0.40^2 \times 4 -$$

$$0.25 \times (5.10 - 0.20 \times 2) \times 2 - 0.30 \times (7.20 - 0.20 \times 2) \times 2 -$$

$$0.25 \times (5.10 - 0.10 \times 2) \times 2] \times 0.10$$

$$= [41.80 - 0.64 - 2.35 - 4.08 - 2.45] \times 0.10 = 32.28 \times 0.10 = 3.23 \text{ m}^3$$

$$V = V_1 + V_2 + V_3 + V_4 = 1.29 + 2.45 + 1.23 + 3.23 = 8.20 \text{ m}^3$$

定额项目为:A2 - 30 有梁板 预拌混凝土 C20。

定额全费用为:4 686.23 元/(10 m³)。

7) 栏板、扶手的工程量按设计图示尺寸以体积计算,伸入砖墙内的部分并入栏板、扶手体积计算。

8) 挑檐、天沟的工程量按设计图示尺寸以墙外部分体积计算。挑檐、天沟板与板(包括屋面板)连接时,以外墙外边线为分界线;挑檐、天沟板与梁(包括圈梁等)连接时,以梁外边线为分界线;外墙外边线以外为挑檐、天沟。

9) 凸阳台(凸出外墙外侧用悬挑梁悬挑的阳台)的工程量按阳台项目计算;凹进墙内的阳台的工程量按梁、板分别计算,阳台栏板、压顶的工程量分别按栏板、压顶项目计算。

10) 雨篷梁、板的工程量合并按雨篷以体积计算,栏板高度≤400 mm 时并入雨篷体积内计算;栏板高度>400 mm 时按栏板计算。

11) 楼梯(包括休息平台,平台梁、斜梁及楼梯的连接梁)的工程量按设计图示尺寸以水平投影面积计算,不扣除宽度小于 500 mm 楼梯井,伸入墙内部分不计算。当整体楼梯与现浇楼板无梯梁连接时,以楼梯的最后一个踏步边缘加 300 mm 计算。

例 6.12 某双跑楼梯如图 6 - 13 所示。楼梯平台梁宽 240 mm,楼梯板厚 120 mm,混凝土为 C20,墙体厚度均为 240 mm。试计算楼梯现浇混凝土工程量并确定定额项目。

解 整体楼梯包括楼梯间两端的休息平台、梯井斜梁、楼梯板及支承梯井斜梁的梯口梁和平台梁,按水平投影面积计算。梯井宽度为 60 mm,在 300 mm 以内,因此不扣除梯井面积。计算如下:

$$S = (3.00 - 0.24) \times (1.56 + 2.70 + 0.24) = 2.76 \times 4.50 = 12.42 \text{ m}^2$$

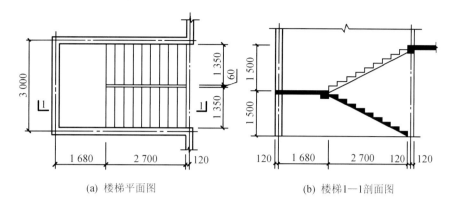

(a) 楼梯平面图   (b) 楼梯1—1剖面图

图6-13 某双跑楼梯示意图

定额项目为:A2-46 直形楼梯 预拌混凝土 C20。

定额全费用为:1 590.15 元/(10 m²)。

12) 散水、台阶的工程量按设计图示尺寸以水平投影面积计算。台阶与平台连接时,其投影面积应以最上层踏步外沿加 300 mm 计算。

13) 场馆看台、地沟、混凝土后浇带的工程量按设计图示尺寸以体积计算。

14) 二次灌浆、空心砖内灌注混凝土的工程量按照实际灌注混凝土体积计算。

15) 空心楼板筒芯、箱体安装的工程量均按体积计算。

例 6.13 某住宅预应力混凝土空心板选用标准图 03ZG401,YKB3652 共 816 块,YKB3653 共 220 块,YKB3662 共 428 块,YKB3663 共 154 块。施工现场采用轮胎式起重机进行吊装,板与板之间焊接。试计算预应力混凝土空心板的安装工程量并确定定额项目。

解 预应力空心板选用标准图 03ZG401:混凝土强度等级为 C30,板厚 120 mm。预应力空心板材料用量如表 6-13 所列。

表 6-13 预应力空心板材料用量表

序 号	板 型	数量/块	混凝土用量/(m³·块⁻¹)	预应力钢筋用量/(kg·块⁻¹)
1	YKB3652	816	0.131	5.575
2	YKB3653	220	0.131	7.247
3	YKB3662	428	0.156	6.690
4	YKB3663	154	0.156	8.362

空心板安装工程量为混凝土的实体体积,计算如下:

$$V = 0.131 \times (816 + 220) + 0.156 \times (428 + 154) = 226.508 = 226.51 \text{ m}^3 \quad (实体体积)$$

定额项目为:A2-172 空心板焊接。

定额全费用为:13 464.59 元/(10 m³)。

2. 预制混凝土构件安装

1) 预制混凝土构件安装、预制混凝土的工程量均按图示尺寸以体积计算,不扣除构件内钢筋、铁件内钢筋、铁件及小于 0.3 m² 以内孔洞所占体积。

2）预制混凝土矩形柱、工形柱、双肢柱、空格柱、管道支架等安装的工程量均按柱安装计算。

例 6.14 预制钢筋混凝土柱 40 根，混凝土强度等级 C20，如图 6 - 14 所示。施工现场采用履带式起重机安装，试计算其安装工程量并确定定额项目。

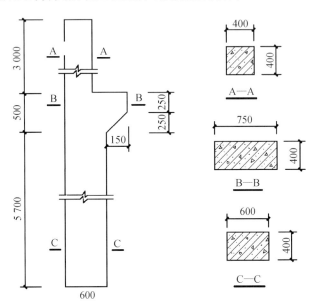

图 6 - 14 预制钢筋混凝土柱

解 预制钢筋混凝土柱安装工程量为混凝土的实体体积，计算如下：

$$V = [0.40 \times 3.00 + 0.60 \times (5.70 + 0.50) + (0.25 + 0.50) \times$$
$$(0.75 - 0.60)/2] \times 0.40 \times 40$$
$$= 4.976\ 25 \times 0.40 \times 40 = 1.990\ 5 \times 40 = 79.62\ \text{m}^3$$

定额项目为：A2 - 139。

定额全费用为：13 516.93 元/(10 m³)。

3）组合屋架安装的工程量以混凝土部分体积计算，钢杆件部分不计算。

4）预制板安装的工程量不扣除单个面积 ≤0.3 m² 的孔洞所占体积，扣除空心板空洞体积。

5）预制混凝土构件接头灌缝的工程量均按预制混凝土构件体积计算。

例 6.15 根据例 6.13 中所提供的资料，试计算预应力混凝土空心板的接头灌缝工程量并确定定额项目。

解 空心板接头灌缝工程量为混凝土的实体体积，即：

$$V = 226.51\ \text{m}^3$$

定额项目为：A2 - 193 空心板接头灌缝。

定额全费用为:2 271.10 元/(10 m³)。

6) 预制烟道、通风道安装的工程量区分不同的截面大小,按照图示高度以米计量。

7) 风帽安装的工程量,按设计图示数量以个计量。

3. 装配式混凝土结构工程

(1) 装配式混凝土构件安装

1) 构件安装的工程量按成品构件设计图示尺寸的实体积以立方米计量,依附于构件制作的各类保温层、饰面层的体积并入相应构件安装中计算,不扣除构件内钢筋、预埋铁件、配管、套管、线盒及单个面积≤0.3 m² 的孔洞、线箱等所占体积,构件外露钢筋体积亦不再增加。

2) 套筒注浆的工程量按设计数量以个计量。

3) 预制墙体底部密封灌浆的工程量按预制墙体灌浆长度以延长米计量。

4) 外墙嵌缝、打胶的工程量按构件外墙接缝的设计图示尺寸的长度以米计量。

(2) 装配式后浇混凝土浇捣

1) 后浇混凝土浇捣的工程量按设计图示尺寸以实体积计算,不扣除混凝土内钢筋、预埋铁件及单个面积≤0.3 m² 的孔洞等所占体积。

2) 后浇混凝土钢筋的工程量按设计图示钢筋的长度(钢筋中心线)乘以钢筋单位理论质量计算,其中:

① 钢筋搭接(接头)的数量应按设计图示及规范要求计算;设计图示及规范要求未标明的,φ10 以内的长钢筋按每 12 m 计算一个钢筋搭接(接头);φ10 以上的长钢筋按每 9 m 计算一个钢筋搭接(接头)。

② 钢筋搭接长度应按设计图示及规范要求计算。如设计要求钢筋接头采用机械连接、电渣压力焊及气压焊时,按数量计算,不再计算该处的钢筋搭接长度。

③ 钢筋的工程量应包括双层及多层钢筋的“铁马”数量,不包括预制构件外露钢筋的数量。

(二) 钢　筋

1. 定额说明

1) 现浇、预制构件钢筋按设计图示钢筋长度(钢筋中心线)乘以单位理论质量计算。

2) 钢筋搭接长度应按设计图示及规范要求计算;若设计图示及规范要求未标明搭接长度的,不另行计算搭接长度。

3) 钢筋的搭接(接头)数量应按设计图示及规范要求计算;若设计图示及规范要求未标明的,按以下规定计算:

① φ10 以内的长钢筋按每 12 m 计算一个钢筋搭接(接头)。

② φ10 以上的长钢筋按每 9 m 计算一个搭接(接头)。

4) 各类钢筋机械连接接头不分钢筋规格,按设计要求或施工规范规定以个计量,且不再计算该处的钢筋搭接长度。

2. 钢筋工程量计算

钢筋工程量计算的过程可概括为从结构平面图的钢筋标注出发,根据结构特点和钢筋所在部位计算钢筋的长度和根数,最后得到钢筋的重量。钢筋工程量计算的前提是正确认识和理解平法施工图,掌握平法的规则和节点构造,这也是施工人员和监理人员所必须具备的技能。在钢筋工程量计算时,需要了解的基本知识主要包括以下几方面。

（1）钢筋符号

《混凝土结构耐久性设计规范》(GB/T 50476—2019)及 22G101 图集中将钢筋种类分为 HPB300、HRB400、HRBF400、RRB400、HRB500、HRBF500 等钢筋级别。在结构施工图中,为了区别钢筋的级别,每一个等级用一个符号来表示,如 HPB300 用φ表示(旧称"一级钢"),HRB400 用Φ表示(旧称"三级钢"),HRB500 用Φ表示(旧称"四级钢")。

（2）钢筋标注

在结构施工图中,构件的钢筋标注要遵循一定的标准:

① 纵筋需标注钢筋的根数、直径和等级,如 5Φ25,其中,5 表示钢筋的根数,25 表示钢筋的直径,Φ表示钢筋等级为 HRB400 钢筋。

② 箍筋需标注钢筋的等级、直径和相邻钢筋中心距,如φ10@100,其中,10 表示钢筋直径,@为中心距符号,100 表示相邻钢筋的中心距离,φ表示钢筋等级为 HPB300 钢筋。

（3）钢筋的混凝土保护层最小厚度

为了保护钢筋在混凝土内部不被侵蚀,并保证钢筋与混凝土之间的黏结力,钢筋混凝土构件都必须设置保护层,最外层钢筋外边缘到混凝土表面的距离被称为混凝土保护层。影响保护层厚度的 4 大因素为环境类别、构件类型、混凝土强度等级和结构设计年限。环境类别的确定如表 6-14 所列,不同环境类别混凝土保护层的最小厚度取值如表 6-15 所列。

表 6-14 混凝土结构的环境类别

环境类别	定 义
一类	室内干燥环境; 无侵蚀性静水浸没环境
二类 a	室内潮湿环境; 非严寒和非寒冷地区的露天环境; 非严寒和非寒冷地区与无侵蚀性的水或土壤直接接触的环境; 严寒和寒冷地区的冰冻线以下与无侵蚀性的水或土壤直接接触的环境
二类 b	干湿交替环境; 水位频繁变动环境; 严寒和寒冷地区的露天环境; 严寒和寒冷地区的冰冻线以上与无侵蚀性的水或土壤直接接触的环境
三类 a	严寒和寒冷地区冬季水位变动区环境; 受除冰盐影响环境; 海风环境
三类 b	盐渍土环境; 受除冰盐直接作用的环境; 海岸环境
四类	海水环境
五类	受人为或自然的侵蚀性物质影响的环境

表 6 – 15　混凝土保护层的最小厚度

环境类别	板、墙/mm	梁、柱/mm
一类	15	20
二类 a	20	25
二类 b	25	35
三类 a	30	40
三类 b	40	50

注:1. 表中混凝土保护层厚度指最外层钢筋外侧钢筋外边缘至混凝土表面的距离,适用于设计工作年限为 50 年的混凝土结构。

2. 构件中受力钢筋的保护层厚度不应小于钢筋的公称直径。

3. 一类环境中,设计工作年限为 100 年的结构最外层钢筋的保护层厚度不应小于表中数值的 1.4 倍;二、三类环境中,设计工作年限为 100 年的结构应采取专门的有效措施;四类和五类环境类别的混凝土结构,其耐久性要求应符合国家现行有关标准的规定。

4. 混凝土强度等级为 C25 时,表中保护层厚度数值应增加 5 mm。

5. 基础底面钢筋的保护层厚度,有混凝土垫层时应从垫层顶面算起,且不应小于 40 mm。

（4）钢筋弯钩增加长度

钢筋弯钩增加长度应根据钢筋类型和钢筋弯钩的形状来确定。其中,光圆钢筋弯钩长度的确定如表 6 – 16 所列。

表 6 – 16　光圆钢筋弯钩长度

弯钩名称	弯钩形式	弯钩增加长度
180°弯钩		6.25d
135°弯钩		4.90d
90°弯钩		3.50d

（5）钢筋锚固长度

为了使钢筋和混凝土共同受力,使钢筋不被从混凝土中拔出来,需要把钢筋伸入支座处,其伸入支座的长度除了满足设计要求外,还要不小于钢筋的基本锚固长度,在 22G101—1 中对受拉钢筋抗震锚固长度规定如表 6 – 17 所列。

（6）钢筋搭接长度

钢筋的搭接长度是钢筋计算中的一个重要参数,22G101—1 图集对纵向受拉钢筋抗震搭接长度规定如表 6 – 18 所列。

表6-17 受拉钢筋抗震锚固长度 l_{aE}

钢筋种类及抗震等级		混凝土强度等级															
		C25		C30		C35		C40		C45		C50		C55		≥C60	
		$d\leqslant25$	$d>25$	$d\leqslant25$	$d>25$	$d\leqslant25$	$d>25$	$d\leqslant25$	$d>25$	$d\leqslant25$	$d>25$	$d\leqslant25$	$d>25$	$d\leqslant25$	$d>25$	$d\leqslant25$	$d>25$
HPB300	一、二级	$39d$	—	$35d$	—	$32d$	—	$29d$	—	$28d$	—	$26d$	—	$25d$	—	$24d$	—
HPB300	三级	$36d$	—	$32d$	—	$29d$	—	$26d$	—	$25d$	—	$24d$	—	$23d$	—	$22d$	—
HRB400 HRBF400 RRB400	一、二级	$46d$	$51d$	$40d$	$45d$	$37d$	$40d$	$33d$	$37d$	$32d$	$36d$	$31d$	$35d$	$30d$	$33d$	$29d$	$32d$
HRB400 HRBF400 RRB400	三级	$42d$	$46d$	$37d$	$41d$	$34d$	$37d$	$30d$	$34d$	$29d$	$33d$	$28d$	$32d$	$27d$	$30d$	$26d$	$29d$
HRB500 HRBF500	一、二级	$55d$	$61d$	$49d$	$54d$	$45d$	$49d$	$41d$	$46d$	$39d$	$43d$	$37d$	$40d$	$36d$	$39d$	$35d$	$38d$
HRB500 HRBF500	三级	$50d$	$56d$	$45d$	$49d$	$41d$	$45d$	$38d$	$42d$	$36d$	$39d$	$34d$	$37d$	$33d$	$36d$	$32d$	$35d$

注：1. 当为环氧树脂涂层带肋钢筋时，表中数据应乘以1.25。

2. 当纵向受拉钢筋在施工过程中易受扰动时，表中数据应乘以1.1。

3. 当锚固长度范围内纵向受力钢筋周边保护层厚度为$3d$（d为锚固钢筋的直径）时，表中数据可乘以0.8；保护层厚度不小于$5d$时，表中数据可乘以0.7；中间时按内插取值。

4. 当纵向受拉普通钢筋锚固长度修正系数（注1~注3）多于一项时，可按连乘计算。

5. 受拉钢筋的锚固长度 l_a、l_{aE} 计算值不应小于200 mm。

6. 四级抗震时 $l_{aE}=l_a$。

7. 当锚固钢筋的保护层厚度不大于$5d$时，锚固长度范围内应设置横向构造钢筋，其直径不应小于$d/4$（d为锚固钢筋的最大直径）；对梁、柱等构件间距不应大于$5d$，对板、墙等构件间距不应大于$10d$，且均不应大于100 mm（d为锚固钢筋的最小直径）。

8. HPB300钢筋末端应做180°弯钩。

9. 混凝土强度等级应取锚固区的混凝土强度等级。

表6-18　纵向受拉钢筋抗震搭接长度 l_{lE}

钢筋种类及同一区段内搭接钢筋面积百分率		混凝土强度等级														
		C25		C30		C35		C40		C45		C50		C55		≥C60	
		d≤25	d>25	d≤25	d>25	d≤25	d>25	d≤25	d>25	d≤25	d>25	d≤25	d>25	d≤25	d>25	d≤25	d>25
一、二级抗震等级 HPB300	≤25%	47d	—	42d	—	38d	—	35d	—	34d	—	31d	—	30d	—	29d	—
	50%	55d	—	49d	—	45d	—	41d	—	39d	—	36d	—	35d	—	34d	—
一、二级抗震等级 HRB400 HRBF400	≤25%	55d	—	48d	54d	44d	48d	40d	44d	38d	43d	37d	42d	36d	40d	35d	38d
	50%	64d	—	56d	63d	52d	56d	46d	52d	45d	50d	43d	49d	42d	46d	41d	45d
一、二级抗震等级 HRB500 HRBF500	≤25%	66d	—	59d	65d	54d	59d	49d	55d	47d	52d	44d	48d	43d	47d	42d	46d
	50%	77d	—	69d	76d	63d	69d	57d	64d	55d	60d	52d	56d	50d	55d	49d	53d
三级抗震等级 HPB300	≤25%	43d	—	38d	—	35d	—	31d	—	30d	—	29d	—	28d	—	26d	—
	50%	50d	—	45d	—	41d	—	36d	—	35d	—	34d	—	32d	—	31d	—
三级抗震等级 HRB400 HRBF400	≤25%	50d	55d	44d	49d	41d	44d	36d	41d	35d	40d	34d	38d	32d	36d	31d	35d
	50%	59d	64d	52d	57d	48d	52d	42d	48d	41d	46d	39d	45d	38d	42d	36d	41d
三级抗震等级 HRB500 HRBF500	≤25%	60d	67d	54d	59d	49d	54d	46d	50d	43d	47d	41d	44d	40d	43d	38d	42d
	50%	70d	78d	63d	69d	57d	63d	53d	59d	50d	55d	48d	52d	46d	50d	45d	49d

注：1. 表中数值为纵向受拉钢筋绑扎搭接接头的搭接长度。

2. 两根不同直径钢筋搭接时，表中 d 取钢筋较小直径。

3. 当为环氧树脂涂层带肋钢筋时，表中数据应乘以1.25。

4. 当纵向受拉钢筋在施工过程中易受扰动时，表中数据应乘以1.1。

5. 当锚固长度范围内纵向受力钢筋周边保护层厚度为3d（d为锚固钢筋的直径）时，表中数据可乘以0.8；保护层厚度不小于5d时，表中数据可乘以0.7；中间时按内插取值。

6. 当上述修正系数（注3～注5）多于一项时，可按连乘计算。

7. 当位于同一连接区段内的钢筋搭接接头面积百分率为100%时，$l_{lE}=1.6l_{aE}$。

8. 当位于同一连接区段内的钢筋搭接接头面积百分率为表中数据中间值时，搭接长度可按内插取值。

9. 任何情况下，搭接长度不应小于300 mm。

10. 四级抗震等级时，$l_{lE}=l_l$。

11. HPB300钢筋末端应做180°弯钩。

（7）钢筋质量的计算

钢筋的单位质量如表 6 - 19 所列。

表 6 - 19　钢筋的截面面积及理论质量表

公称直径 /mm	截面面积 /mm²	理论质量 /(kg·m⁻¹)	公称直径 /mm	截面面积 /mm²	理论质量 /(kg·m⁻¹)	公称直径 /mm	截面面积 /mm²	理论质量 /(kg·m⁻¹)
3	7.07	0.055	9	63.62	0.499	30	706.86	5.549
4	12.57	0.099	10	78.54	0.617	32	804.25	6.313
5	19.63	0.154	12	113.10	0.888	34	907.92	7.127
5.5	23.76	0.187	14	153.94	1.208	36	1017.88	7.990
6	28.27	0.222	16	201.06	1.578	38	1134.11	8.903
6.5	33.18	0.260	18	254.47	1.998	40	1256.64	9.865
7	38.48	0.302	20	314.16	2.466	42	1385.44	10.876
7.5	44.18	0.347	22	380.13	2.984	45	1590.43	12.485
8	50.27	0.395	25	490.87	3.853	48	1809.56	14.205
8.2	52.81	0.415	28	615.75	4.834	50	1963.50	15.413

钢筋工程量计算步骤如下：

① 将不同规格的钢筋长度汇总，求出不同规格钢筋的总长度。

② 将不同规格钢筋的总长度分别乘以相应的单位质量，求出各种规格钢筋的质量。

③ 将不同规格钢筋的质量分别乘以相应的损耗率，求出各种规格钢筋的工程量。其中，现浇构件钢筋的损耗率已包括在定额含量内，不再另行计算；预制构件钢筋的损耗率为 1.5%。

例 6.16　某框架结构房屋，抗震等级为三级，其框架梁的配筋如图 6 - 15 所示。一级抗震，混凝土强度等级 C30 的楼层框架梁，设计保护层厚度为 25 mm，钢筋定尺长度为 9 000 mm，绑扎搭接。求上部通长筋、下部钢筋、端支座负筋、箍筋及侧面构造钢筋的工程量。

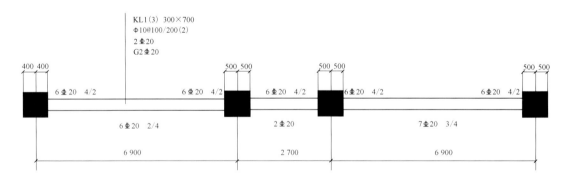

图 6 - 15　楼层框架梁示意图

解　图 6 - 15 是梁配筋的平法表示，其含义是：

集中标注"KL1(3)　300×700"表示 KL1 为 3 跨，截面宽度为 300 mm，截面高度为 700 mm；"φ10@100/200(2)"表示箍筋直径为 φ10，加密区间距为 100 mm，非加密区间距为

200 mm,采用两肢箍。"2 Φ 20"表示梁的上部通长筋为 2 根 HRB400 级钢筋,钢筋直径为 20 mm;"G2 Φ 20"表示梁的侧面构造钢筋为 2 根 HRB400 级钢筋,钢筋直径为 20 mm。

原位标注第一跨左端支座"6 Φ 20 4/2"表示梁的第一跨左端支座处共有 6 根 HRB400 级钢筋,钢筋直径为 20 mm,其中,梁的上部通长筋有 2 根、支座负筋第一排 2 根、支座负筋第二排 2 根;第一跨下部"6 Φ 20 2/4"表示梁的第一跨下部钢筋为 6 根 HRB400 级钢筋,钢筋直径为 20 mm,其中第一排 2 根、第二排 4 根;第二跨下部"2 Φ 20"表示梁的第二跨下部钢筋为 2 根 HRB400 级钢筋,钢筋直径为 20 mm;第三跨下部"7 Φ 20 3/4"表示梁的第三跨下部钢筋为 7 根 HRB400 级钢筋,钢筋直径为 20 mm,其中第一排 3 根、第二排 4 根。

1)上部通长筋 2 Φ 20 的计算。

上部通长筋在支座处的锚固分为直锚和弯锚两种形式,当直锚长度 $\geqslant l_{aE}$ 且 $\geqslant 0.5h_c + 5d$ 时,可进行直锚而不需弯锚。其中,h_c 为柱截面长边尺寸。端支座直锚构造如图 6-16 所示,弯锚如图 6-17 所示。

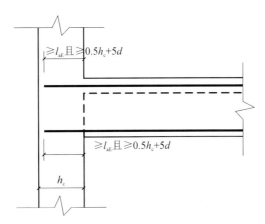

图 6-16 端支座直锚构造

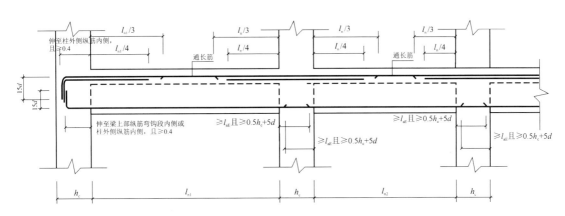

注:1. 跨度值 l_n 为左跨 l_{ni} 和右跨 l_{ni+1} 之较大值,其中 $i=1,2,3,\cdots\cdots$;

2. h_c 为柱截面沿框架方向的高度。

图 6-17 楼层框架梁 KL 纵向钢筋(弯锚)构造

第一步 计算锚固长度 l_{aE},查表 6-17(22G101—1 图集 59 页表)。

$$l_{aE} = 40d = 40 \times 20 = 800 \text{ mm}$$

第二步 判断在端支座的锚固形式。

➤ 左支座：$800-25=775$ mm<800 mm，故为弯锚。

➤ 右支座：$1\,000-25=975$ mm>800 mm，故为直锚。

第三步 计算端支座锚固长度。

左支座弯锚长度 $=h_c-$ 保护层厚度 $+15d=800-25+15\times20=1\,075$ mm

右支座直锚长度 $=\max(0.5h_c+5d,l_{aE})=\max(600,800)=800$ mm

第四步 计算上部通长筋长度。

上部通长筋长度 $=$ 左支座弯锚长 $+$ 第一跨净长 $+$ 支座宽 $+$ 第二跨净长 $+$

支座宽 $+$ 跨净长 $+$ 右支座直锚长

$=1\,075+(6\,900-900)+1\,000+(2\,700-1\,000)+10\,000+$

$(6\,900-1\,000)+800=17\,475$ mm

第五步 计算搭接长度及个数。

个数 $=17\,475/9\,000$（向上取整）$-1=1$ 个

搭接长度 $=56d=56\times20=1\,120$ mm， 查表 6-18(22G101—1 图集 62 页表)

第六步 计算单根上部通长筋长度。

单根上部通长筋总长 $=17\,475+1\,120=18\,595$ mm

2）下部钢筋的计算。

第一步 计算锚固长度 l_{aE}，查表 6-17(22G101—1 图集 59 页表)。

$$l_{aE}=40d=40\times20=800 \text{ mm}$$

第二步 判断在端支座的锚固形式。

➤ 左支座：$800-25=775$ mm<800 mm，故为弯锚。

➤ 右支座：$1\,000-25=975$ mm>800 mm，故为直锚。

第三步 计算端支座锚固长度。

左支座弯锚长度 $=h_c-$ 保护层厚度 $+15d=800-25+15\times20=1\,075$ mm

右支座直锚长度 $=\max(0.5h_c+5d,l_{aE})=\max(600,800)=800$ mm

第四步 计算下部钢筋长度。

第一跨下部钢筋单根长度 $=$ 左支座弯锚长 $+$ 第一跨净长 $+\max(0.5h_c+5d,l_{aE})$

$=1\,075+(6\,900-900)+800=7\,875$ mm

第二跨下部钢筋单根长度 $=\max(0.5h_c+5d,l_{aE})+$ 第二跨净长 $+\max(0.5h_c+5d,l_{aE})$

$=800+(2\,700-1\,000)+800=3\,300$ mm

第三跨下部钢筋单根长度 $=\max(0.5h_c+5d,l_{aE})+$ 第三跨净长 $+$ 右支座直锚长

$=800+(6\,900-1\,000)+800=7\,500$ mm

3）端支座负筋的计算。

① 左端支座负筋的计算。

第一步 计算锚固长度 l_{aE}，查表 6-17(22G101—1 图集 59 页表)。

$$l_{aE}=40d=40\times20=800 \text{ mm}$$

第二步 判断在端支座的锚固形式。

左支座：$800-25=775$ mm<800 mm，故为弯锚，则

左支座弯锚长度 $=h_c-$ 保护层厚度 $+15d=800-25+15\times20=1\,075$ mm

第三步　计算左端支座第一排支座负筋长度。

$$左端支座第一排支座负筋长度 = 左支座弯锚长度 + (6\,900 - 900)/3$$
$$= 1\,075 + 2\,000 = 3\,075\ mm$$

第四步　计算左端支座第二排支座负筋长度。

$$左端支座第二排支座负筋长度 = 左支座弯锚长度 + (6\,900 - 900)/4$$
$$= 1\,075 + 2\,000 = 2\,575\ mm$$

② 右端支座负筋的计算。

第一步　计算锚固长度 l_{aE}，查表 6-17(22G101—1 图集 59 页表)。

$$l_{aE} = 40d = 40 \times 20 = 800\ mm$$

第二步　判断在端支座的锚固形式。

右支座：$1\,000 - 25 = 975\ mm > 800\ mm$，故为直锚，则

$$右支座直锚长度 = \max(0.5h_c + 5d, l_{aE}) = \max(600, 800) = 800\ mm$$

第三步　计算右端支座第一排支座负筋长度。

$$右端支座第一排支座负筋长度 = 右支座直锚长度 + (6\,900 - 1\,000)/3$$
$$= 800 + 1\,966.67 = 2\,766.67\ mm$$

第四步　计算右端支座第二排支座负筋长度。

$$右端支座第二排支座负筋长度 = 右支座直锚长度 + (6\,900 - 1\,000)/4$$
$$= 800 + 1\,475 = 2\,275\ mm$$

4）箍筋的计算。

箍筋加密区长度规定，当抗震等级为一级时，加密区长度 $\geqslant 2.0h_b$，且 $\geqslant 500\ mm$；当抗震等级为二～四级时，加密区长度 $\geqslant 1.5h_b$，且 $\geqslant 500\ mm$。如图 6-18 所示。

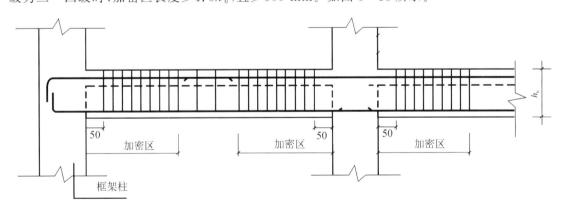

图 6-18　框架梁(KL、WKL)箍筋加密区范围

第一步　计算加密区长度(22G101—1 图集 95 页)。

$$加密区长度 = \max(2h_b, 500) = \max(2h_b, 500) = 1\,400\ mm$$

第二步　计算箍筋长度。

$$箍筋长度 = (300 \times 700) \times 2 - 8 \times 25 + 1.9 \times 10 + \max(75, 10 \times 10) \times 2 = 2\,038\ mm$$

第三步　计算箍筋根数。

$$第一跨加密区根数 = [(加密区长度 - 50)/100 + 1] \times 2$$
$$= [(1\,400 - 50)/100 + 1] \times 2 = 30\ 根$$

第一跨非加密区根数＝非加密区长度/200－1

$$= (6\,900 - 900 - 1\,400 \times 2)/200 - 1 = 15 \text{ 根}$$

第二跨净长＝2 700－1 000＝1 700 mm＜2 800 mm(1 400×2)，故第二跨全跨加密。

第二跨箍筋根数＝(净长－100)/100＋1＝(1 700－100)/100＋1＝17 根

第三跨加密区根数＝[(加密区长度－50)/100＋1]×2

$$= [(1\,400 - 50)/100 + 1] \times 2 = 30 \text{ 根}$$

第三跨非加密区根数＝非加密区长度/200－1

$$= (6\,900 - 1\,000 - 1\,400 \times 2)/200 - 1 = 15 \text{ 根}$$

5) 侧面构造钢筋的计算。

按照构造要求，当梁腹板高度 $h_w \geqslant 450$ mm 时，在梁的两侧应沿高度配置纵向构造钢筋(见图 6-19)，其间距 $a \leqslant 200$ mm；当梁宽≤350 mm 时，拉筋直径为 6 mm；当梁宽＞350 mm 时，拉筋直径为 8 mm。拉筋间距为非加密区箍筋间距的两倍，当设有多排拉筋时，上下排拉筋竖向错开设置；梁侧面构造纵筋的搭接与锚固长度可取 15d。

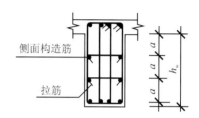

图 6-19 梁侧面纵向
构造筋和拉筋

第一步 计算构造钢筋长度。

构造钢筋长度＝左端锚固长度＋第一跨净长＋支座宽＋第二跨净长＋支座宽＋跨净长＋右端锚固长度

$$= 15 \times 14 + (6\,900 - 900) + 1\,000 + (2\,700 - 1\,000) + 1\,000 +$$
$$(6\,900 - 900) + 15 \times 14 = 16\,020 \text{ mm}$$

第二步 计算搭接个数。

搭接个数＝16 020/9 000(向上取整)－1＝1 个

第三步 计算单根构造钢筋长度。

单根构造钢筋总长＝16 020＋300＝16 320 mm

6) 钢筋工程量。

① 20 钢筋。

$$L = 18.595 \times 2 + 7.875 \times 6 + 3.3 \times 2 + 7.5 \times 7 + 3.075 \times 2 + 2.575 \times 2 +$$
$$2.766 \times 2 + 2.272 \times 2 + 16.32 \times 2 = 197.566 \text{ m}$$
$$W = 2.466 \times 197.566 = 487.17 \text{ kg} = 0.487 \text{ t}$$

定额项目为：A2-70 现浇构件带肋钢筋 带肋钢筋 HRB400 直径 25 以内。

定额全费用为：4 840.42 元/t。

说明：定额工作中已包含钢筋制作、绑扎、安装等。

② 10 钢筋。

$$W = 0.617 \times 2.038 \times (30 \times 2 + 15 + 17 + 30 \times 2 + 15)$$
$$= 0.617 \times 340.346 = 209.993 \text{ kg} = 0.210 \text{ t}$$

定额项目为：A2-77 箍筋及其他 圆钢 HPB300 直径 10 以内。

定额全费用为：7 456.07 元/t。

二、清单工程量计算规则

混凝土及钢筋混凝土工程的清单工程量计算规则如表6-20～表6-26所列。

表6-20　现浇混凝土基础(编码:010501)

项目编码	项目名称	项目特征	计量单位	工程量计算规则	工作内容
010501001	垫层	1. 混凝土种类; 2. 混凝土强度等级	m³	按设计图示尺寸以体积计算,不扣除伸入承台基础的桩头所占体积	1. 模板及支撑制作、安装、拆除、堆放、运输及清理模内杂物、刷隔离剂等; 2. 混凝土制作、运输、浇筑、振捣、养护
010501002	带形基础				
010501003	独立基础				
010501004	满堂基础				
010501005	桩承台基础				
010501006	设备基础	1. 混凝土种类; 2. 混凝土强度等级; 3. 灌浆材料及其强度等级			

注:1. 有肋带形基础、无肋带形基础应按本表中相关项目列项,并注明肋高。
    2. 箱式满堂基础中柱、梁、墙、板按相关项目分别编码列项;箱式满堂基础底板按本表的满堂基础项目列项。
    3. 框架式设备基础中柱、梁、墙、板按相关项目编码列项;基础部分按本表相关项目编码列项。
    4. 如为毛石混凝土基础,项目特征应描述毛石所占比例。

表6-21　现浇混凝土柱(编码:010502)

项目编码	项目名称	项目特征	计量单位	工程量计算规则	工作内容
010502001	矩形柱	1. 混凝土种类; 2. 混凝土强度等级	m³	按设计图示尺寸以体积计算。 柱高: 1. 有梁板的柱高,应自柱基上表面(或楼板上表面)至上一层楼板上表面之间的高度计算; 2. 无梁板的柱高,应自柱基上表面(或楼板上表面)至柱帽下表面之间的高度计算; 3. 框架柱的柱高,应自柱基上表面至柱顶高度计算; 4. 构造柱按全高计算,嵌接墙体部分(马牙槎)并入柱身体积; 5. 依附于柱上的牛腿和升板的柱帽并入柱身体积计算	1. 模板及支架(撑)制作、安装、拆除、堆放、运输及清理模内杂物、刷隔离剂等; 2. 混凝土制作、运输、浇筑、振捣、养护
010502002	构造柱				
010502003	异形柱	1. 柱形状; 2. 混凝土种类; 3. 混凝土强度等级			

注:混凝土种类是指清水混凝土、彩色混凝土等,如在同一地区既使用预拌(商品)混凝土,又允许现场搅拌混凝土时,也应注明。

表 6－22　现浇混凝土梁(编码:010503)

项目编码	项目名称	项目特征	计量单位	工程量计算规则	工作内容
010503001	基础梁	1. 混凝土种类; 2. 混凝土强度等级	m^3	按设计图示尺寸以体积计算,伸入墙内的梁头、梁垫并入梁体积内。 梁长: 1. 梁与柱连接时,梁长算至柱侧面; 2. 主梁与次梁连接时,次梁长算至主梁侧面	1. 模板及支架(撑)制作、安装、拆除、堆放、运输及清理模内杂物、刷隔离剂等; 2. 混凝土制作、运输、浇筑、振捣、养护
010503002	矩形梁				
010503003	异形梁				
010503004	圈梁				
010503005	过梁				
010503006	弧形、拱形梁				

表 6－23　现浇混凝土墙(编码:010504)

项目编码	项目名称	项目特征	计量单位	工程量计算规则	工作内容
010504001	直形墙	1. 混凝土种类; 2. 混凝土强度等级	m^3	按设计图示尺寸以体积计算,扣除门窗洞口及单个面积>0.3 m^2 的孔洞所占体积,墙垛及突出墙面部分并入墙体体积内计算	1. 模板及支架(撑)制作、安装、拆除、堆放、运输及清理模内杂物、刷隔离剂等; 2. 混凝土制作、运输、浇筑、振捣、养护
010504002	弧形墙				
010504003	短肢剪力墙				
010504004	挡土墙				

注:短肢剪力墙是指截面厚度不大于300 mm、各肢截面高度与厚度之比的最大值大于4但不大于8的剪力墙;各肢截面高度与厚度之比的最大值不大于4的剪力墙按柱项目编码列项。

表 6－24　现浇混凝土板(编码:010505)

项目编码	项目名称	项目特征	计量单位	工程量计算规则	工作内容
010505001	有梁板	1. 混凝土种类; 2. 混凝土强度等级	m^3	按设计图示尺寸以体积计算,不扣除单个面积≤0.3 m^2 的柱、垛以及孔洞所占体积。 压型钢板混凝土楼板扣除构件内压型钢板所占体积。 有梁板(包括主、次梁与板)按梁、板体积之和计算,无梁板按板和柱帽体积之和计算,各类板伸入墙内的板头并入板体积内,薄壳板的肋、基梁并入薄壳体积内计算	1. 模板及支架(撑)制作、安装、拆除、堆放、运输及清理模内杂物、刷隔离剂等; 2. 混凝土制作、运输、浇筑、振捣、养护
010505002	无梁板				
010505003	平板				
010505004	拱板				
010505005	薄壳板				
010505006	栏板				
010505007	天沟(檐沟)、挑檐板			按设计图示尺寸以体积计算	

续表 6－24

项目编码	项目名称	项目特征	计量单位	工程量计算规则	工作内容
010505008	雨篷、悬挑板、阳台板	1. 混凝土种类；2. 混凝土强度等级	m³	按设计图示尺寸以墙外部分体积计算，包括伸出墙外的牛腿和雨篷反挑檐的体积	1. 模板及支架（撑）制作、安装、拆除、堆放、运输及清理模内杂物、刷隔离剂等；2. 混凝土制作、运输、浇筑、振捣、养护
010505009	空心板			按设计图示尺寸以体积计算。空心板（GBF高强薄壁蜂巢芯板等）应扣除空心部分体积	
010505010	其他板			按设计图示尺寸以体积计算	

注：现浇挑檐、天沟板、雨篷、阳台与板（包括屋面板、楼板）连接时，以外墙外边线为分界线；与圈梁（包括其他梁）连接时，以梁外边线为分界线。外边线以外为挑檐、天沟、雨篷或阳台。

表 6－25　现浇混凝土楼梯（编码：010506）

项目编码	项目名称	项目特征	计量单位	工程量计算规则	工作内容
010506001	直形楼梯	1. 混凝土种类；2. 混凝土强度等级	1. m²；2. m³	1. 以平方米计量，按设计图示尺寸以水平投影面积计算，不扣除宽度≤500 mm的楼梯井，伸入墙内部分不计算；2. 以立方米计量，按设计图示尺寸以体积计算	1. 模板及支架（撑）制作、安装、拆除、堆放、运输及清理模内杂物、刷隔离剂等；2. 混凝土制作、运输、浇筑、振捣、养护
010506002	弧形楼梯				

注：整体楼梯（包括直形楼梯、弧形楼梯）水平投影面积包括休息平台、平台梁、斜梁和楼梯的连接梁。当整体楼梯与现浇楼板无梯梁连接时，以最后一个踏步外缘加300 mm为界。

表 6－26　钢筋工程（编码：010515）

项目编码	项目名称	项目特征	计量单位	工程量计算规则	工作内容
010515001	现浇构件钢筋	钢筋种类、规格	t	按设计图示钢筋（网）长度（面积）乘单位理论质量计算	1. 钢筋制作、运输；2. 钢筋安装；3. 焊接（绑扎）
010515002	预制构件钢筋				
010515003	钢筋网片				1. 钢筋网制作、运输；2. 钢筋网安装；3. 焊接（绑扎）
010515004	钢筋笼				1. 钢筋笼制作、运输；2. 钢筋笼安装；3. 焊接（绑扎）
010515005	先张法预应力钢筋	1. 钢筋种类、规格；2. 锚具种类	t	按设计图示钢筋长度乘单位理论质量计算	1. 钢筋制作、运输；2. 钢筋张拉

项目编码	项目名称	项目特征	计量单位	工程量计算规则	工作内容
010515006	后张法预应力钢筋			按设计图示钢筋(丝束、绞线)长度乘单位理论质量计算。 1. 低合金钢筋两端均采用螺杆锚具时,钢筋长度按孔道长度减0.35 m计算,螺杆另行计算。 2. 低合金钢筋一端采用镦头插片、另一端采用螺杆锚具时,钢筋长度按孔道长度计算,螺杆另行计算。 3. 低合金钢筋一端采用镦头插片、另一端采用帮条锚具时,钢筋增加0.15 m计算;两端均采用帮条锚具时,钢筋长度按孔道长度增加0.3 m计算。 4. 低合金钢筋采用后张混凝土自锚时,钢筋长度按孔道长度增加0.35 m计算。 5. 低合金钢筋(钢绞线)采用JM、XM、QM型锚具,孔道长度≤20 m时,钢筋长度增加1 m计算;孔道长度>20 m时,钢筋长度增加1.8 m计算。 6. 碳素钢丝采用锥形锚具,孔道长度≤20 m时,钢丝束长度按孔道长度增加1 m计算;孔道长度>20 m时,钢丝束长度按孔道长度增加1.8 m计算。 7. 碳素钢丝束采用镦头锚具时,钢丝束长度按孔道长度增加0.35 m计算	1. 钢筋、钢丝束、钢绞线制作、运输; 2. 钢筋、钢丝束、钢绞线安装; 3. 预埋管孔道铺设; 4. 锚具安装; 5. 砂浆制作、运输; 6. 孔道压浆、养护
010515007	预应力钢丝	1. 钢筋种类、规格; 2. 钢丝种类、规格; 3. 钢绞线种类、规格; 4. 锚具种类; 5. 砂浆强度等级	t		
010515008	预应力钢绞线				
010515009	支撑钢筋(铁马)	1. 钢筋种类; 2. 规格		按钢筋长度乘单位理论质量计算	钢筋制作、焊接、安装
010515010	声测管	1. 材质; 2. 规格型号		按设计图示尺寸以质量计算	1. 检测管截断、封头; 2. 套管制作、焊接; 3. 定位、固定

注:1. 现浇构件中伸出构件的锚固钢筋应并入钢筋工程量内。除设计(包括规范规定)标明的搭接外,其他施工搭接不计算工程量,在综合单价中综合考虑。

2. 现浇构件中固定位置的支撑钢筋、双层钢筋用的"铁马"在编制工程量清单时,如果设计未明确,其工程数量可为暂估量,结算时按现场签证数量计算。

第五节　金属结构工程

一、定额工程量计算规则

（一）预制钢构件安装

1）构件安装的工程量按成品构件的设计图示尺寸以质量计算,不扣除单个面积 0.3 m² 以内孔洞质量,焊缝、铆钉、螺栓等不另增加质量。

2）钢网架计算工程量时,不扣除孔眼的质量,焊缝、铆钉等不另增加质量。焊接空心球网架质量包括连接钢管杆件、连接球、支托和网架支座等零件的质量。螺栓球节点网架质量包括连接钢管杆件(含高强螺栓、销子、套筒、锥头或封板)、螺栓球、支托和网架支座等零件的质量。

3）依附在钢柱上的牛腿及悬臂梁的质量等并入钢柱的质量内,钢柱上的柱脚板、加劲板、柱顶板、隔板和肋板并入钢柱工程量内。

4）钢管柱上的节点板、加强环、内衬板(管)、牛腿等并入钢管柱的质量内。

5）钢平台的工程量包括钢平台的柱、梁、板、斜撑等的质量,依附于钢平台上的钢扶梯及平台栏杆并入钢平台的工程量内。

6）钢楼梯的工程量包括楼梯平台、楼梯梁、楼梯踏步等的质量,钢楼梯上的扶手、栏杆并入钢楼梯的工程量内。

7）钢构件现场拼装平台摊销工程量按实施拼装构件的工程量计算。

例 6.17　钢屋架竖向支撑如图 6 - 20 所示,采用履带式起重机吊装,共 40 个。试计算其成品安装工程量并确定定额项目。

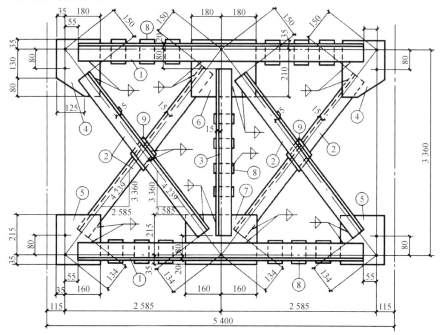

图 6 - 20　屋架竖向支撑

扁钢每米重量＝0.007 85×厚度×边宽,角钢的规格如表6-27所列。

表6-27 常用热轧等边角钢规格表

角钢号数	尺寸/mm			截面面积 /cm²	理论质量 /(kg·m⁻¹)	截面形状
	边宽(b)	边厚(d)	内圆弧半径(r)			
5	50	3	5.5	2.971	2.332	
		4	5.5	3.897	3.059	
		5	5.5	4.803	3.770	
		6	5.5	5.688	4.465	
6.3	63	4	7.0	4.978	3.907	
		5	7.0	6.143	4.822	
		6	7.0	7.288	5.721	
		8	7.0	9.515	7.469	
		10	7.0	11.657	9.151	
7	70	4	8.0	5.570	4.372	
		5	8.0	6.875	5.397	
		6	8.0	8.160	6.406	
		7	8.0	9.424	7.398	
		8	8.0	10.667	8.373	
7.5	75	5	9.0	7.367	5.818	
		6	9.0	8.797	6.905	
		7	9.0	10.160	7.976	
		8	9.0	11.503	9.030	
		10	9.0	14.126	11.089	
8	80	5	9.0	7.912	6.211	
		6	9.0	9.397	7.376	
		7	9.0	10.860	8.525	
		8	9.0	12.303	9.658	
		10	9.0	15.126	11.874	
9	90	6	10.0	10.637	8.350	
		7	10.0	12.301	9.656	
		8	10.0	13.944	10.946	
		10	10.0	17.167	13.476	
		12	10.0	20.306	15.940	

角钢号数	尺寸/mm			截面面积 /cm²	理论质量 /(kg·m⁻¹)	截面形状
	边宽(b)	边厚(d)	内圆弧半径(r)			
10	100	6	12.0	11.932	9.366	
		7	12.0	13.796	10.830	
		8	12.0	15.638	12.276	
		10	12.0	19.261	15.120	
		12	12.0	22.800	17.898	
		14	12.0	26.256	20.611	
		16	12.0	29.627	23.257	
12.5	125	8	14.0	19.750	15.504	
		10	14.0	24.373	19.133	
		12	14.0	28.912	22.696	
		14	14.0	33.367	26.193	
14	140	10	14.0	27.373	21.488	
		12	14.0	32.512	25.522	
		14	14.0	37.567	29.490	
		16	14.0	42.539	33.393	

解 屋架竖向支撑由上弦、下弦、立杆、斜撑和连接板组成,各部分的质量计算如表 6－28 所列。

表 6－28 屋架竖向支撑质量计算表

杆件编号	断面	长度/mm	数量	单位质量/(kg·m⁻¹)	质量/kg
1	∟70×5	5 060	4	5.397	109.24
2	∟50×5	3 955	4	3.770	59.64
3	∟63×5	3 200	2	4.822	30.86
4	—215×8	245	2	13.502	6.62
5	—195×8	250	2	12.246	6.12
6	—245×8	360	1	15.385	5.54
7	—250×8	320	1	15.700	5.02
8	—60×8	90	16	3.768	5.43
9	—80×8	80	2	5.024	0.40
合计	—	—	—	—	228.87

屋架竖向支撑的工程量为

$$W = 228.87 \times 40 = 915.48 \text{ kg} = 0.915 \text{ t}$$

定额项目为:A3－19 钢屋架(1.5 t 以内)。

定额全费用为:6 811.50 元/t。

(二)围护体系安装

1)钢楼层板、屋面板按设计图示尺寸以铺设面积计算,不扣除单个面积 $0.3 \mathrm{~m}^2$ 以内柱、垛及孔洞所占面积。

2)硅酸钙板墙面板按设计图示尺寸以铺设面积计算,不扣除单个面积 $0.3 \mathrm{~m}^2$ 以内孔洞所占面积。

3)保温岩棉铺设、EPS混凝土浇灌按设计图示尺寸以铺设或浇灌体积计算,不扣除单个面积 $0.3 \mathrm{~m}^2$ 以内孔洞所占体积。

4)硅酸钙板包柱、包梁按钢构件设计断面尺寸以面积计算。

5)钢板天沟按设计图示尺寸以质量计算,依附天沟的型钢并入天沟的质量内计算;不锈钢天沟、彩钢板天沟按设计图示尺寸以长度计算。

二、清单工程量计算规则

金属结构工程的清单工程量计算规则如表6-29～表6-33所列。

表6-29 钢网架(编码:010601)

项目编码	项目名称	项目特征	计量单位	工程量计算规则	工作内容
010601001	钢网架	1. 钢材品种、规格; 2. 网架节点形式、连接方式; 3. 网架跨度、安装高度; 4. 探伤要求; 5. 防火要求	t	按设计图示尺寸以质量计算,不扣除孔眼的质量,焊条、铆钉等不另增加质量	1. 拼装; 2. 安装; 3. 探伤; 4. 补刷油漆

表6-30 钢屋架、钢托架、钢桁架、钢架桥(编码:010602)

项目编码	项目名称	项目特征	计量单位	工程量计算规则	工作内容
010602001	钢屋架	1. 钢材品种、规格; 2. 单榀质量; 3. 屋架跨度、安装高度; 4. 螺栓种类; 5. 探伤要求; 6. 防火要求	1. 榀; 2. t	1. 以榀计量,按设计图示数量计算; 2. 以吨计量,按设计图示尺寸以质量计算,不扣除孔眼的质量,焊条、铆钉、螺栓等不另增加质量	1. 拼装; 2. 安装; 3. 探伤; 4. 补刷油漆
010602002	钢托架	1. 钢材品种、规格; 2. 单榀质量; 3. 安装高度; 4. 螺栓种类; 5. 探伤要求; 6. 防火要求	t	按设计图示尺寸以质量计算,不扣除孔眼的质量,焊条、铆钉、螺栓等不另增加质量	
010602003	钢桁架				

续表 6 - 30

项目编码	项目名称	项目特征	计量单位	工程量计算规则	工作内容
010602004	钢架桥	1. 桥类型； 2. 钢材品种、规格； 3. 单榀质量； 4. 安装高度； 5. 螺栓种类； 6. 探伤要求	t	按设计图示尺寸以质量计算，不扣除孔眼的质量，焊条、铆钉、螺栓等不另增加质量	1. 拼装； 2. 安装； 3. 探伤； 4. 补刷油漆

注：以榀计量时，按标准图设计的应注明标准图代号，按非标准图设计的项目特征必须描述单榀屋架的质量。

表 6 - 31　钢柱（编码：010603）

项目编码	项目名称	项目特征	计量单位	工程量计算规则	工作内容
010603001	实腹钢柱	1. 柱类型； 2. 钢材品种、规格； 3. 单根柱质量； 4. 螺栓种类； 5. 探伤要求； 6. 防火要求	t	按设计图示尺寸以质量计算，不扣除孔眼的质量，焊条、铆钉、螺栓等不另增加质量，依附在钢柱上的牛腿及悬臂梁等并入钢柱工程量内	1. 拼装； 2. 安装； 3. 探伤； 4. 补刷油漆
010603002	空腹钢柱				
010603003	钢管柱	1. 钢材品种、规格； 2. 单根柱质量； 3. 螺栓种类； 4. 探伤要求； 5. 防火要求		按设计图示尺寸以质量计算，不扣除孔眼的质量，焊条、铆钉、螺栓等不另增加质量，钢管柱上的节点板、加强环、内衬管、牛腿等并入钢管柱工程量内	

注：1. 实腹钢柱类型指十字、T、L、H 形等。

2. 空腹钢柱类型指箱型、格构等。

3. 型钢混凝土柱浇筑钢筋混凝土，其混凝土和钢筋应按"混凝土及钢筋混凝土工程"中相关项目编码列项。

表 6 - 32　钢梁（编码 010604）

项目编码	项目名称	项目特征	计量单位	工程量计算规则	工作内容
010604001	钢梁	1. 梁类型； 2. 钢材品种、规格； 3. 单根质量； 4. 螺栓种类； 5. 安装高度； 6. 探伤要求； 7. 防火要求	t	按设计图示尺寸以质量计算，不扣除孔眼的质量，焊条、铆钉、螺栓等不另增加质量，制动梁、制动板、制动桁架、车挡并入钢吊车梁工程量内	1. 拼装； 2. 安装； 3. 探伤； 4. 补刷油漆

项目编码	项目名称	项目特征	计量单位	工程量计算规则	工作内容
010604002	钢吊车梁	1. 钢材品种、规格； 2. 单根质量； 3. 螺栓种类； 4. 安装高度； 5. 探伤要求； 6. 防火要求	t	按设计图示尺寸以质量计算，不扣除孔眼的质量，焊条、铆钉、螺栓等不另增加质量；制动梁、制动板、制动桁架、车挡并入钢吊车梁工程量内	1. 拼装； 2. 安装； 3. 探伤； 4. 补刷油漆

注：1. 梁类型指 T、L、H、箱形、格构式等。

2. 型钢混凝土梁浇筑钢筋混凝土，其混凝土和钢筋应按"混凝土及钢筋混凝土工程"中相关项目编码列项。

表 6－33　钢板楼板、墙板（编码：010605）

项目编码	项目名称	项目特征	计量单位	工程量计算规则	工作内容
010605001	钢板楼板	1. 钢材品种、规格； 2. 钢板厚度； 3. 螺栓种类； 4. 防火要求	m²	按设计图示尺寸以铺设水平投影面积计算，不扣除单个面积≤0.3 m² 柱、垛及孔洞所占面积	1. 拼装； 2. 安装； 3. 探伤； 4. 补刷油漆
010605002	钢板墙板	1. 钢材品种、规格； 2. 钢板厚度、复合板厚度； 3. 螺栓种类； 4. 复合板夹芯材料种类、层数、型号、规格； 5. 防火要求		按设计图示尺寸以铺挂展开面积计算，不扣除单个面积≤0.3 m² 的梁、孔洞所占面积，包角、包边、窗台泛水等不另加面积	

注：1. 钢板楼板上浇筑钢筋混凝土，其混凝土和钢筋应按"混凝土及钢筋混凝土工程"中相关项目编码列项。

2. 压型钢楼板按本表中钢板楼板项目编码列项。

第六节　木结构工程

一、定额工程量计算规则

（一）木屋架

1）木屋架的工程量按设计图示的规格尺寸以体积计算，附属于其上的木夹板、垫木、风撑、挑檐木均按木料体积并入屋架工程量内。

木屋架材积计算至关重要的一环是各杆件长度尺寸的确定。但在实际工作中，往往遇到设计图未注明各杆件的长度，而仅标注出屋架的跨度、高度、腹杆形式和断面面积，需要根据几何公式，计算每一根杆件长度，给工程量的计算带来困难。为了简化屋架中腹杆长度的计算工作，可参照屋架杆件长度系数表（见表 6－34）中有关数据计算，不同类型屋架杆件编号如图 6－21 所示。

表 6-34　屋架杆件长度系数表

杆件编号	屋架夹角 α							
	26°34′				30°			
	屋架类型							
	A	B	C	D	A	B	C	D
1	1.000	1.000	1.000	1.000	1.000	1.000	1.000	1.000
2	0.559	0.559	0.559	0.559	0.557	0.557	0.557	0.557
3	0.250	0.250	0.250	0.250	0.289	0.289	0.289	0.289
4	0.280	0.236	0.225	0.224	0.289	0.254	0.250	0.252
5	0.125	0.167	0.188	0.200	0.144	0.193	0.216	0.231
6	—	0.186	0.177	0.180		0.193	0.191	0.200
7	—	0.083	0.125	0.150		0.096	0.145	0.168
8	—	—	0.140	0.141			0.143	0.153
9	—	—	0.063	0.100			0.078	0.116
10	—	—	—	0.112				0.116
11	—	—	—	0.050				0.058

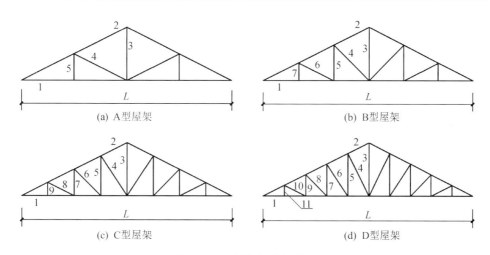

(a) A型屋架　　　　　　　　　　(b) B型屋架

(c) C型屋架　　　　　　　　　　(d) D型屋架

图 6-21　屋架杆件编号图

2）圆木屋架上的挑檐木、风撑等设计规定为方木时，应将方木木料体积乘以系数 1.7 折合成圆木并入圆木屋架工程量内。

3）钢木屋架工程量按设计图示的规格尺寸以体积计算，定额内已包括钢构件的用量，不再另外计算。

4）带气楼的屋架，其气楼屋架并入所依附屋架工程量内计算。

5）屋架的马尾、折角和正交部分半屋架并入相连屋架工程量内计算。

例 6.18　某不刨光方木屋架如图 6-22 所示，计算跨度为 $L = 9.00$ m。试计算其制作工程量并确定定额项目。

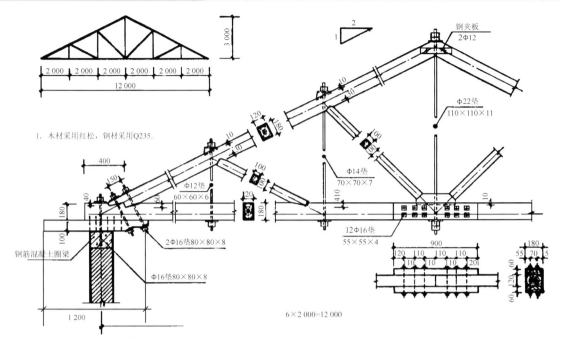

图 6-22　方木屋架示意图

解　方木屋架工程量以屋架竣工木料体积计算,挑檐木并入屋架之中。如图 6-21 所示,屋架为 B 型,其坡度为 1:2,即 $\alpha = 26°34'$,各杆件长度系数可由表 6-34 查得。因不刨光,所以不考虑刨光损耗。计算如下:

$$V_1 = (9.00 + 0.40 \times 2) \times 1.000 \times 0.12 \times 0.18 \times 1 = 0.212 \text{ m}^3 \quad (\text{下弦杆 1})$$

$$V_2 = 9.00 \times 0.559 \times 0.12 \times 0.18 \times 2 = 0.217 \text{ m}^3 \quad (\text{上弦杆 2})$$

$$V_3 = 9.00 \times 0.236 \times 0.10^2 \times 2 = 0.042 \text{ m}^3 \quad (\text{斜杆 4})$$

$$V_4 = 9.00 \times 0.186 \times 0.10^2 \times 2 = 0.033 \text{ m}^3 \quad (\text{斜杆 6})$$

$$V_5 = 0.50 \times 0.12 \times 0.15 \times 1 = 0.009 \text{ m}^3 \quad (\text{托木})$$

$$V_6 = 1.20 \times 0.12 \times 0.10 \times 2 = 0.029 \text{ m}^3 \quad (\text{挑檐木})$$

$$V = 0.212 + 0.217 + 0.042 + 0.033 + 0.009 + 0.029 = 0.542 \text{ m}^3$$

定额项目为:A4-3　方木木屋架　跨度 10 m 以内。

定额全费用为:58 668.32 元/m³。

说明:方木屋架中的木夹板、钢拉杆等已包括在定额含量中,不另行计算。

(二)木构件

1)木柱、木梁的工程量按设计图示尺寸以体积计算。

2)木楼梯的工程量按设计图示尺寸以水平投影面积计算,不扣除宽度≤300 mm 的楼梯井,伸入墙内部分不计算。

3)木地楞的工程量按设计图示尺寸以体积计算,定额内已包括平撑、剪刀撑、沿油木的用量,不再另外计算。

4)木搁板的工程量按设计图示尺寸以面积计算。

(三)屋面木基层

1)檩条的工程量按设计图示的规格尺寸以体积计算。附属于其上的檩条三角条按木料体积并入檩条工程量内。单独挑檐木并入檩条工程量内。檩托木、檩垫木已包括在定额项目内,不另行计算。

2)简支檩木长度按设计计算,设计无规定时,按相邻屋架或山墙中距增加 0.20 m 接头计算,两端出山檩条算至博风板;连续檩的长度按设计长度增加 5% 的接头长度计算。

3)屋面椽子、屋面板、挂瓦条、竹帘子的工程量按设计图示尺寸以屋面斜面积计算,不扣除屋面烟囱、风帽底座、风道、小气窗及斜沟等所占面积。小气窗的出檐部分亦不增加面积。

4)封檐板的工程量按设计图示檐口外围长度计算。博风板按斜长度计算,每个大刀头增加长度 0.50 m。

二、清单工程量计算规则

木结构工程的清单工程量计算规则如表 6-35~表 6-37 所列。

表 6-35　木屋架(编码:010701)

项目编码	项目名称	项目特征	计量单位	工程量计算规则	工作内容
010701001	木屋架	1. 跨度; 2. 材料品种、规格; 3. 刨光要求; 4. 拉杆及夹板种类; 5. 防护材料种类	1. 榀 2. m³	1. 以榀计量,按设计图示数量计算; 2. 以立方米计量,按设计图示的规格尺寸以体积计算	1. 制作; 2. 运输; 3. 安装; 4. 刷防护材料
010701002	钢木屋架	1. 跨度; 2. 木材品种、规格; 3. 刨光要求; 4. 钢材品种、规格; 5. 防护材料种类	榀	以榀计量,按设计图示数量计算	

注:1. 屋架的跨度应以上、下弦中心线两交点之间的距离计算。

2. 带气楼的屋架和马尾、折角以及正交部分的半屋架,按相关屋架项目编码列项。

3. 以榀计量时,按标准图设计的应注明标准图代号,按非标准图设计的项目特征必须按本表要求予以描述。

表 6-36　木构件(编码:010702)

项目编码	项目名称	项目特征	计量单位	工程量计算规则	工作内容
010702001	木柱	1. 构件规格尺寸; 2. 木材种类; 3. 刨光要求; 4. 防护材料种类	m³	按设计图示尺寸以体积计算	1. 制作; 2. 运输; 3. 安装; 4. 刷防护材料
010702002	木梁				
010702003	木檩		1. m³; 2. m	1. 以立方米计量,按设计图示尺寸以体积计算; 2. 以米计量,按设计图示尺寸以长度计算	

项目编码	项目名称	项目特征	计量单位	工程量计算规则	工作内容
010702004	木楼梯	1. 楼梯形式； 2. 木材种类； 3. 刨光要求； 4. 防护材料种类	m²	按设计图示尺寸以水平投影面积计算，不扣除宽度≤300 mm的楼梯井，伸入墙内部分不计算	1. 制作； 2. 运输； 3. 安装； 4. 刷防护材料
010702005	其他木构件	1. 构件名称； 2. 构件规格尺寸； 3. 木材种类； 4. 刨光要求； 5. 防护材料种类	1. m³； 2. m	1. 以立方米计量，按设计图示尺寸以体积计算； 2. 以米计量，按设计图示尺寸以长度计算	

注：1. 木楼梯的栏杆(栏板)、扶手，应按"其他装饰工程"中的相关项目编码列项。

2. 以米计量时，项目特征必须描述构件规格尺寸。

表 6－37　屋面木基层(编码:010703)

项目编码	项目名称	项目特征	计量单位	工程量计算规则	工作内容
010703001	屋面木基层	1. 椽子断面尺寸及椽距； 2. 望板材料种类、厚度； 3. 防护材料种类	m²	按设计图示尺寸以斜面积计算，不扣除房上烟囱、风帽底座、风道、小气窗、斜沟等所占面积。小气窗的出檐部分不增加面积	1. 椽子制作、安装； 2. 望板制作、安装； 3. 顺水条和挂瓦条制作、安装； 4. 刷防护材料

第七节　门窗工程

一、定额工程量计算规则

(一) 木　门

成品套装门安装包括门套和门扇的安装，定额子目以门的开启方式、安装方法不同进行划分。成品木门(带门套)定额中，已包括了相应的贴脸及装饰线条安装人工及材料消耗量，不另单独计算。

1）成品木门框安装按设计图示框的中心线长度计算。

2）成品木门扇安装按设计图示扇面积计算。

3）成品套装木门安装按设计图示数量计算。

4）木质防火门安装按设计图示洞口面积计算。

5）纱门按设计图示扇外围面积计算。

（二）金属门、窗,防盗栅（网）

1) 铝合金门窗（飘窗、阳台封闭窗除外）、塑钢门窗、塑料节能门窗均按设计图示门、窗洞口面积计算。

2) 彩板钢门窗按设计图示门、窗洞口面积计算。彩板钢门窗附框按框中心线长度计算。

3) 门连窗按设计图示洞口面积分别计算门、窗面积,其中窗的宽度算至门框的外边线。

4) 纱窗扇按设计图示扇外围面积计算。

5) 飘窗、阳台封闭窗按设计图示框型材外边线尺寸以展开面积计算。

6) 钢质防火门、防盗门按设计图示门洞口面积计算。

7) 不锈钢格栅防盗门、电控防盗门按设计图示门洞口面积计算。

8) 电控防盗门控制器按设计图示套数计算。

9) 防盗窗按设计图示窗洞口面积计算。

10) 钢质防火窗按设计图示窗洞口面积计算。

11) 金属防盗栅（网）制作安装按洞口尺寸以面积计算。

（三）金属卷帘（闸）

金属卷帘（闸）按设计图示卷帘门宽度乘以卷帘门高度（包括卷帘箱高度）以面积计算。电动装置安装按设计图示套数计算。

（四）厂库房大门、特种门

厂库房大门、特种门按设计图示门洞口面积计算。百页钢门的安装工程量按设计尺寸以重量计算,不扣除孔眼、切肢、切片、切角的重量。

厂库房大门的钢骨架制作以钢材重量表示,已包括在定额中,不再另列项计算。

厂库房大门门扇上所用铁件均已列入定额,墙、柱、楼地面等部位的预埋铁件按设计要求另按“混凝土及钢筋混凝土工程”中相应项目执行。

（五）其他门

1) 全玻有框门扇按设计图示扇边框外边线尺寸以扇面积计算。

2) 全玻无框（条夹）门扇按设计图示扇面积计算,高度算至条夹外边线、宽度算至玻璃外边线。

3) 全玻无框（点夹）门扇按设计图示玻璃外边线尺寸以扇面积计算。

4) 无框亮子按设计图示门框与横梁或立柱内边缘尺寸玻璃面积计算。

5) 全玻转门按设计图示数量计算。

6) 不锈钢伸缩门按设计图示延长米计算。

7) 电子感应门安装按设计图示数量计算。

8) 全玻转门传感装置、伸缩门电动装置和电子感应门电磁感应装置按设计图示套数计算。

9) 金属子母门安装按设计图示洞口面积计算。

（六）门钢架、门窗套、包门框（扇）

1) 门钢架按设计图示尺寸以质量计算。

2）门钢架基层、面层按设计图示饰面外围尺寸展开面积计算。

3）门窗套（筒子板）龙骨、面层、基层均按设计图示饰面外围尺寸展开面积计算。

4）成品门窗套按设计图示饰面外围尺寸展开面积计算。

5）包门框按展开面积计算。包门扇及木门扇镶贴饰面板按门扇垂直投影面积计算。

（七）窗台板、窗帘盒、窗帘轨

1）窗台板按设计图示长度乘宽度以面积计算。图纸未注明尺寸的，窗台板长度可按窗框的外围宽度两边共加 100 mm 计算。窗台板凸出墙面的宽度按墙面外加 50 mm 计算。

2）窗帘盒、窗帘轨按设计图示长度计算。

3）窗台板与暖气罩相连时，窗台板并入暖气罩，按"其他装饰工程"中相应暖气罩项目执行。

4）石材窗台板安装项目按成品窗台板考虑。实际为非成品需现场加工时，石材加工另按"其他装饰工程"中石材加工相应项目执行。

（八）其　他

1）包橱窗框按橱窗洞口面积计算。

2）门、窗洞口安装玻璃按洞口面积计算。

3）玻璃黑板按外框外围尺寸以垂直投影面积计算。

4）玻璃加工：钻孔按个计算，划圆孔、划线均以面积计算。

例 6.19　某工程门窗表如表 6-38 所列。试计算其门窗的工程量并确定定额项目。

表 6-38　门窗表

编　号	名　称	洞口尺寸（宽×高）	樘　数
M-1	带门套成品装饰平开复合木门（双开）	1 500×2 400	1
M-2	带门套成品装饰平开复合木门（单开）	900×2 100	2
C-1	隔热断桥铝合金	1 500×1 800	5

解　① 门 M-1 的计算如下：
$$S = 1.50 \times 2.40 \times 1 = 3.60 \text{ m}^2$$
定额项目为：A5-4　带门套成品装饰平开复合木门（双开）。
定额全费用为：1 895.34 元/樘。

② 门 M-2 的计算如下：
$$S = 0.90 \times 2.10 \times 2 = 3.78 \text{ m}^2$$
定额项目为：A5-3　带门套成品装饰平开复合木门（单开）。
定额基价为：1 347.15 元/樘。

③ 窗 C-1 的计算如下：
$$S = 1.50 \times 1.80 \times 5 = 13.50 \text{ m}^2$$
定额项目为：A5-82　隔热断桥铝合金（普通窗安装平开）。
定额基价为：57 515.39 元/（100 m²）。

二、清单工程量计算规则

门窗工程的清单工程量计算规则如表6-39～表6-48所列。

表6-39　木门(编码:010801)

项目编码	项目名称	项目特征	计量单位	工程量计算规则	工作内容
010801001	木质门	1. 门代号及洞口尺寸; 2. 镶嵌玻璃品种、厚度	1. 樘; 2. m²	1. 以樘计量,按设计图示数量计算; 2. 以平方米计量,按设计图示洞口尺寸以面积计算	1. 门安装; 2. 玻璃安装; 3. 五金安装
010801002	木质门带套				
010801003	木质连窗门				
010801004	木质防火门				
010801005	木门框	1. 门代号及洞口尺寸; 2. 框截面尺寸; 3. 防护材料种类	1. 樘; 2. m	1. 以樘计量,按设计图示数量计算; 2. 以米计量,按设计图示框的中心线以延长米计算	1. 木门框制作、安装; 2. 运输; 3. 刷防护材料
010801006	门锁安装	1. 锁品种; 2. 锁规格	个(套)	按设计图示数量计算	安装

注:1. 木质门应区分镶板木门、企口木板门、实木装饰门、胶合板门、夹板装饰门、木纱门、全玻门(带木质扇框)、木质半玻门(带木质扇框)等项目,分别编码列项。

2. 木门五金应包括折页、插销、门碰珠、弓背拉手、搭机、木螺丝、弹簧折页(自动门)、管子拉手(自由门、地弹门)、地弹簧(地弹门)、角铁、门轧头(地弹门、自由门)等。

3. 木质门带套计量按洞口尺寸以面积计算,不包括门套的面积,但门套应计算在综合单价中。

4. 以樘计量时,项目特征必须描述洞口尺寸;以平方米计量时,项目特征可不描述洞口尺寸。

5. 单独制作安装木门框按木门框项目编码列项。

表6-40　金属门(编码:010802)

项目编码	项目名称	项目特征	计量单位	工程量计算规则	工作内容
010802001	金属(塑钢门)	1. 门代号及洞口尺寸; 2. 门框或扇外围尺寸; 3. 门框、扇材质; 4. 玻璃品种、厚度	1. 樘; 2. m²	1. 以樘计量,按设计图示数量计算; 2. 以平方米计量,按设计图示洞口尺寸以面积计算	1. 门安装; 2. 五金安装; 3. 玻璃安装
010802002	彩板门	1. 门代号及洞口尺寸; 2. 门框或扇外围尺寸			
010802003	钢质防火门	1. 门代号及洞口尺寸; 2. 门框或扇外围尺寸; 3. 门框、扇材质			
010802004	防盗门				

注:1. 金属门应区分金属平开门、金属推拉门、金属地弹门、全玻门(带金属扇框)、金属半玻门(带扇框)等项目,分别编码列项。

2. 铝合金门五金包括地弹簧、门锁、拉手、门插、门铰、螺丝等。

3. 金属门五金包括L型执手插销(双舌)、执手锁(单舌)、门轧头、地锁、防盗门机、门眼(猫眼)、门碰珠、电子锁(磁卡锁)、闭门器、装饰拉手等。

4. 以樘计量时,项目特征必须描述洞口尺寸,没有洞口尺寸必须描述门框或扇外围尺寸;以平方米计量时,项目特征可不描述洞口尺寸及框、扇的外围尺寸。

5. 以平方米计量时,无设计图示洞口尺寸,按门框、扇外围以面积计算。

表 6 - 41　金属卷帘(闸)门(编码:010803)

项目编码	项目名称	项目特征	计量单位	工程量计算规则	工作内容
010803001	金属卷帘(闸)门	1. 门代号及洞口尺寸; 2. 门材质; 3. 启动装置品种、规格	1. 樘; 2. m²	1. 以樘计量,按设计图示数量计算; 2. 以平方米计量,按设计图示洞口尺寸以面积计算	1. 门运输、安装; 2. 启动装置、活动小门、五金安装
010803002	防火卷帘(闸)门				

注:以樘计量时,项目特征必须描述洞口尺寸;以平方米计量时,项目特征可不描述洞口尺寸。

表 6 - 42　厂库房大门、特种门(编码:010804)

项目编码	项目名称	项目特征	计量单位	工程量计算规则	工作内容
010804001	木板大门	1. 门代号及洞口尺寸; 2. 门框或扇外围尺寸; 3. 门框、扇材质; 4. 五金种类、规格; 5. 防护材料种类	1. 樘; 2. m²	1. 以樘计量,按设计图示数量计算; 2. 以平方米计量,按设计图示洞口尺寸以面积计算	1. 门(骨架)制作、运输; 2. 门、五金配件安装; 3. 刷防护材料
010804002	钢木大门				
010804003	全钢板大门				
010804004	防护铁丝门			1. 以樘计量,按设计图示数量计算; 2. 以平方米计量,按设计图示门框或扇以面积计算	
010804005	金属格栅门	1. 门代号及洞口尺寸; 2. 门框或扇外围尺寸; 3. 门框、扇材质; 4. 启动装置的品种、规格		1. 以樘计量,按设计图示数量计算; 2. 以平方米计量,按设计图示洞口尺寸以面积计算	1. 门安装; 2. 启动装置、五金配件安装
010804006	钢质花饰大门	1. 门代号及洞口尺寸; 2. 门框或扇外围尺寸; 3. 门框、扇材质		1. 以樘计量,按设计图示数量计算; 2. 以平方米计量,按设计图示门框或扇以面积计算	1. 门安装; 2. 五金配件安装
010804007	特种门			1. 以樘计量,按设计图示数量计算; 2. 以平方米计量,按设计图示洞口尺寸以面积计算	

注:1. 特种门应区分冷藏门、冷冻间门、保温门、变电室门、隔音门、放射性门、人防门、金库门等项目,分别编码列项。

　　2. 以樘计量时,项目特征必须描述洞口尺寸,没有洞口尺寸必须描述门框或扇外围尺寸;以平方米计量时,项目特征可不描述洞口尺寸及框、扇的外围尺寸。

　　3. 以平方米计量时,无设计图示洞口尺寸,按门框、扇外围以面积计算。

表 6 – 43　其他门（编码:010805）

项目编码	项目名称	项目特征	计量单位	工程量计算规则	工作内容
010805001	电子感应门	1. 门代号及洞口尺寸; 2. 门框或扇外围尺寸; 3. 门框、扇材质; 4. 玻璃品种、厚度; 5. 启动装置的品种、规格; 6. 电子配件品种、规格	1. 樘; 2. m²	1. 以樘计量,按设计图示数量计算; 2. 以平方米计量,按设计图示洞口尺寸以面积计算	1. 门安装; 2. 启动装置、五金、电子配件安装
010805002	旋转门				
010805003	电子对讲门	1. 门代号及洞口尺寸; 2. 门框或扇外围尺寸; 3. 门材质; 4. 玻璃品种、厚度; 5. 启动装置的品种、规格; 6. 电子配件品种、规格			
010805004	电子伸缩门				
010805005	全玻自由门	1. 门代号及洞口尺寸; 2. 门框或扇外围尺寸; 3. 框材质; 4. 玻璃品种、厚度			1. 门安装; 2. 五金安装
010805006	镜面不锈钢饰面门	1. 门代号及洞口尺寸; 2. 门框或扇外围尺寸; 3. 门框、扇材质; 4. 玻璃品种、厚度			
010805007	复合材料门				

注:1. 以樘计量时,项目特征必须描述洞口尺寸,没有洞口尺寸必须描述门框或扇外围尺寸;以平方米计量时,项目特征可不描述洞口尺寸及框、扇的外围尺寸。

　　2. 以平方米计量时,无设计图示洞口尺寸,按门框、扇外围以面积计算。

表 6 – 44　木窗（编码:010806）

项目编码	项目名称	项目特征	计量单位	工程量计算规则	工作内容
010806001	木质窗	1. 窗代号及洞口尺寸; 2. 玻璃品种、厚度	1. 樘; 2. m²	1. 以樘计量,按设计图示数量计算; 2. 以平方米计量,按设计图示洞口尺寸以面积计算	1. 窗安装; 2. 五金、玻璃安装
010806002	木窗(凸)窗			1. 以樘计量,按设计图示数量计算; 2. 以平方米计量,按设计图示尺寸以框外围展开面积计算	1. 窗制作、运输、安装; 2. 五金、玻璃安装; 3. 刷防护材料
010806003	木橱窗	1. 窗代号; 2. 框截面及外围展开面积; 3. 玻璃品种、厚度; 4. 防护材料种类			

项目编码	项目名称	项目特征	计量单位	工程量计算规则	工作内容
010806004	木纱窗	1. 窗代号及框的外围尺寸; 2. 窗纱材料品种,规格	1. 樘; 2. m²	1. 以樘计量,按设计图示数量计算; 2. 以平方米计量,按设计图示洞口尺寸以面积计算	1. 窗安装; 2. 五金安装

注:1. 木质窗应区分木百叶窗、木组合窗、木天窗、木规定窗、木装饰空花窗等项目,分别编码列项。

2. 以樘计量时,项目特征必须描述洞口尺寸,没有洞口尺寸必须描述门框或扇外围尺寸,以平方米计量时,项目特征可不描述洞口尺寸及框、扇的外围尺寸。

3. 以平方米计量时,无设计图示洞口尺寸,按门框、扇外围以面积计算。

4. 木橱窗、木飘(凸)窗以樘计量时,项目特征必须描述框截面积外围展开面积。

5. 木窗五金包括:折页、插销、风钩、木螺丝、滑轮滑轨(推拉窗)等。

表 6 - 45　金属窗(编码:010807)

项目编码	项目名称	项目特征	计量单位	工程量计算规则	工作内容
010807001	金属(塑钢、断桥)窗	1. 窗代号及洞口尺寸; 2. 框、扇材质; 3. 玻璃品种、厚度	1. 樘; 2. m²	1. 以樘计量,按设计图示数量计算; 2. 以平方米计量,按设计图示洞口尺寸以面积计算	1. 窗安装; 2. 五金、玻璃安装
010807002	金属防火窗				
010807003	金属百叶窗				
010807004	金属纱窗	1. 窗代号及框的外围尺寸; 2. 框材质; 3. 窗纱材料品种、规格		1. 以樘计量,按设计图示数量计算; 2. 以平方米计量,按框的外围尺寸以面积计算	
010807005	金属格栅窗	1. 窗代号及洞口尺寸; 2. 框外围尺寸; 3. 框、扇材质		1. 以樘计量,按设计图示数量计算; 2. 以平方米计量,按设计图示洞口尺寸以面积计算	
010807006	金属(塑钢、断桥)橱窗	1. 窗制作、运输、窗代号; 2. 框外围展开面积; 3. 框、扇材质; 4. 玻璃品种、厚度; 5. 防护材料种类		1. 以樘计量,按设计图示数量计算; 2. 以平方米计量,按设计图示尺寸以框外围展开面积计算	1. 窗制作、运输、安装; 2. 五金、玻璃安装; 3. 刷防护材料
010807007	金属(塑钢、断桥)飘(凸)窗	1. 窗代号; 2. 框外围展开面积; 3. 框、扇材质; 4. 玻璃品种、厚度			

项目编码	项目名称	项目特征	计量单位	工程量计算规则	工作内容
010807008	彩板窗	1. 窗代号及洞口尺寸; 2. 框外围尺寸; 3. 框、扇材质; 4. 玻璃品种、厚度	1. 樘; 2. m²	1. 以樘计量,按设计图示数量计算; 2. 以平方米计量,按设计图示洞口尺寸或框外围以面积计算	1. 窗安装; 2. 五金、玻璃安装
010807009	复合材料窗				

注:1. 金属窗应区分金属组合窗、防盗窗等项目,分别编码列项。

2. 以樘计量时,项目特征必须描述洞口尺寸,没有洞口尺寸必须描述窗框外围尺寸;以平方米计量时,项目特征可不描述洞口尺寸及框的外围尺寸。

3. 以平方米计量时,无设计图示洞口尺寸,按窗框外围以面积计算。

4. 金属橱窗、飘(凸)窗以樘计量时,项目特征必须描述框外围展开面积。

5. 金属窗五金包括折页、螺丝、执手、卡锁、铰拉、风撑、滑轮、滑轨、拉把、拉手、角码、牛角制等。

表 6 – 46 门窗套(编码:010808)

项目编码	项目名称	项目特征	计量单位	工程量计算规则	工作内容
010808001	木门窗套	1. 窗代号及洞口尺寸; 2. 门窗套展开宽度; 3. 基层材料种类; 4. 面层材料品种、规格; 5. 线条品种、规格; 6. 防护材料种类	1. 樘; 2. m²; 3. m	1. 以樘计量,按设计图示数量计算; 2. 以平方米计量,按设计图示尺寸以展开面积计算; 3. 以米计量,按设计图示中心以延长米计算	1. 清理基层; 2. 立筋制作、安装; 3. 基层板安装; 4. 面层铺贴; 5. 线条安装; 6. 刷防护材料
010808002	木筒子板	1. 筒子板宽度; 2. 基层材料种类; 3. 面层材料品种、规格; 4. 线条品种、规格; 5. 防护材料种类			
010808003	饰面夹板筒子板				
010808004	金属门窗套	1. 窗代号及洞口尺寸; 2. 门窗套展开宽度; 3. 基层材料种类; 4. 面层材料品种、规格; 5. 防护材料种类			1. 清理基层; 2. 立筋制作、安装; 3. 基层板安装; 4. 面层铺贴; 5. 刷防护材料
010808005	石材门窗套	1. 窗代号及洞口尺寸; 2. 门窗套展开宽度; 3. 粘结层厚度、砂浆配合比; 4. 面层材料品种、规格; 5. 线条品种、规格			1. 清理基层; 2. 立筋制作、安装; 3. 基层抹灰; 4. 面层铺贴; 5. 线条安装

项目编码	项目名称	项目特征	计量单位	工程量计算规则	工作内容
010808006	门窗木贴脸	1. 门窗代号及洞口尺寸； 2. 贴脸板宽度； 3. 防护材料种类	1. 樘； 2. m²； 3. m	1. 以樘计量，按设计图示数量计算； 2. 以米计量，按设计图示尺寸以延长米计算	安装
010808007	成品木门窗套	1. 门窗代号及洞口尺寸； 2. 门窗套展开宽度； 3. 门窗套材料品种、规格		1. 以樘计量，按设计图示数量计算； 2. 以平方米计量，按设计图示尺寸以展开面积计算； 3. 以米计量，按设计图示中心以延长米计算	1. 清理基层； 2. 立筋制作、安装； 3. 板安装

注：1. 以樘计量时，项目特征必须描述洞口尺寸、门窗套展开宽度。

2. 以平方米计量时，项目特征可不描述洞口尺寸、门窗套展开宽度。

3. 以米计量时，项目特征必须描述门窗套展开宽度、筒子板及贴脸宽度。

4. 木门窗套适用于单独门窗套的制作、安装。

表 6－47　窗台板（编码：010809）

项目编码	项目名称	项目特征	计量单位	工程量计算规则	工作内容
010809001	木窗台板	1. 基层材料种类； 2. 窗台面板材质、规格、颜色； 3. 防护材料种类	m²	以平方米计量，按设计图示尺寸以展开面积计算	1. 基层清理； 2. 基层制作、安装； 3. 窗台板制作、安装； 4. 刷防护材料
010809002	铝塑窗台板				
010809003	金属窗台板				
010809004	石材窗台板	1. 粘结层厚度、砂浆配合比； 2. 窗台板材质、规格、颜色			1. 基层清理； 2. 抹找平层； 3. 窗台板制作、安装

表 6－48　窗帘、窗帘盒、轨（编码：010810）

项目编码	项目名称	项目特征	计量单位	工程量计算规则	工作内容
010810001	窗帘	1. 窗帘材质； 2. 窗帘高度、宽度； 3. 窗帘层数； 4. 带幔要求	1. m； 2. m²	1. 以米计量，按设计图示尺寸以成活后长度计算； 2. 以平方米计量，按图示尺寸以成活后展开面积计算	1. 制作、运输； 2. 安装
010810002	木窗帘盒	1. 窗帘盒材质、规格； 2. 防护材料种类	m	按设计图示尺寸以长度计算	1. 制作、运输、安装； 2. 刷防护材料
010810003	饰面夹板、塑料窗帘盒				
010810004	铝合金窗帘盒				
010810005	窗帘轨	1. 窗帘轨材质、规格； 2. 轨的数量； 3. 防护材料种类			

注：1. 窗帘若是双层，项目特征必须描述每层材质。

2. 窗帘以米计量时，项目特征必须描述窗帘高度和宽度。

第八节 屋面及防水工程

一、定额工程量计算规则

(一)屋面工程

1)各种屋面和型材屋面(包括挑檐部分),均按设计图示尺寸以面积计算(斜屋面按斜面面积计算),不扣除房上烟囱、风帽底座、风道、小气窗、斜沟和脊瓦等所占面积,小气窗的出檐部分也不增加。

坡度系数,即延尺系数,指斜面与水平面的关系系数,如图 6-23 所示。延尺系数的计算有两种方法:一是查表法,二是计算法。为了方便快捷计算屋面工程量,可按屋面坡度系数表(见表 6-49)计算。

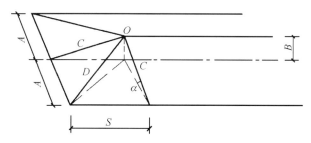

注:1. 两坡水、四坡水屋面面积均为其水平投影面积乘以延尺系数 C;

2. 四坡排水屋面斜脊长度$=A×D$(当 $S=A$ 时);

3. 沿山墙泛水长度$=A×C$。

图 6-23 屋面坡度示意图

表 6-49 屋面坡度系数表

坡度 $B(A=1)$	坡度 $B/2A$	坡度角度 $α$	延尺系数 $C(A=1)$	隔延尺系数 $D(S=A=1)$
1.000	1/2	45°	1.414 2	1.732 1
0.750	—	36°52′	1.250 0	1.600 8
0.700	—	35°	1.220 7	1.577 9
0.666	1/3	33°40′	1.201 5	1.562 0
0.650	—	33°01′	1.192 6	1.563 5
0.557	—	30°	1.154 7	1.527 0
0.550	—	28°49′	1.141 3	1.517 4
0.500	1/4	26°34′	1.118 0	1.500 0
0.450	—	24°14′	1.096 6	1.483 9
0.400	1/5	21°48′	1.077 0	1.469 7
0.350	—	19°17′	1.059 4	1.456 9
0.300	—	16°42′	1.044 0	1.445 7

坡度 B(A=1)	坡度 B/2A	坡度角度 α	延尺系数 C(A=1)	隅延尺系数 D(S=A=1)
0.250	—	14°02′	1.030 8	1.436 2
0.200	1/10	11°19′	1.019 8	1.428 3
0.150	—	8°32′	1.011 2	1.422 1
0.100	1/20	5°42′	1.005 0	1.417 7
0.083	—	4°45′	1.003 5	1.416 6
0.066	1/30	3°49′	1.002 2	1.415 7

2)西班牙瓦、瓷质波形瓦、英红瓦屋面的正斜脊瓦、檐口线,按设计图示尺寸以长度计算。

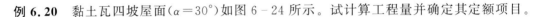

例 6.20 黏土瓦四坡屋面($\alpha = 30°$)如图 6-24 所示。试计算工程量并确定其定额项目。

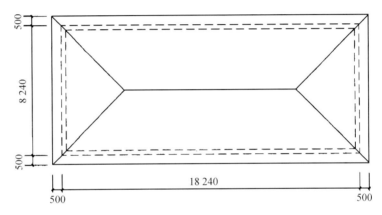

图 6-24 四坡屋面示意图

解 瓦屋面(包括挑檐部分)按屋面的水平投影面积乘以屋面坡度系数以面积计算。查表 6-49,延尺系数 $C=1.154\ 7$。计算如下:

$$S = (18.24 + 0.50 \times 2) \times (8.24 + 0.50 \times 2) \times 1.154\ 7 = 205.28\ \text{m}^2$$

定额项目为:A6-1 黏土瓦铺设 屋面板上或椽子挂瓦条上。

定额全费用为:2 437.19 元/(100 m²)。

例 6.21 某小高层住宅,楼顶别墅屋顶外檐尺寸如图 6-25 所示,屋面板上铺西班牙瓦。试计算工程量并确定定额项目。

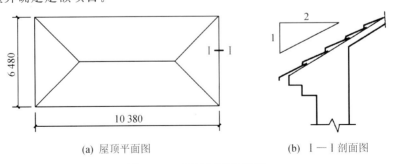

(a) 屋顶平面图   (b) Ⅰ—Ⅰ剖面图

图 6-25 四坡屋顶示意图

解　① 屋面工程量按屋面的水平投影面积乘以延尺系数 $C=1.118\,0$（见表 6 - 49）计算，即

$$S=10.38\times6.48\times1.118\,0=75.20\ \text{m}^2$$

定额项目为：A6 - 9　西班牙瓦　屋面板上或椽子挂瓦条上。

定额全费用为：16\,861.20 元/（100 m²）。

② 屋脊工程量：正脊按其长度计算；斜脊按其水平投影长度乘以隅延尺系数 $D=1.500\,0$（见表 6 - 49）计算，即

$$S=10.38-6.48+6.48\times1.500\,0\times2=23.34\ \text{m}^2$$

定额项目为：A6 - 30　西班牙瓦　正斜脊。

定额全费用为：7\,770.90 元/（100 m²）。

3）采光板屋面和玻璃采光顶屋面按设计图示尺寸以面积计算（斜屋面按斜面面积计算），不扣除面积≤0.3 m² 孔洞所占面积。

4）膜结构屋面按设计图示尺寸以需要覆盖的水平投影面积计算，膜材料可以调整含量。

5）围墙瓦顶按设计图示尺寸以长度计算。

（二）防水工程及其他

1. 防　水

1）屋面防水按设计图示尺寸以面积计算（斜屋面按斜面面积计算），不扣除房上烟囱、风帽底座、风道、屋面小气窗和斜沟所占面积。屋面的女儿墙、伸缩缝和天窗等处的弯起部分按设计图示尺寸计算；设计无规定时，伸缩缝的弯起部分按 250 mm 计算，女儿墙、天窗的弯起部分按 500 mm 计算，计入立面工程量内。

例 6.22　保温平屋面尺寸如图 6 - 26 所示，做法为：空心板上 1∶3 水泥砂浆找平层 20 厚，沥青隔气层一遍，1∶12 现浇水泥珍珠岩最薄处 60 厚，1∶3 水泥砂浆找平层 20 厚，三元乙丙橡胶卷材屋面防水。试计算卷材屋面工程量并确定定额项目。

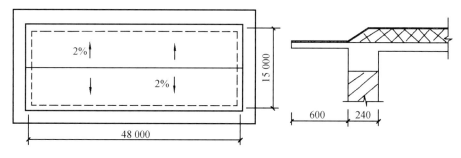

图 6 - 26　保温平屋面

解　卷材屋面工程量计算如下：

$$S=(48.00+0.24+0.60\times2)\times(15.00+0.24+0.60\times2)=870.19\ \text{m}^2$$

定额项目为：A6 - 69　三元乙丙橡胶卷材　平面。

定额全费用为:7 648.13 元/(100 m²)。

2) 楼地面防水、防潮层按设计图示尺寸以主墙间净面积计算,扣除凸出地面的构筑物、设备基础等所占面积,不扣除间壁墙及单个面积≤0.3 m²的柱、垛、烟囱和孔洞所占面积。平面与立面交接处,上翻高度≤300 mm 时,按展开面积并入平面工程量内计算;上翻高度>300 mm时,按立面防水层计算。

3) 墙基防水、防潮层,外墙按外墙中心线长度、内墙按墙体净长度乘以宽度,以面积计算。

4) 墙的立面防水、防潮层,不论内墙、外墙,均按设计图示尺寸以面积计算。

5) 基础底板的防水、防潮层按设计图示尺寸以面积计算,不扣除桩头所占面积。桩头处外包防水按桩头投影外扩 300 mm 以面积计算,地沟处防水按展开面积计算,均计入平面工程量,执行相应规定。

例 6.23 根据例 5.4 中提供的相关资料,计算其防潮层的工程量并确定定额项目。防潮层为 20 mm 厚干混地面砂浆 DS M15,加 5%防水粉。

解 防潮层工程量按面积计算如下:

$$L = (7.20 + 4.80) \times 2 + (4.80 - 0.24) \times 1 = 28.56 \text{ m}$$
$$S = 28.56 \times 0.24 = 6.85 \text{ m}^2$$

定额项目为:A6 - 117 防水砂浆 掺防水粉。

定额全费用为:3 675.44 元/(100 m²)。

6) 屋面分格缝按设计图示尺寸以长度计算。

2. 屋面排水

1) 水落管、镀锌铁皮天沟、檐沟按设计图示尺寸以长度计算。

2) 水斗、下水口、雨水口、弯头、短管等,均以设计数量计算。

3) 种植屋面排水按设计尺寸以铺设排水层面积计算,不扣除房上烟囱、风帽底座、风道、屋面小气窗、斜沟和脊瓦等所占面积,以及面积≤0.3 m²的孔洞所占面积,屋面小气窗的出檐部分也不增加。

例 6.24 某屋面为女儿墙檐口,设计有铸铁雨水口 4 个,铸铁水斗 4 个,配套的铸铁落水管直径为 100 mm,每根长度为 15.60 m。试计算其工程量并确定定额项目。

解 落水管工程量按长度计算,水斗及雨水口工程量按个计算。

① 落水管工程量计算如下:

$$L = 15.60 \times 4 = 62.40 \text{ m}$$

定额项目为:A6 - 134 铸铁管排水 落水管 直径 100 mm。

定额全费用为:19 290.51 元/(100 m)。

② 水斗工程量计算如下:

$$N = 4 \text{ 个}$$

定额项目为:A6 - 136 铸铁管排水 落水斗 直径 100 mm。

定额全费用为:1 135.45 元/(10 个)。

③ 雨水口工程量计算如下：

$$N = 4 \text{ 个}$$

定额项目为：A6-137　铸铁管排水　弯头落水口（含篦子板）。

定额全费用为：1 340.72 元/（10 个）。

3. 变形缝与止水带

1）变形缝（嵌填缝与盖板）与止水带按设计图示尺寸以长度计算。

2）屋面检修孔盖板以块计算。

二、清单工程量计算规则

屋面及防水工程的清单工程量计算规则如表 6-50～表 6-53 所列。

表 6-50　瓦、型材及其他屋面（编码：010901）

项目编码	项目名称	项目特征	计量单位	工程量计算规则	工作内容
010901001	瓦屋面	1. 瓦品种、规格； 2. 粘贴层砂浆的配合比	m²	按设计图示尺寸以斜面积计算，不扣除房上烟囱、风帽底座、风道、小气窗、斜沟等所占面积。小气窗的出檐部分不增加面积	1. 砂浆制作、运输、摊铺、养护； 2. 安瓦、作瓦脊
010901002	型材屋面	1. 型材品种、规格； 2. 金属檩条材料品种、规格； 3. 接缝、嵌缝材料种类	m²		1. 檩条制作、运输、安装； 2. 屋面型材安装； 3. 接缝、嵌缝
010901003	阳光板屋面	1. 阳光板品种、规格； 2. 骨架材料品种、规格； 3. 接缝、嵌缝材料种类； 4. 油漆品种、刷漆遍数	m²	按设计图示尺寸以斜面积计算，不扣除屋面面积≤0.3 m² 孔洞所占面积	1. 骨架制作、运输、安装、刷防护材料、油漆； 2. 阳光板安装； 3. 接缝、嵌缝
010901004	玻璃钢屋面	1. 玻璃钢品种、规格； 2. 骨架材料品种、规格； 3. 玻璃钢固定方式； 4. 接缝、嵌缝材料种类； 5. 油漆品种、刷漆遍数	m²	按设计图示尺寸以斜面积计算，不扣除屋面面积≤0.3 m² 孔洞所占面积	1. 骨架制作、运输、安装、刷防护材料、油漆； 2. 玻璃钢制作、安装； 3. 接缝、嵌缝
010901005	膜结构屋面	1. 膜布品种、规格； 2. 支柱（网架）钢材品种、规格； 3. 钢丝绳品种、规格； 4. 锚固基座做法； 5. 油漆品种、刷漆遍数	m²	按设计图示尺寸以需要覆盖的水平投影面积计算	1. 膜布热压胶接； 2. 支柱（网架）制作、安装； 3. 膜布安装； 4. 穿钢丝绳、锚头锚固； 5. 锚固基座、挖土、回填； 6. 刷防护材料、油漆

注：1. 瓦屋面若是在木基层上铺瓦，项目特征不必描述粘结层砂浆的配合比，瓦屋面铺防水层，按屋面防水及其他中相关项目编码列项。

　　2. 型材屋面、阳光板屋面、玻璃钢屋面的柱、梁、屋架，按"金属结构工程""木结构工程"中相关项目编码列项。

表 6-51　屋面防水及其他(编码:010902)

项目编码	项目名称	项目特征	计量单位	工程量计算规则	工作内容
010902001	屋面卷材防水	1. 卷材品种、规格、厚度; 2. 防水层数; 3. 防水层做法	m²	按设计图示尺寸以面积计算。 1. 斜屋顶(不包括平屋顶找坡)按斜面积计算,平屋顶按水平投影面积计算。 2. 不扣除房上烟囱、风帽底座、风道、屋面小气窗和斜沟所占面积。 3. 屋面的女儿墙、伸缩缝和天窗等处的弯起部分,并入屋面工程量内	1. 基层处理; 2. 刷底油; 3. 铺油毡卷材、接缝
010902002	屋面涂膜防水	1. 防水膜品种; 2. 涂膜厚度、遍数; 3. 增强材料种类			1. 基层处理; 2. 刷基层处理剂; 3. 铺布、喷涂防水层
010902003	屋面刚性层	1. 刚性层厚度; 2. 混凝土种类; 3. 混凝土强度等级; 4. 嵌缝材料种类; 5. 钢筋型号、规格		按设计图示尺寸以面积计算,不扣除房上烟囱、风帽底座、风道等所占面积	1. 基层处理; 2. 混凝土制作、运输、铺筑、养护; 3. 钢筋制安
010902004	屋面排水管	1. 排水管品种、规格; 2. 雨水斗、山墙出水口品种、规格; 3. 接缝、嵌缝材料种类; 4. 油漆品种、刷漆遍数	m	按设计图示尺寸以长度计算。如设计未标注尺寸,以檐口至设计室外散水上表面垂直距离计算	1. 排水管及配件安装、固定; 2. 雨水斗、山墙出水口、雨水箅子安装; 3. 接缝、嵌缝; 4. 刷漆
010902005	屋面排(透)气管	1. 排(透)气管品种、规格; 2. 接缝、嵌缝材料种类; 3. 油漆品种、刷漆遍数	m	按设计图示尺寸以长度计算	1. 排(透)气管及配件安装、固定; 2. 铁件制作、安装; 3. 接缝、嵌缝; 4. 刷漆
010902006	屋面(廊、阳台)泄(吐)水管	1. 吐水管品种、规格; 2. 接缝、嵌缝材料种类; 3. 吐水管长度; 4. 油漆品种、刷漆遍数	根(个)	按设计图示数量计算	1. 水管及配件安装、固定; 2. 接缝、嵌缝; 3. 刷漆

项目编码	项目名称	项目特征	计量单位	工程量计算规则	工作内容
010902007	屋面天沟、檐沟	1. 材料品种、规格; 2. 接缝、嵌缝材料种类	m²	按设计图示尺寸以展开面积计算	1. 天沟材料铺设; 2. 天沟配件安装; 3. 接缝、嵌缝; 4. 刷防护材料
010902008	屋面变形缝	1. 嵌缝材料种类; 2. 止水带材料种类; 3. 盖缝材料; 4. 防护材料种类	m	按设计图示以长度计算	1. 清缝; 2. 填塞防水材料; 3. 止水带安装; 4. 盖缝制作、安装; 5. 刷防护材料

注:1. 屋面刚性层无钢筋,其钢筋项目特征不必描述。

　　2. 屋面找平层按楼地面装饰工程"平面砂浆找平层"项目编码列项。

　　3. 屋面防水搭接及附加层用量不另计算,在综合单价中考虑。

　　4. 屋面保温找坡层按保温、隔热、防腐工程"保温隔热屋面"项目编码列项。

表 6－52　墙面防水、防潮(编码:010903)

项目编码	项目名称	项目特征	计量单位	工程量计算规则	工作内容
010903001	墙面卷材防水	1. 卷材品种、规格、厚度; 2. 防水层数; 3. 防水层做法	m²	按设计图示尺寸以面积计算	1. 基层处理; 2. 刷粘结剂; 3. 铺防水卷材; 4. 接缝、嵌缝
010903002	墙面涂膜防水	1. 防水膜品种; 2. 涂膜厚度、遍数; 3. 增强材料种类			1. 基层处理; 2. 刷基层处理剂; 3. 铺布、喷涂防水层
010903003	墙面砂浆防水(防潮)	1. 防水层做法; 2. 砂浆厚度、配合比; 3. 钢丝网规格			1. 基层处理; 2. 挂钢丝网片; 3. 设置分隔缝; 4. 砂浆制作、运输、摊铺、养护
010903004	墙面变形缝	1. 嵌缝材料种类; 2. 止水带材料种类; 3. 盖缝材料; 4. 防护材料种类	m	按设计图示以长度计算	1. 清缝; 2. 填塞防水材料; 3. 止水带安装; 4. 盖缝制作、安装; 5. 刷防护材料

注:1. 墙面防水搭接及附加层用量不另计算,在综合单价中考虑。

　　2. 墙面变形缝若做双面,工程量乘系数 2。

　　3. 墙面找平层按墙、柱面装饰与隔断、幕墙工程"立面砂浆找平层"项目编码列项。

表 6-53　楼(地)面防水、防潮(编码:010904)

项目编码	项目名称	项目特征	计量单位	工程量计算规则	工作内容
010904001	楼(地)面卷材防水	1. 卷材品种、规格、厚度; 2. 防水层数; 3. 防水层做法; 4. 反边高度	m²	按设计图示尺寸以面积计算。 1. 楼(地)面防水按主墙间净空面积计算,扣除凸出地面的构筑物、设备基础等所占面积,不扣除间壁墙及单个面积≤0.3 m² 柱、垛、烟囱和孔洞所占面积。 2. 楼(地)面防水反边高度≤300 mm 算作地面防水,反边高度>300 mm 按墙面防水计算	1. 基层处理; 2. 刷粘结剂; 3. 铺防水卷材; 4. 接缝、嵌缝
010904002	楼(地)面涂膜防水	1. 防水膜品种; 2. 涂膜厚度、遍数; 3. 增强材料种类; 4. 反边高度			1. 基层处理; 2. 刷基层处理剂; 3. 铺布、喷涂防水层
010904003	楼(地)面砂浆防水(防潮)	1. 防水层做法; 2. 砂浆厚度、配合比; 3. 反边高度			1. 基层处理; 2. 砂浆制作、运输、摊铺、养护
010904004	楼(地)面变形缝	1. 嵌缝材料种类; 2. 止水带材料种类; 3. 盖缝材料; 4. 防护材料种类	m	按设计图示以长度计算	1. 清缝; 2. 填塞防水材料; 3. 止水带安装; 4. 盖缝制作、安装; 5. 刷防护材料

注:1. 楼(地)面防水找平层按楼地面装饰工程"平面砂浆找平层"项目编码列项。

2. 楼(地)面防水搭接及附加层用量不另计算,在综合单价中考虑。

第九节　保温、隔热、防腐工程

一、定额工程量计算规则

(一)保温隔热工程

1) 屋面保温隔热层工程量按设计图示尺寸以面积计算,扣除面积>0.3 m² 的孔洞所占面积。其他项目按设计图示尺寸以定额项目规定的计量单位计算。

例 6.25　根据例 6.22 中所提供的资料,试计算其保温层工程量并确定定额项目。

解　保温层工程量计算如下:

$$S = (48.00 + 0.24) \times (15.00 + 0.24) = 735.18 \text{ m}^2$$

定额项目为:A7-15　水泥珍珠岩　厚度 100 mm。

定额全费用为:3 080.79 元/(100 m²)。

定额项目为:A7-16　水泥珍珠岩　每增减 10 mm。

定额全费用为:292.53 元/(100 m²)。

说明:其他项目另按相应定额项目计算。

2)天棚保温隔热层工程量按设计图示尺寸以面积计算,扣除面积>0.3 m²的柱、垛、孔洞所占面积。与天棚相连的梁按展开面积计算,其工程量并入天棚内。

3)墙面保温隔热层工程量按设计图示尺寸以面积计算,扣除门窗洞口及面积>0.3 m²的梁、孔洞所占面积。门窗洞口侧壁以及与墙相连的柱并入保温墙体工程量内。墙体及混凝土板下铺贴隔热层不扣除木框架及木龙骨的体积。其中,外墙按隔热层中心线长度计算,内墙按隔热层净长度计算。

4)柱、梁保温隔热层工程量按设计图示尺寸以面积计算。柱按设计图示柱断面保温层中心线展开长度乘高度以面积计算,扣除面积>0.3 m²的梁所占面积。梁按设计图示梁断面保温层中心线展开长度乘保温层长度以面积计算。

5)楼地面保温隔热层工程量按设计图示尺寸以面积计算,扣除柱、垛及单个面积>0.3 m²的孔洞所占面积。

6)其他保温隔热层工程量按设计图示尺寸以展开面积计算,扣除面积>0.3 m²的孔洞及占位面积。

7)大于0.3 m²的孔洞侧壁周围及梁头、连系梁等其他零星工程保温隔热工程量并入墙面的保温隔热工程量内。

8)柱帽保温隔热层工程量并入天棚保温隔热层工程量内。

9)保温层排气管按设计图示尺寸以长度计算,不扣除管件所占长度;保温层排气孔工程量以数量计算。

10)混凝土保温一体板工程量按模板与混凝土构件接触面的设计图示尺寸以面积计算。

11)防火隔离带工程量按设计图示尺寸以面积计算。

12)屋面预制混凝土架空隔热板、屋面预制纤维板水泥架空板凳工程量按设计图示尺寸以面积计算。

例 6.26 某冷藏仓库如图 6-27 所示,墙体厚度均为 240 mm。室内(包括柱)均用石油沥青粘贴 50 mm 厚的聚苯乙烯板,先铺顶棚、地面,后铺墙、柱面。保温门洞口尺寸为 900 mm×2 100 mm,保温门居内安装,洞口周围不需另铺保温材料。试计算工程量并确定定额项目。

解 保温隔热层均按设计实铺厚度以体积计算。

① 地面隔热层工程量计算如下:
$$S = (7.20 - 0.24) \times (6.60 - 0.24) = 44.3 \text{ m}^2$$

定额项目为:A7-120 楼地面 粘贴聚苯乙烯板 厚度 50 mm。

定额全费用为:3 094.34 元/(100 m²)。

② 墙柱面工程量计算如下:
$$S_1 = (7.20 - 0.24 - 0.10 + 6.60 - 0.24 - 0.10) \times 2 \times (4.08 - 0.10 \times 2) - 0.90 \times 2.10$$
$$= 26.24 \times 3.88 - 1.89 = 99.92 \text{ m}^2$$
$$S_2 = (0.40 + 0.10) \times 4 \times (4.08 - 0.10 \times 2) = 2.00 \times 3.88 = 7.8 \text{ m}^2$$

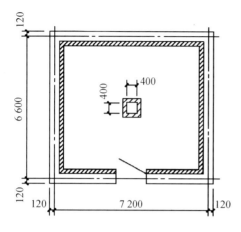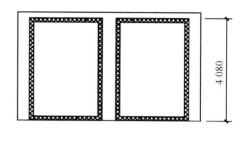

图 6-27 冷藏室示意图

$$S = S_1 + S_2 = 99.92 + 7.8 = 107.72 \text{ m}^2$$

定额项目为:A7-91 墙体保温 聚苯乙烯板 厚度 50 mm。

定额全费用为:5 807.40 元/(100 m²)。

③ 顶棚保温工程量计算如下:

$$S = (7.20 - 0.24) \times (6.60 - 0.24) = 44.3 \text{ m}^2$$

定额项目为:A7-58 混凝土板下天棚保温(带木龙骨) 粘贴聚苯乙烯板 厚度 50 mm。

定额全费用为:9 860.31 元/(100 m²)。

(二)防腐工程

1)防腐工程面层、隔离层及防腐油漆工程量均按设计图示尺寸以面积计算。

2)平面防腐工程量应扣除凸出地面的构筑物、设备基础等以及面积>0.3 m²的孔洞、柱、垛等所占面积,门洞、空圈、暖气包槽、壁龛的开口部分不增加面积。

3)立面防腐工程量应扣除门、窗、洞口以及面积>0.3 m²的孔洞、梁所占面积,门、窗、洞口侧壁,垛凸出部分按展开面积并入墙面内。

4)池、槽块料防腐面层工程量按设计图示尺寸以展开面积计算。

5)砌筑沥青浸渍砖工程量按设计图示尺寸以面积计算。

6)侧壁工程量按设计图示尺寸以展开面积计算。

7)混凝土面及抹灰面防腐工程量按设计图示尺寸以面积计算。

例 6.27 某仓库防腐地面、踢脚板抹钢屑砂浆,厚度为 30 mm,如图 6-28 所示。M-1 洞口宽度为 900 mm,居内安装,洞口部分铺设其他材料。试计算工程量并确定定额项目。

解 防腐工程按设计实铺面积计算。

① 地面工程量计算如下:

$$S = (9.00 - 0.24) \times (4.80 - 0.24) - 0.24 \times 0.125 \times 4 = 39.83 \text{ m}^2$$

定额项目为:A7-154 钢屑砂浆 一般抹面 厚度 30 mm。

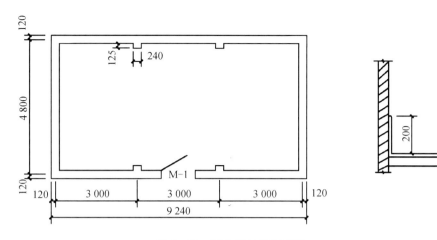

图 6 – 28　某仓库地面示意图

定额全费用为:10 277.35 元/(100 m²)。

② 踢脚板工程量计算如下:

$$S = [(9.00 - 0.24 + 0.125 \times 4 + 4.80 - 0.24) \times 2 - 0.90] \times 0.20$$
$$= 26.74 \times 0.20 = 5.35 \ \text{m}^2$$

定额项目为:A7 – 154　钢屑砂浆　一般抹面　厚度 30 mm。

定额全费用为:10 277.35 元/(100 m²)。

说明:定额未设置钢屑砂浆踢脚板项目,故套用地面项目。亦可编制钢屑砂浆踢脚板的补充定额。

二、清单工程量计算规则

保温、隔热、防腐工程的清单工程量计算规则如表 6 – 54 所列。

表 6 – 54　保温、隔热(编码:011001)

项目编码	项目名称	项目特征	计量单位	工程量计算规则	工作内容
011001001	保温隔热屋面	1. 保温隔热材料品种、规格、厚度; 2. 隔气层材料品种、厚度; 3. 粘结材料种类、做法; 4. 防护材料种类、做法	m²	按设计图示尺寸以面积计算,扣除面积>0.3 m² 孔洞及占位面积	1. 基层清理; 2. 刷粘结材料; 3. 铺贴保温层; 4. 铺、刷(喷)防护材料
011001002	保温隔热天棚	1. 保温隔热面层材料品种、规格、性能; 2. 保温隔热材料品种、规格、厚度; 3. 粘结材料种类、做法; 4. 防护材料种类、做法		按设计图示尺寸以面积计算,扣除面积>0.3 m² 柱、垛、孔洞所占面积。与天棚相连的梁按展开面积,计算并入天棚工程量内	

项目编码	项目名称	项目特征	计量单位	工程量计算规则	工作内容
011001003	保温隔热墙面	1. 保温隔热部位； 2. 保温隔热方式； 3. 踢脚线、勒脚线保温做法； 4. 龙骨材料品种、规格； 5. 保温隔热面层材料品种、规格、性能； 6. 保温隔热材料品种、规格、厚度； 7. 增强网及抗裂防水砂浆种类； 8. 粘结材料种类、做法； 9. 防护材料种类、做法	m²	按设计图示尺寸以面积计算，扣除门窗洞口以及面积＞0.3 m² 梁、孔洞所占面积；门窗洞口侧壁以及与墙相连的柱并入保温墙体工程量内	1. 基层清理； 2. 刷界面剂； 3. 安装龙骨； 4. 填贴保温材料； 5. 保温板安装； 6. 粘贴面层； 7. 铺设增强格网、抹抗裂防水砂浆面层； 8. 嵌缝； 9. 铺、刷（喷）防护材料
011001004	保温隔热柱、梁			按设计图示尺寸以面积计算。 1. 柱按设计图示柱断面保温层中心线展开长度乘保温层高度以面积计算，扣除面积＞0.3 m² 梁所占面积。 2. 梁按设计图示梁断面保温层中心线展开长度乘保温层长度以面积计算	
011001005	保温隔热楼地面	1. 保温隔热部位； 2. 保温隔热材料种类、规格、厚度； 3. 隔气层材料品种、厚度； 4. 粘结材料种类、做法； 5. 防护材料种类、做法		按设计图示尺寸以面积计算，扣除面积＞0.3 m² 柱、垛、孔洞等所占面积。门洞、空圈、暖气包槽、壁龛的开口部分不增加面积	1. 基层清理； 2. 刷粘结材料； 3. 铺贴保温层； 4. 铺、刷（喷）防护材料
011001006	其他保温隔热	1. 保温隔热部位； 2. 保温隔热方式； 3. 隔气层材料品种、厚度； 4. 保温隔热面层材料品种、规格、性能； 5. 保温隔热材料品种、规格、厚度； 6. 粘结材料种类、做法； 7. 增强网及抗裂防水砂浆种类； 8. 防护材料种类、做法		按设计图示尺寸以展开面积计算，扣除面积＞0.3 m² 孔洞及占位面积	1. 基层清理； 2. 刷界面剂； 3. 安装龙骨； 4. 填贴保温材料； 5. 保温板安装； 6. 粘贴面层； 7. 铺设增强格网、抹抗裂防水砂浆面层； 8. 嵌缝； 9. 铺、刷（喷）防护材料

注：1. 柱帽保温隔热应并入天棚保温隔热工程量内。

　　2. 保温隔热方式指内保温、外保温和夹心保温。

　　3. 保温柱、梁适用于不与墙、天棚相连的独立柱、梁。

课后思考与综合运用

课后思考

1. 砖基础与墙身如何划分？
2. 如何计算基础放脚部分的体积？
3. 怎样计算框架柱、构造柱、框架梁工程量？
4. 屋面坡度系数是如何确定的？
5. 怎样利用坡度系数 C 计算屋面工程量？

能力拓展

1. 夯扩成孔灌注混凝土桩如图 6－29 所示。已知共 24 根，设计桩长为 9 m，直径为 500 mm。试计算其工程量并确定其定额项目。

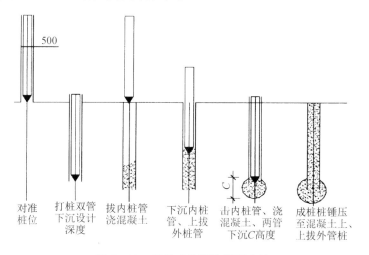

图 6－29　夯扩成孔灌注混凝土桩

2. 某工程为人工挖孔混凝土灌注桩，如图 6－30 所示。已知：桩身直径为 2 000 mm，护壁厚 200 mm，C25 混凝土，桩芯 C20 混凝土，桩数量共 16 根。最下面截锥体 D_1＝2 200 mm，D＝2 500 mm，h_2＝1 300 mm；上面截锥体 d＝2 200 mm，d_1＝2 400 mm，h_1＝1 000 mm；底段圆柱体 h_3＝400 mm，球缺 h_4＝200 mm。试求夯扩成孔灌注混凝土桩的相关工程量并确定定额项目。

3. 根据例 6.2 中所提供的相关资料，试计算场外运输的工程量并确定定额项目。

4. 某厂房上柱间支撑如图 6－31 所示，共 20 组，钢材采用 Q235B，电焊条为 T42。支撑采用角钢∟ 75×6；节点板采用厚度 δ＝8 mm 的钢板，其面密度为 62.800 kg/m^2。运输距离为 10 km，履带式起重机安装。试计算柱间支撑工程量并确定定额项目。

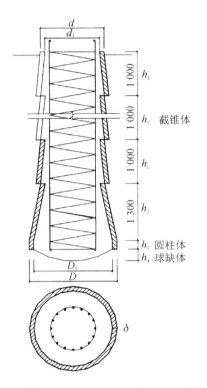

图 6-30 人工挖孔混凝土灌注桩

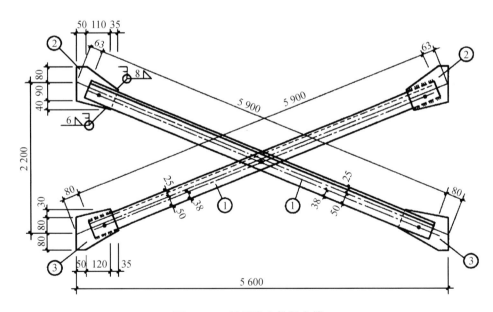

图 6-31 某厂房上柱间支撑

推荐阅读材料

［1］陈建国.工程计价与造价管理［M］.北京：中国建筑工业出版社,2011.

［2］严玲,尹贻林.工程计价学［M］.北京：中国机械工业出版社,2021.

［3］张珊珊,苏义坤,苏伟胜,等.应用无人机系统对高速公路土石方的智能化计量［J］.东北林业大学学报,2021,49（7）：122-126；132.

［4］王恬,马跃龙.基于轻量化 BIM 技术的计量控制优化研究［J］.建筑经济,2022,43（8）：71-76.

［5］中华人民共和国住房和城乡建设部.房屋建筑与装饰工程工程量计算规范：GB 50584—2013［S］.北京：中国计划出版社,2013.

［6］中华人民共和国住房和城乡建设部.建设工程工程量清单计价规范：GB 50500—2013［S］.北京：中国计划出版社,2013.

［7］规范编制组.2013 建设工程计价计量规范辅导［M］.北京：中国计划出版社,2013.

第七章 装饰工程计量

天下难事,必作于易;天下大事,必作于细。

——老子[①]

导 言

某超高层综合体项目[②]

如图 7-1 所示,某超高层综合体项目位于我国某沿海城市,周围配套资源丰富,交通便利,四面临街。该项目总占地 14 100 m²,总建筑面积 127 800 m²,建筑高度为 217 m。地上 42层,地下 4 层,包括酒店及办公楼、会议区、停车场等。酒店部分总面积为 68 347 m²,其中,地上面积为 49 637 m²,地下面积为 18 710 m²。项目设计使用车位 563 个,其中,地上 59 个,地下 504 个。部分装饰工程建造标准如表 7-1 所列。

图 7-1 某超高层综合体项目

---

① 摘自:老子《道德经》第六十三章。

② 摘自:中国建设工程造价管理协会.全过程工程咨询典型案例[M].北京:中国建筑工业出版社,2021.

表 7 - 1　部分装饰工程建造标准

装饰工程			写字楼建造标准	酒店建造标准
门窗工程	入口门		旋转门	旋转门
	房间门		实木装饰门	实木装饰门
	管井门		防火门	防火门
公共部位	外墙装饰		幕墙主要为单元式异性跌级幕墙,铝合金型材要求国产高精级铝合金型材,受力构件壁厚不小于 3 mm,玻璃为镀膜钢化(10 mm + 12A + 10 mm)中空 LOW - E 玻璃,结构及密封胶采用道康宁品牌,相关五金采用德国诺托品牌	幕墙主要为单元式异性跌级幕墙,铝合金型材要求国产高精级铝合金型材,受力构件壁厚不小于 3 mm,玻璃为镀膜钢化(10 mm + 12A + 10 mm)中空 LOW - E 玻璃,结构及密封胶采用道康宁品牌,相关五金采用德国诺托品牌
装饰装修	入口装饰		玻璃幕墙、花岗石	玻璃幕墙、花岗石
	电梯厅装饰		大理石	大理石
	大堂	楼地面装饰	拼花大理石	拼花大理石
		墙面装饰	大理石、木饰面板或其他	大理石、木饰面板或其他
		天棚装饰	石膏板多级吊顶,乳胶漆或其他	石膏板多级吊顶,乳胶漆面或其他
	电梯厅	楼地面装饰	大理石	大理石
		墙面装饰	大理石	大理石
		天棚装饰	石膏板多级吊顶,乳胶漆面	石膏板多级吊顶,乳胶漆面
	楼梯间	楼地面装饰	石材	石材
		墙面装饰	乳胶漆	乳胶漆
		天棚装饰	乳胶漆	乳胶漆
	栏杆	楼梯栏杆	木扶手铁艺栏杆	木扶手铁艺栏杆
		天井栏杆	不锈钢玻璃栏杆	不锈钢玻璃栏杆
	公共部位	楼地面装饰	大理石	大理石、地毯
		墙面装饰	大理石、木饰面板或其他	大理石、壁纸、木饰面板或其他
		天棚装饰	石膏板吊顶,乳胶漆面	石膏板异型吊顶,乳胶漆面
		门槛	大理石	大理石
		卫生间设备	科勒品牌洁具	科勒品牌洁具
		橱柜	木制	木制
		烟道	镀锌钢板	镀锌钢板
	客房/办公	楼地面装饰	大理石、瓷砖	大理石、瓷砖、地毯
		墙面装饰	木质踢脚线、饰面板、乳胶漆或其他	木质踢脚线、饰面板、乳胶漆或其他
		天棚装饰	石膏板吊顶,乳胶漆面,卫生间铝合金板吊顶	石膏板吊顶,乳胶漆面,卫生间铝合金板吊顶
		门槛	大理石	大理石

续表 7 - 1

装饰工程			写字楼建造标准	酒店建造标准
装饰装修	客房/办公	卫生间设备	科勒中低档洁具	科勒高档、高仪品牌洁具
		橱柜	木制	木制
		风道	镀锌钢板	镀锌钢板
	走廊	楼地面装饰	瓷砖	地毯
		墙面装饰	乳胶漆、木饰面板	乳胶漆、壁纸、木饰面板
		天棚装饰	石膏板异型吊顶、乳胶漆面	石膏板异型吊顶、乳胶漆面

装饰工程的工程造价浮动性较大,其根本原因在于装饰效果的不确定性、装饰材料及施工工艺的多样性。该工程装饰装修标准较高,在工程计量过程中应做到正确列项不漏项并计算工程量。

第一节　楼地面工程

一、定额工程量计算规则

1) 楼地面找平层及整体面层工程量按设计图示尺寸以面积计算,扣除凸出地面构筑物、设备基础、室内铁道、地沟等所占面积,不扣除间壁墙及单个面积≤0.3 m² 的柱、垛、附墙烟囱及孔洞所占面积。门洞、空圈、暖气包槽、壁龛的开口部分不增加面积。

2) 块料面层、橡塑面层工程量:

① 块料面层、橡塑面层及其他材料面层工程量按设计图示尺寸以面积计算。门洞、空圈、暖气包槽、壁龛的开口部分并入相应的工程量内。

② 石材拼花工程量按最大外围尺寸以矩形面积计算。有拼花的石材地面按设计图示尺寸扣除拼花的最大外围矩形面积计算面积。

③ 点缀工程量按个计算,计算主体铺贴地面面积时,不扣除点缀所占面积。

④ 石材底面刷养护液包括侧面涂刷,工程量按设计图示尺寸以底面面积加侧面面积计算。

⑤ 石材表面刷保护液工程量按设计图示尺寸以表面积计算。

⑥ 块料、石材勾缝区分规格工程量按设计图示尺寸以面积计算。

3) 踢脚线工程量按设计图示长度乘高度以面积计算。楼梯靠墙踢脚线(含锯齿形部分)贴块料按设计图示面积计算。

4) 楼梯面层工程量按设计图示尺寸以楼梯(包括踏步、休息平台及≤500 mm 的楼梯井)水平投影面积计算。楼梯与楼地面相连时,算至梯口梁内侧边沿;无梯口梁者,算至最上一层踏步边沿加 300 mm。

5) 台阶面层工程量按设计图示尺寸以台阶(包括最上层踏步边沿加 300 mm)水平投影面积计算。

6) 零星项目工程量按设计图示尺寸以面积计算。

7) 防滑条工程量如无设计要求时,按楼梯、台阶踏步两端距离减 300 mm 以长度计算。

8）分格嵌条工程量按设计图示尺寸以延长米计算。

9）块料楼地面做酸洗打蜡或结晶的工程量按设计图示尺寸以表面积计算。

例7.1　某单层建筑平面图如图 7-2 所示。墙宽均为 240 mm，门洞宽度：M-1 为 1 000 mm，M-2 为 1 200 mm，M-3 为 900 mm，M-4 为 1 000 mm。水磨石地面的做法为：素土夯实、80 mm 厚 C15 混凝土、素水泥浆结合层一遍、18 mm 厚 1∶3 水泥砂浆找平层、素水泥浆结合层一遍、15 mm 厚 1∶2 水泥石磨光（面层采用 3 mm 玻璃条分成 1 000 mm× 1 000 mm 的方格）。试计算其水磨石工程量并确定定额项目。

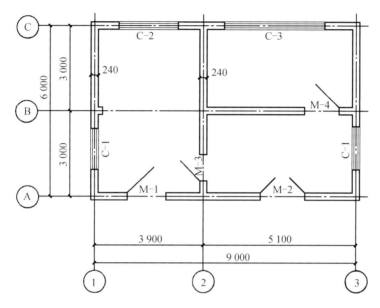

图 7-2　某建筑平面图

解　地面垫层工程量按室内主墙间净空面积乘以设计厚度计算，应扣除凸出地面的构筑物、设备基础、室内管道、地沟等所占体积，不扣除柱、垛、间壁墙、附墙烟囱及面积在 0.3 m² 以内孔洞所占体积。计算如下：

$$V = \{9.24 \times 6.24 - [(9.00 + 6.00) \times 2 + 6.00 - 0.24 + 5.10 - 0.24] \times 0.24\} \times 0.08$$

$$= \{57.66 - 40.62 \times 0.24\} \times 0.08$$

$$= 47.91 \times 0.08 = 3.83 \text{ m}^3$$

定额项目为：A9-23　水磨石楼地面　带嵌条。

定额全费用为：9 999.83 元/(100 m²)。

二、清单工程量计算规则

（一）整体面层及找平层

整体面层及找平层工程量清单项目的设置、项目特征描述的内容、计量单位及工程量计算规则应按如表 7-2 所列的规定执行。

表 7 - 2　整体面层及找平层(编码:011101)

项目编码	项目名称	项目特征	计量单位	工程量计算规则	工作内容
011101001	水泥砂浆楼地面	1. 找平层厚度、砂浆配合比; 2. 素水泥浆遍数; 3. 面层厚度、砂浆配合比; 4. 面层做法要求	m²	按设计图示尺寸以面积计算,扣除凸出地面构筑物、设备基础、室内铁道、地沟等所占面积,不扣除间壁墙及≤0.3 m²柱、垛、附墙烟囱及孔洞所占面积。门洞、空圈、暖气包槽、壁龛的开口部分不增加面积	1. 基层清理; 2. 抹找平层; 3. 抹面层; 4. 材料运输
011101002	现浇水磨石楼地面	1. 找平层厚度、砂浆配合比; 2. 面层厚度、水泥石子浆配合比; 3. 嵌条材料种类、规格; 4. 石子种类、规格、颜色; 5. 颜料种类、颜色; 6. 图案要求; 7. 磨光、酸洗.打蜡要求			1. 基层清理; 2. 抹找平层; 3. 面层铺设; 4. 嵌缝条安装; 5. 磨光、酸洗打蜡; 6. 材料运输
011101003	细石混凝土楼地面	1. 找平层厚度、砂浆配合比; 2. 面层厚度、混凝土强度等级			1. 基层清理; 2. 抹找平层; 3. 面层铺设; 4. 材料运输
011101004	菱苦土楼地面	1. 找平层厚度、砂浆配合比面层厚度; 2. 打蜡要求			1. 基层清理; 2. 抹找平层; 3. 面层铺设; 4. 打蜡; 5. 材料运输
011101005	自流坪楼地面	1. 找平层砂浆配合比、厚度; 2. 界面剂材料种类; 3. 中层漆材料种类、厚度; 4. 面漆材料种类、厚度; 5. 面层材料种类			1. 基层清理; 2. 抹找平层; 3. 涂界面剂; 4. 涂刷中层漆; 5. 打磨、吸尘; 6. 镘自流平面漆(浆); 7. 拌合自流平浆料; 8. 铺面层
011101006	平面砂浆找平层	找平层厚度、砂浆配合比		按设计图示尺寸以面积计算	1. 基层处理; 2. 抹找平层; 3. 材料运输

注:1. 水泥砂浆面层处理是拉毛还是提浆压光应在面层做法要求中描述。

　　2. 平面砂浆找平层只适用于仅做找平层的平面抹灰。

　　3. 间壁墙指墙厚≤120 mm 的墙。

　　4. 楼地面混凝土垫层另按垫层项目编码列项,除混凝土外的其他材料垫层按本规范垫层项目编码列项。

(二)块料面层

块料面层工程量清单项目的设置、项目特征描述的内容、计量单位及工程量计算规则应按如表 7-3 所列的规定执行。

表 7-3　块料面层(编码:011102)

项目编码	项目名称	项目特征	计量单位	工程量计算规则	工作内容
011102001	石材楼地面	1. 找平层厚度、砂浆配合比; 2. 结合层厚度、砂浆配合比; 3. 面层材料品种、规格、颜色; 4. 嵌缝材料种类; 5. 防护层材料种类; 6. 酸洗、打蜡要求	m²	按设计图示尺寸以面积计算。门洞、空圈、暖气包槽、壁龛的开口部分并入相应的工程量内	1. 基层清理; 2. 抹找平层; 3. 面层铺设、磨边; 4. 嵌缝; 5. 刷防护材料; 6. 酸洗、打蜡; 7. 材料运输
011102002	碎石材楼地面				
011102003	块料楼地面				

注:1. 在描述碎石材项目的面层材料特征时可不用描述规格、颜色。

2. 石材、块料与粘结材料的结合面刷防渗材料的种类在防护层材料种类中描述。

3. 本表工作内容中的磨边指施工现场磨边,后面章节工作内容中涉及的磨边含义同。

(三)橡塑面层

橡塑面层工程量清单项目的设置、项目特征描述的内容、计量单位及工程量计算规则应按如表 7-4 所列的规定执行。

表 7-4　橡塑面层(编码:011103)

项目编码	项目名称	项目特征	计量单位	工程量计算规则	工作内容
011103001	橡胶板楼地面	1. 粘结层厚度、材料种类; 2. 面层材料品种、规格、颜色; 3. 压线条种类	m²	按设计图示尺寸以面积计算。门洞、空圈、暖气包槽、壁龛的开口部分并入相应的工程量内	1. 基层清理; 2. 面层铺贴; 3. 压缝条装钉; 4. 材料运输
011103002	橡胶板卷材楼地面				
011103003	塑料板楼地面				
011103004	塑料卷材楼地面				

注:本表项目中如涉及找平层,另按《房屋建筑与装饰工程工程量计算规范》附录表 L-1 找平层项目编码列项。

(四)其他材料面层

其他材料面层工程量清单项目的设置、项目特征描述的内容、计量单位及工程量计算规则应按如表 7-5 所列的规定执行。

表 7-5　其他材料面层(编码:011104)

项目编码	项目名称	项目特征	计量单位	工程量计算规则	工作内容
011104001	地毯楼地面	1. 面层材料品种、规格、颜色; 2. 防护材料种类; 3. 粘结材料种类; 4. 压线条种类	m²	按设计图示尺寸以面积计算。门洞、空圈、暖气包槽、壁龛的开口部分并入相应的工程量内	1. 基层清理; 2. 铺贴面层; 3. 刷防护材料; 4. 装钉压条; 5. 材料运输

项目编码	项目名称	项目特征	计量单位	工程量计算规则	工作内容
011104002	竹、木(复合)地板	1. 龙骨材料种类、规格、铺设间距; 2. 基层材料种类、规格; 3. 面层材料种类、规格、颜色; 4. 防护材料种类	m²	按设计图示尺寸以面积计算。门洞、空圈、暖气包槽、壁龛的开口部分并入相应的工程量内	1. 基层清理; 2. 龙骨铺设; 3. 基层铺设; 4. 面层铺贴; 5. 刷防护材料; 6. 材料运输
011104003	金属复合地板				
011104004	防静电活动地板	1. 支架高度、材料种类; 2. 面层材料品种、规格、颜色; 3. 防护材料种类			1. 基层清理; 2. 固定支架安装; 3. 活动面层安装; 4. 刷防护材料; 5. 材料运输

(五)踢脚线

踢脚线工程量清单项目的设置、项目特征描述的内容、计量单位及工程量计算规则应按如表 7 - 6 所列的规定执行。

表 7 - 6　踢脚线(编码:011105)

项目编码	项目名称	项目特征	计量单位	工程量计算规则	工作内容
011105001	水泥砂浆踢脚线	1. 踢脚线高度; 2. 底层厚度、砂浆配合比; 3. 面层厚度、砂浆配合比	1. m²; 2. m	1.以平方米计量,按设计图示长度乘以高度以面积计算; 2.以米计量,按延长米计算	1. 基层清理; 2. 底层和面层抹灰; 3. 材料运输
011105002	石材踢脚线	1. 踢脚线高度; 2. 粘贴层厚度、材料种类; 3. 面层材料品种、规格、颜色; 4. 防护材料种类			1. 基层清理; 2. 底层抹灰; 3. 面层铺贴、磨边; 4. 擦缝; 5. 磨光、酸洗、打蜡; 6. 刷防护材料; 7. 材料运输
011105003	块料踢脚线				
011105004	塑料板踢脚线	1. 踢脚线高度; 2. 粘结层厚度、材料种类; 3. 面层材料种类、规格、颜色			1. 基层清理; 2. 基层铺贴; 3. 面层铺贴; 4. 材料运输
011105005	木质踢脚线	1. 踢脚线高度; 2. 基层材料种类、规格; 3. 面层材料品种、规格、颜色			
011105006	金属踢脚线				
011105007	防静电踢脚线				

注:石材、块料与粘结材料的结合面刷防渗材料的种类在防护材料种类中描述。

（六）楼梯面层

楼梯面层工程量清单项目的设置、项目特征描述的内容、计量单位及工程量计算规则应按如表 7-7 所列的规定执行。

表 7-7 楼梯面层（编码：011106）

项目编码	项目名称	项目特征	计量单位	工程量计算规则	工作内容
011106001	石材楼梯面层	1. 找平层厚度、砂浆配合比； 2. 粘结层厚度、材料种类； 3. 面层材料品种、规格、颜色； 4. 防滑条材料种类、规格； 5. 勾缝材料种类； 6. 防护材料种类； 7. 酸洗、打蜡要求	m²	按设计图示尺寸以楼梯（包括踏步、休息平台及≤500 mm 的楼梯井）水平投影面积计算。楼梯与楼地面相连时，算至梯口梁内侧边沿；无梯口梁者，算至最上一层踏步边沿加 300 mm	1. 基层清理； 2. 找抹平层； 3. 面层铺贴、磨边； 4. 贴嵌防滑条； 5. 勾缝； 6. 刷防护材料； 7. 酸洗、打蜡； 8. 材料运输
011106002	块料楼梯面层				
011106003	拼碎块料面层				
011106004	水泥砂浆楼梯面层	1. 找平层厚度、砂浆配合比； 2. 面层厚度、砂浆配合比； 3. 防滑条材料种类、规格			1. 基层清理； 2. 找抹平层； 3. 抹面层； 4. 抹防滑条； 5. 材料运输
011106005	现浇水磨石楼梯面层	1. 找平层厚度、砂浆配合比； 2. 面层厚度、水泥石子浆配合比； 3. 防滑条材料种类、规格； 4. 石子种类、规格、颜色； 5. 颜料种类、颜色； 6. 磨光、酸洗打蜡要求			1. 基层清理； 2. 找抹平层； 3. 抹面层； 4. 贴嵌防滑条； 5. 磨光、酸洗、打蜡； 6. 材料运输
011106006	地毯楼梯面层	1. 基层种类； 2. 面层材料品种、规格、颜色； 3. 防护材料种类； 4. 粘结材料种类； 5. 固定配件材料种类、规格			1. 基层清理； 2. 铺贴面层； 3. 固定配件安装； 4. 刷防护材料； 5. 材料运输
011106007	木板楼梯面层	1. 基层材料种类、规格； 2. 面层材料品种、规格、颜色； 3. 粘结材料种类； 4. 防护材料种类			1. 基层清理； 2. 基层铺贴； 3. 面层铺贴； 4. 刷防护材料； 5. 材料运输
011106008	橡胶板楼梯面层	1. 粘结层厚度、材料种类； 2. 面层材料品种、规格、颜色； 3. 压线条种类			1. 基层清理； 2. 面层铺贴； 3. 压缝条装钉； 4. 材料运输
011106009	塑料板楼梯面层				

注：1. 在描述碎石材项目的面层材料特征时可不用描述规格、颜色。

2. 石材、块料与粘结材料的结合面刷防渗材料的种类在防护材料种类中描述。

（七）台阶装饰

台阶装饰工程量清单项目的设置、项目特征描述的内容、计量单位及工程量计算规则应按如表 7-8 所列的规定执行。

表 7-8 台阶装饰（编码:011107）

项目编码	项目名称	项目特征	计量单位	工程量计算规则	工作内容
011107001	石材台阶面	1. 找平层厚度、砂浆配合比; 2. 粘结材料种类; 3. 面层材料品种、规格、颜色; 4. 勾缝材料种类; 5. 防滑条材料种类、规格; 6. 防护材料种类	m²	按设计图示尺寸以台阶(包括最上层踏步边沿加300 mm)水平投影面积计算	1. 基层清理; 2. 找抹平层; 3. 面层铺贴; 4. 贴嵌防滑条; 5. 勾缝; 6. 刷防护材料; 7. 材料运输
011107002	块料台阶面				
011107003	拼碎块料台阶面				
011107004	水泥砂浆台阶面	1. 找平层厚度、砂浆配合比; 2. 面层厚度、砂浆配合比; 3. 防滑条材料种类			1. 基层清理; 2. 找抹平层; 3. 抹面层; 4. 抹防滑条; 5. 材料运输
011107005	现浇水磨石台阶面	1. 找平层厚度、砂浆配合比; 2. 面层厚度、水泥石子浆配合比; 3. 防滑条材料种类、规格; 4. 石子种类、规格、颜色; 5. 颜料种类、颜色; 6. 磨光、酸洗打蜡要求			1. 基层清理; 2. 找抹平层; 3. 抹面层; 4. 贴嵌防滑条; 5. 打磨、酸洗、打蜡; 6. 材料运输
011107006	剁假石台阶面	1. 找平层厚度、砂浆配合比; 2. 面层厚度、砂浆配合比; 3. 剁假石要求			1. 基层清理; 2. 抹找平层; 3. 抹面层; 4. 剁假石; 5. 材料运输

注:1. 在描述碎石材项目的面层材料特征时可不用描述规格、颜色。

2. 石材、块料与粘结材料的结合面刷防渗材料的种类在防护材料种类中描述。

（八）零星装饰项目

零星装饰项目工程量清单项目的设置、项目特征描述的内容、计量单位及工程量计算规则应按如表 7-9 所列的规定执行。

表 7 - 9 零星装饰项目(编码:011108)

项目编码	项目名称	项目特征	计量单位	工程量计算规则	工作内容
011108001	石材零星项目	1. 工程部位; 2. 找平层厚度、砂浆配合比; 3. 贴结合层厚度、材料种类; 4. 面层材料品种、规格、颜色; 5. 勾缝材料种类; 6. 防护材料种类; 7. 酸洗、打蜡要求	m²	按设计图示尺寸以面积计算	1. 清理基层; 2. 抹找平层; 3. 面层铺贴、磨边; 4. 勾缝; 5. 刷防护材料; 6. 酸洗、打蜡; 7. 材料运输
011108002	拼碎石材零星项目				
011108003	块料零星项目				
011108004	水泥砂浆零星项目	1. 工程部位; 2. 找平层厚度、砂浆配合比; 3. 面层厚度、砂浆厚度			1. 清理基层; 2. 抹找平层; 3. 抹面层; 4. 材料运输

注:1. 楼梯、台阶牵边和侧面镶贴块料面层,不大于 0.5 m² 的少量分散的楼地面镶贴块料面层,应按本表执行。

2. 石材、块料与粘结材料的结合面刷防渗材料的种类在防护材料种类中描述。

第二节 墙、柱面工程

一、定额工程量计算规则

(一)抹 灰

1)内墙面、墙裙抹灰面积应扣除设计门窗洞口和单个面积>0.3 m² 以上的空圈所占的面积,不扣除踢脚线、挂镜线及单个面积≤0.3 m² 的孔洞和墙与构件交接处的面积,门窗洞口、空圈、孔洞的侧壁面积亦不增加。附墙柱的侧面抹灰应并入墙面、墙裙抹灰工程量内计算。

2)内墙面、墙裙的长度以主墙间的图示净长计算,墙面高度按室内地面至天棚底面净高计算,墙面抹灰面积应扣除墙裙抹灰面积,如墙面和墙裙抹灰种类相同者,工程量合并计算。钉板天棚的内墙面抹灰,其高度按室内地面或楼地面至天棚底面另加 100 mm 计算。

3)外墙抹灰面积按垂直投影面积计算,应扣除门窗洞口、外墙裙(墙面和墙裙抹灰种类相同者应合并计算)和单个面积>0.3 m² 的孔洞所占面积,不扣除单个面积≤0.3 m² 的孔洞所占面积,门窗洞口及孔洞侧壁面积亦不增加。附墙柱、梁、垛、烟囱侧面抹灰面积应并入外墙面抹灰工程量内。

4)柱抹灰工程量按结构断面周长乘抹灰高度计算。

5)装饰线条抹灰工程量按设计图示尺寸以长度计算。

6)装饰抹灰分格嵌缝工程量按抹灰面面积计算。

7)零星项目工程量按设计图示尺寸以展开面积计算。

(二)块料面层

1)挂贴石材零星项目中柱墩、柱帽是按圆弧形成品考虑的,其工程量按其圆的最大外径以周长计算;其他类型的柱帽、柱墩工程量按设计图示尺寸以展开面积计算。

2) 镶贴块料面层工程量按镶贴表面积计算。

3) 柱镶贴块料面层工程量按设计图示饰面外围尺寸乘以高度以面积计算。

(三)墙饰面

1) 龙骨、基层、面层墙饰面项目工程量按设计图示饰面尺寸以面积计算,扣除门窗洞口及单个面积>0.3 m² 以上的空圈所占的面积,不扣除单个面积≤0.3 m² 的孔洞所占面积。

2) 柱(梁)饰面的龙骨、基层、面层工程量按设计图示饰面尺寸以面积计算,柱帽、柱墩并入相应柱面积计算。

(四)隔　断

隔断工程量按设计图示框外围尺寸以面积计算,扣除门窗洞及单个面积>0.3 m² 的孔洞所占面积。

例 7.2　某建筑平面及 1—1 剖面图如图 7-3 所示。门窗洞口尺寸(宽×高):M-1 为

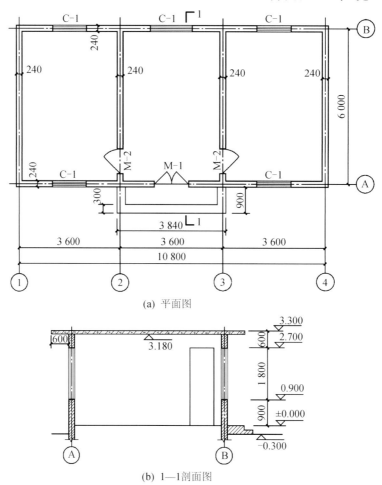

(a) 平面图

(b) 1—1剖面图

图 7-3　某建筑平面图及 1—1 剖面图

1 200 mm×2 700 mm,M-2 为 900 mm×2 700 mm,C-1 为 1 500 mm×1 800 mm。干混抹灰砂浆 DP M10 内墙面做法为:(14 mm＋6 mm)14 mm 厚 1:3 石灰砂浆;6 mm 厚石灰纸筋浆。试计算内墙面的工程量并确定定额项目。

解　内墙面长度为各房间内墙长之和,计算如下:

$$L=(3.60-0.24+6.00-0.24)\times2\times3=9.12\times6=54.72 \text{ m}$$

内墙面高度为设计室内地面至板底之间的距离,则内墙面总面积为

$$S_1=54.72\times3.18=174.01 \text{ m}^2$$

内墙面门窗洞口面积应予扣除,则有

$$S_2=1.20\times2.70\times1+0.90\times2.70\times2\times2+1.50\times1.80\times5=26.46 \text{ m}^2$$

内墙面工程量为内墙面总面积减去内墙面门窗洞口面积,则有

$$S=S_1-S_2=174.01-26.46=147.55 \text{ m}^2$$

定额项目为:A10-1　内墙　14 mm＋6 mm。

定额全费用为:3 123.10 元/(100 m²)。

二、清单工程量计算规则

(一)墙面抹灰

墙面抹灰工程量清单项目的设置、项目特征描述的内容、计量单位及工程量计算规则应按如表 7-10 所列的规定执行。

表 7-10　墙面抹灰(编码:011201)

项目编码	项目名称	项目特征	计量单位	工程量计算规则	工作内容
011201001	墙面一般抹灰	1. 墙体类型; 2. 底层厚度、砂浆配合比; 3. 面层厚度、砂浆配合比; 4. 装饰面材料种类; 5. 分格缝宽度、材料种类	m²	按设计图示尺寸以面积计算,扣除墙裙、门窗洞口及单个>0.3 m²的孔洞面积,不扣除踢脚线、挂镜线和墙与构件交接处的面积,门窗洞口和孔洞的侧壁及顶面不增加面积。附墙柱、梁、垛、烟囱侧壁并入相应的墙面面积内。 1. 外墙抹灰面积按外墙垂直投影面积计算。 2. 外墙裙抹灰面积按其长度乘以高度计算。 3. 内墙抹灰面积按主墙间的净长乘以高度计算。 (1)无墙裙的,高度按室内楼地面至天棚底面计算; (2)有墙裙的,高度按墙裙至天棚底面计算;	1. 基层清理; 2. 砂浆制作、运输; 3. 底层抹灰; 4. 抹面层; 5. 抹装饰面; 6. 勾分格缝
011201002	墙面装饰抹灰				
011201003	墙面勾缝	1. 勾缝类型; 2. 勾缝材料种类			1. 基层清理; 2. 砂浆制作、运输; 3. 勾缝

项目编码	项目名称	项目特征	计量单位	工程量计算规则	工作内容
011201004	立面砂浆找平层	1. 基层类型; 2. 找平层砂浆厚度、配合比	m²	(3) 有吊顶天棚抹灰,高度算至天棚底。 4. 内墙裙抹灰面按内墙净长乘以高度计算	1. 基层清理; 2. 砂浆制作、运输; 3. 抹灰找平

注:1. 立面砂浆找平项目适用于仅做找平层的立面抹灰。

2. 墙面抹石灰砂浆、水泥砂浆、混合砂浆、聚合物水泥砂浆、磨刀石灰浆、石膏灰浆等按本表中墙面一般抹灰列项; 墙面水刷石、斩假石、干粘石、假面砖等按本表中墙面装饰抹灰列项。

3. 飘窗凸出外墙面增加的抹灰并入外墙工程量内。

4. 有吊顶天棚的内墙面抹灰,抹至吊顶以上部分在综合单价中考虑。

(二)柱(梁)面抹灰

柱(梁)面抹灰工程量清单项目的设置、项目特征描述的内容、计量单位及工程量计算规则应按如表 7 - 11 所列的规定执行。

表 7 - 11 柱(梁)面抹灰(编码:011202)

项目编码	项目名称	项目特征	计量单位	工程量计算规则	工作内容
011202001	柱、梁面一般抹灰	1. 柱(梁)体类型; 2. 底层厚度、砂浆配合比; 3. 面层厚度、砂浆配合比; 4. 装饰面材料种类; 5. 分隔缝宽度、材料种类	m²	1. 柱面抹灰按设计图示柱断面周长乘高度以面积计算; 2. 梁面抹灰按设计图示梁断面周长乘长度以面积计算	1. 基层清理; 2. 砂浆制作、运输; 3. 底层抹灰; 4. 抹面层; 5. 勾分格缝
011202002	柱、梁面装饰抹灰				
011202003	柱、梁面砂浆找平	1. 柱(梁)体类型; 2. 找平的砂浆厚度、配合比			1. 基层清理; 2. 砂浆制作、运输; 3. 抹灰找平
011202004	柱面勾缝	1. 勾缝类型; 2. 勾缝材料种类		按设计图示柱断面周长乘高度以面积计算	1. 基层清理; 2. 砂浆制作、运输; 3. 勾缝

注:1. 砂浆找平项目适用于仅做找平层的柱(梁)面抹灰。

2. 柱(梁)面抹石灰砂浆、水泥砂浆、混合砂浆、聚合物水泥砂浆、麻刀石灰浆、石膏灰浆等按本表中柱(梁)面一般抹灰编码列项;柱(梁)面水刷石、斩假石、干粘石、假面砖等按本表中柱(梁)面装饰抹灰项目编码列项。

(三)零星抹灰

零星抹灰工程量清单项目的设置、项目特征描述的内容、计量单位及工程量计算规则应按如表 7 - 12 所列的规定执行。

表 7-12　零星抹灰(编码:011203)

项目编码	项目名称	项目特征	计量单位	工程量计算规则	工作内容
011203001	零星项目一般抹灰	1. 基层类型、部位; 2. 底层厚度、砂浆配合比; 3. 面层厚度、砂浆配合比; 4. 装饰面材料种类; 5. 分隔缝宽度、材料种类	m²	按设计图示尺寸以面积计算	1. 基层清理; 2. 砂浆制作、运输; 3. 底层抹灰; 4. 抹面层; 5. 抹装饰面; 6. 勾分格缝
011203002	零星项目装饰抹灰				
011203003	零星项目砂浆找平	1. 基层类型、部位; 2. 找平的砂浆厚度、配合比			1. 基层清理; 2. 砂浆制作、运输; 3. 抹灰找平

注:1. 零星项目抹石灰砂浆、水泥砂浆、混合砂浆、聚合物水泥砂浆、麻刀石灰浆、石膏灰浆等按本表中零星项目一般抹灰编码列项,水刷石、斩假石、干粘石、假面砖等按本表中零星项目装饰抹灰编码列项。

　　2. 墙、柱(梁)面≤0.5 m²的少量分散的抹灰按本表中零星抹灰项目编码列项。

(四)墙面块料面层

墙面块料面层工程量清单项目的设置、项目特征描述的内容、计量单位及工程量计算规则应按如表 7-13 所列的规定执行。

表 7-13　墙面块料面层(编码:011204)

项目编码	项目名称	项目特征	计量单位	工程量计算规则	工作内容
011204001	石材墙面	1. 墙体类型; 2. 安装方式; 3. 面层材料品种、规格、颜色; 4. 缝宽、嵌缝材料种类; 5. 防护材料种类; 6. 磨光、酸洗、打蜡要求	m²	按镶贴表面积计算	1. 基层清理; 2. 砂浆制作、运输; 3. 粘结层铺贴; 4. 面层安装; 5. 嵌缝; 6. 刷防护材料; 7. 磨光、酸洗、打蜡
011204002	拼碎石材墙面				
011204003	块料墙面	1. 柱(梁)体类型; 2. 找平的砂浆厚度、配合比			
011204004	干挂石材钢骨架	1. 骨架种类、规格; 2. 防锈漆品种遍数	t	按设计图示以质量计算	1. 骨架制作、运输、安装; 2. 刷漆

注:1. 在描述碎块项目的面层材料特征时可不用描述规格、颜色。

　　2. 石材、块料与粘结材料的结合面刷防渗材料的种类在防护层材料种类中描述。

　　3. 安装方式可描述为砂浆或粘结剂粘贴、挂贴、干挂等,不论哪种安装方式,都要详细描述与组价相关的内容。

(五)柱(梁)面镶贴块料

柱(梁)面镶贴块料工程量清单项目的设置、项目特征描述的内容、计量单位及工程量计算规则应按如表 7-14 所列的规定执行。

表 7 - 14 　柱(梁)面镶贴块料(编码:011205)

项目编码	项目名称	项目特征	计量单位	工程量计算规则	工作内容
011205001	石材柱面	1. 柱截面类型、尺寸; 2. 安装方式; 3. 面层材料品种、规格、颜色; 4. 缝宽、嵌缝材料种类; 5. 防护材料种类; 6. 磨光、酸洗、打蜡要求	m²	按镶贴表面积计算	1. 基层清理; 2. 砂浆制作、运输; 3. 粘结层铺贴; 4. 面层安装; 5. 嵌缝; 6. 刷防护材料; 7. 磨光、酸洗、打蜡
011205002	块料柱面				
011205003	拼碎块柱面				
011205004	石材梁面	1. 安装方式; 2. 面层材料品种、规格、颜色; 3. 缝宽、嵌缝材料种类; 4. 防护材料种类; 5. 磨光、酸洗、打蜡要求			
011205005	块料梁面				

注:1. 在描述碎块项目的面层材料特征时可不用描述规格、颜色。

2. 石材、块料与粘结材料的结合面刷防渗材料的种类在防护层材料种类中描述。

3. 柱梁面干挂石材的钢骨架按表 7-13 相应项目编码列项。

(六)镶贴零星块料

镶贴零星块料工程量清单项目的设置、项目特征描述的内容、计量单位及工程量计算规则应按如表 7-15 所列的规定执行。

表 7 - 15 　镶贴零星块料(编码:011206)

项目编码	项目名称	项目特征	计量单位	工程量计算规则	工作内容
011206001	石材零星项目	1. 基层类型、部位; 2. 安装方式; 3. 面层材料品种、规格、颜色; 4. 缝宽、嵌缝材料种类; 5. 防护材料种类; 6. 磨光、酸洗、打蜡要求	m²	按镶贴表面积计算	1. 基层清理; 2. 砂浆制作、运输; 3. 面层安装; 4. 嵌缝; 5. 刷防护材料; 6. 磨光、酸洗、打蜡
011206002	块料零星项目				
011206003	拼碎块零星项目				

注:1. 在描述碎块项目的面层材料特征时可不用描述规格、颜色。

2. 石材、块料与粘结材料的结合面刷防渗材料的种类在防护层材料种类中描述。

3. 墙柱面≤0.5m² 的少量分散的镶贴块料面层按本表中零星项目执行。

(七)墙饰面

墙饰面工程量清单项目的设置、项目特征描述的内容、计量单位及工程量计算规则应按如表 7-16 所列的规定执行。

表 7 - 16　墙饰面(编码:011207)

项目编码	项目名称	项目特征	计量单位	工程量计算规则	工作内容
011207001	墙面装饰板	1. 龙骨材料种类、规格、中距; 2. 隔离层材料种类、规格; 3. 基层材料种类、规格; 4. 面层材料种类、规格、颜色; 5. 压条材料种类、规格	m^2	按设计图示墙净长乘净高以面积计算,扣除门窗洞口及单个>0.3 m^2 的孔洞所占面积	1. 基层清理; 2. 龙骨制作、运输、安装; 3. 钉隔离层; 4. 基层铺钉; 5. 面层铺贴
011207002	墙面装饰浮雕	1. 基层类型; 2. 浮雕材料种类; 3. 浮雕样式		按设计图示尺寸以面积计算	1. 基层清理; 2. 材料制作、运输; 3. 安装成型

注:1. 在描述碎块项目的面层材料特征时可不用描述规格、颜色。

2. 石材、块料与粘结材料的结合面刷防渗材料的种类在防护层材料种类中描述。

3. 安装方式可描述为砂浆或粘结剂粘贴、挂贴、干挂等,不论哪种安装方式,都要详细描述与组价相关的内容。

(八) 柱(梁)饰面

柱(梁)饰面工程量清单项目的设置、项目特征描述的内容、计量单位及工程量计算规则应按如表 7 - 17 所列的规定执行。

表 7 - 17　柱(梁)饰面(编码:011208)

项目编码	项目名称	项目特征	计量单位	工程量计算规则	工作内容
011208001	柱(梁)面装饰	1. 龙骨材料种类、规格、中距; 2. 隔离层材料种类; 3. 基层材料种类、规格; 4. 面层材料种类、规格、颜色; 5. 压条材料种类、规格	m^2	按设计图示饰面外围尺寸以面积计算,柱帽、柱墩并入相应柱饰面工程量内	1. 清理基层; 2. 龙骨制作、运输、安装; 3. 钉隔离层; 4. 基层铺钉; 5. 面层铺贴
011208002	成品装饰柱	1. 柱截面、高度尺寸; 2. 柱材质	1. 根; 2. m	1. 以根计量,按设计数量计算; 2. 以米计量,按设计长度计算	柱运输、固定、安装

(九) 幕墙工程

幕墙工程工程量清单项目的设置、项目特征描述的内容、计量单位及工程量计算规则应按如表 7 - 18 所示的规定执行。

表 7 - 18　幕墙工程(编码:011209)

项目编码	项目名称	项目特征	计量单位	工程量计算规则	工作内容
011209001	带骨架幕墙	1. 骨架材料种类、规格、中距; 2. 面层材料品种、规格、颜色; 3. 面层固定方式; 4. 隔离带、框边封闭材料品种、规格; 5. 嵌缝、塞口材料种类	m²	按设计图示框外围尺寸以面积计算,与幕墙同种材质的窗所占面积不扣除	1. 骨架制作、运输、安装; 2. 面层安装; 3. 隔离带、框边封闭; 4. 嵌缝、塞口; 5. 清洗
011209002	全玻(无框玻璃)幕墙	1. 玻璃品种、规格、颜色; 2. 粘结塞口材料种类; 3. 固定方式		按设计图示尺寸以面积计算,带肋全玻幕墙按展开面积计算	1. 幕墙安装; 2. 嵌缝、塞口; 3. 清洗

(十)隔　断

隔断工程量清单项目的设置、项目特征描述的内容、计量单位及工程量计算规则应按如表 7 - 19 所列的规定执行。

表 7 - 19　隔断(编码:011210)

项目编码	项目名称	项目特征	计量单位	工程量计算规则	工作内容
011210001	木隔断	1. 骨架、边框材料种类、规格; 2. 隔板材料品种、规格、颜色; 3. 嵌缝、塞口材料品种; 4. 压条材料种类	m²	按设计图示框外围尺寸以面积计算,不扣除单个≤0.3 m²的孔洞所占面积。浴厕门的材质与隔断相同时,门的面积并入隔断面积内	1. 骨架及边框制作、运输、安装; 2. 隔板制作、运输、安装; 3. 嵌缝、塞口; 4. 装钉、压条
011210002	金属隔断	1. 骨架、边框材料种类、规格; 2. 隔板材料品种、规格、颜色; 3. 嵌缝、塞口材料品种			1. 骨架及边框制作、运输、安装; 2. 隔板制作、运输、安装; 3. 嵌缝、塞口
011210003	玻璃隔断	1. 边框材料种类、规格; 2. 玻璃品种、规格、颜色; 3. 嵌缝、塞口材料品种		按设计图示框外围尺寸以面积计算,不扣除单个≤0.3 m²的孔洞所占面积	1. 边框制作、运输、安装; 2. 玻璃制作运输、安装; 3. 嵌缝、塞口
011210004	塑料隔断	1. 边框材料种类、规格; 2. 隔板材料品种、规格、颜色; 3. 嵌缝、塞口材料品种			1. 骨架及边框制作、运输、安装; 2. 隔板制作、运输、安装; 3. 嵌缝、塞口

续表 7－19

项目编码	项目名称	项目特征	计量单位	工程量计算规则	工作内容
011210005	成品隔断	1. 隔板材料品种、规格、颜色； 2. 配件品种、规格	1. m^2； 2. 间	1. 以平方米计量，按设计图示框外围尺寸以面积计算； 2. 以间计量，按设计间的数量计算	1. 隔断运输、安装； 2. 嵌缝、塞口
011210006	其他隔断	1. 骨架、边框材料种类、规格； 2. 隔板材料品种、规格、颜色； 3. 嵌缝、塞口材料品种	m^2	按设计图示框外围尺寸以面积计算，不扣除单个≤0.3 m^2的孔洞所占面积	1. 骨架及边框安装； 2. 隔板安装； 3. 嵌缝、塞口

第三节　幕墙工程

一、定额工程量计算规则

1）点支承玻璃幕墙工程量按设计图示尺寸以四周框外围展开面积计算。肋玻结构点式幕墙玻璃肋工程量不另计算，作为材料项进行含量调整。点支承玻璃幕墙索结构辅助钢桁架制作安装工程量按质量计算。

2）全玻璃幕墙工程量按设计图示尺寸以面积计算。带肋全玻璃幕墙工程量按设计图示尺寸以展开面积计算，玻璃肋工程量按玻璃边缘尺寸以展开面积计算并入幕墙工程量内。

3）单元式幕墙工程量按图示尺寸的外围面积以平方米计量，不扣除幕墙区域设置的窗、洞口面积。防火隔断安装工程量按设计图示尺寸垂直投影面积以平方米计量。槽型预埋件及T型转接件螺栓安装的工程量按设计图示数量以个计量。

4）框支承玻璃幕墙工程量按设计图示尺寸以框外围展开面积计算，与幕墙同种材质的窗所占面积不扣除。

5）金属板幕墙工程量按设计图示尺寸以外围面积计算。凹或凸出的板材折边不另计算，计入金属板材料单价中。

6）幕墙防火隔断工程量按设计图示尺寸以展开面积计算。

7）幕墙防雷系统、金属成品装饰压条均按延长米计算。隔断工程量按设计图示框外围尺寸以面积计算，扣除门窗洞及单个面积＞0.3 m^2 的孔洞所占面积。

8）雨蓬工程量按设计图示尺寸以外围展开面积计算。有组织排水的排水沟槽工程量按水平投影面积计算并入雨蓬工程量内。

例 7.3　某信息港工程幕墙外围尺寸为：宽 29.40 m，高 19.50 m。幕墙采用点支式玻璃幕墙，其支承结构为预应力单层拉网结构。试计算玻璃幕墙工程量并确定定额项目。

解　玻璃幕墙工程量计算如下：

$$S = 29.40 \times 19.50 = 573.30 \ m^2$$

定额项目为:A11－7　点支式玻璃幕墙　单层拉索结构。

定额全费用为:169 265.28 元/(100 m²)。

二、清单工程量计算规则

幕墙清单工程量计算规则详见本章第二节表 7－18 内容。

第四节　天棚工程

一、定额工程量计算规则

(一)天棚抹灰

1)天棚抹灰工程量按设计结构尺寸以展开面积计算,不扣除间壁墙、垛、柱、附墙烟囱、检查口和管道所占的面积,带梁天棚的梁两侧抹灰面积并入天棚面积内,板式楼梯底面抹灰面积(包括踏步、休息平台以及≤500 mm 宽的楼梯井)按水平投影面积乘以系数 1.15 计算,锯齿形楼梯底板抹灰面积(包括踏步、休息平台以及≤500 mm 宽的楼梯井)按水平投影面积乘以系数 1.37 计算。

2)阳台底面抹灰工程量按水平投影面积计算,并入相应天棚抹灰面积内。阳台如带悬臂梁时,其工程量乘系数 1.30。

3)雨蓬底面或顶面抹灰工程量分别按水平投影面积计算,并入相应天棚抹灰面积内。雨蓬顶面带反沿或反梁时,其工程量乘以系数 1.20;底面带悬臂梁时,其工程量乘以系数 1.20。

(二)天棚吊顶

1)天棚龙骨工程量按主墙间水平投影面积计算,不扣除间壁墙、垛、柱、附墙烟囱、检查口和管道所占面积,扣除单个>0.3 m² 的孔洞、独立柱及与天棚相连的窗帘盒所占的面积。斜面龙骨按斜面计算。

2)天棚吊顶的基层和面层工程量均按设计图示尺寸以展开面积计算。天棚面中的灯槽及跌级、阶梯式、锯齿形、吊挂式、藻井式天棚面积按展开计算。不扣除间壁墙、垛、柱、附墙烟囱、检查口和管道所占面积,扣除单个>0.3 m² 的孔洞、独立柱及与天棚相连的窗帘盒所占的面积。

3)格栅吊顶、藤条造型悬挂吊顶、织物软雕吊顶和装饰网架吊顶工程量按设计图示尺寸以水平投影面积计算。吊筒吊顶按最大外围水平投影尺寸,以矩形面积计算。

(三)采光棚

1)成品光棚工程量按成品组合后的外围投影面积计算,其余光棚工程量均按展开面积计算。

2)光棚的水槽工程量按水平投影面积计算,并入光棚工程量。

3)采光廊架天棚安装工程量按天棚展开面积计算。

4)天棚其他装饰、灯带(槽)工程量按设计图示尺寸以框外围面积计算。

例 **7.4** 某天棚尺寸如图 7-4 所示,墙体厚度均为 240 mm。钢筋混凝土板下吊双层楞木,龙骨中距为 450 mm×450 mm,面层为塑料板。试计算天棚基层工程量并确定定额项目。

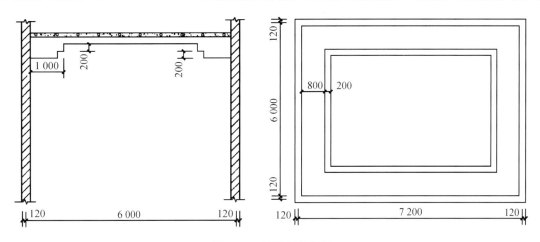

图 7-4 某天棚示意图

解 该天棚为三级天棚,其工程量可分为龙骨和面层两部分列项。方木天棚龙骨工程量天棚基层按展开面积计算如下:

$$S = (7.20 - 0.24) \times (6.00 - 0.24) +$$
$$[(7.20 + 6.00) \times 2 - (0.12 + 0.80 + 0.10) \times 8] \times 0.20 \times 2$$
$$= 40.09 + 18.24 \times 0.20 \times 2 = 40.49 + 7.30 = 47.39 \text{ m}^2$$

定额项目为:A12-16 方木天棚龙骨(吊在梁下或板下) 龙骨中距为 450 mm×450 mm。

定额全费用为:9 190.80 元/(100 m²)。

二、清单工程量计算规则

(一)天棚抹灰

天棚抹灰工程量清单项目的设置、项目特征描述的内容、计量单位及工程量计算规则应按如表 7-20 所列的规定执行。

表 7-20 天棚抹灰(编码:011301)

项目编码	项目名称	项目特征	计量单位	工程量计算规则	工作内容
011301001	天棚抹灰	1. 基层类型; 2. 抹灰厚度、材料种类; 3. 砂浆配合比	m²	按设计图示尺寸以水平投影面积计算,不扣除间壁墙、垛、柱、附墙烟囱、检查口和管道所占的面积,带梁天棚的梁两侧抹灰面积并入天棚面积内,板式楼梯底面抹灰按斜面积计算,锯齿形楼梯地板抹灰按展开面积计算	1. 基层清理; 2. 底层抹灰; 3. 抹面层

（二）天棚吊顶

天棚吊顶工程量清单项目的设置、项目特征描述的内容、计量单位及工程量计算规则应按如表 7 – 21 所列的规定执行。

表 7 – 21　天棚吊顶(编码:011302)

项目编码	项目名称	项目特征	计量单位	工程量计算规则	工作内容
011302001	吊顶天棚	1. 吊顶形式、吊杆规格、高度; 2. 龙骨材料种类、规格、中距; 3. 基层材料种类、规格; 4. 面层材料品种、规格; 5. 压条材料种类、规格; 6. 嵌缝材料种类; 7. 防护材料种类	m²	按设计图示尺寸以水平投影面积计算。天棚面中的灯槽及跌级、锯齿形、吊挂式、藻井式天棚面积不展开计算。不扣除间壁墙、检查口、附墙烟囱、柱垛和管道所占面积,扣除单个 > 0.3 m² 的孔洞、独立柱及与天棚相连的窗帘盒所占的面积	1. 基层清理、吊杆安装; 2. 龙骨安装; 3. 基层板铺贴; 4. 面层铺贴; 5. 嵌缝; 6. 刷防护材料
011302002	格栅吊顶	1. 龙骨材料种类、规格、中距; 2. 基层材料种类、规格; 3. 面层材料品种、规格; 4. 防护材料种类		按设计图示尺寸以水平投影面积计算	1. 基层清理; 2. 安装龙骨; 3. 基层板铺贴; 4. 面层铺贴; 5. 刷防护材料
011302003	吊筒吊顶	1. 吊筒形状、规格; 2. 吊筒材料种类; 3. 防护材料种类			1. 基层清理; 2. 吊筒制作安装; 3. 刷防护材料
011302004	藤条造型悬挂吊顶	1. 骨架材料种类、规格; 2. 面层材料品种、规格			1. 基层清理; 2. 龙骨安装; 3. 铺贴面层
011302005	织物软雕吊顶				
011302006	装饰网架吊顶	网架材料品种、规格			1. 基层清理; 2. 网架制作安装

（三）采光天棚

采光天棚工程量清单项目的设置、项目特征描述的内容、计量单位及工程量计算规则应按如表 7 – 22 所列的规定执行。

表 7 - 22　采光天棚(编码:011303)

项目编码	项目名称	项目特征	计量单位	工程量计算规则	工作内容
011303001	采光天棚	1. 基层类型; 2. 固定类型、固定材料品种、规格; 3. 面层材料品种、规格; 4. 嵌缝、塞口材料种类	m²	按框外围展开面积计算	1. 清理基层; 2. 面层制安; 3. 嵌缝、塞口; 4. 清洗

注:不包括采光天棚骨架,应单独按相关项目编码列项。

(四)天棚其他装饰

天棚其他装饰工程量清单项目的设置、项目特征描述的内容、计量单位及工程量计算规则应按如表 7 - 23 所列的规定执行。

表 7 - 23　天棚其他装饰(编码:011304)

项目编码	项目名称	项目特征	计量单位	工程量计算规则	工作内容
011304001	灯带(槽)	1. 灯带型式、尺寸; 2. 格栅片材料品种、规格; 3. 安装固定方式	m²	按设计图示尺寸以框外围面积计算	安装、固定
011304002	送风口、回风口	1. 风口材料品种、规格; 2. 安装固定方式; 3. 防护材料种类	个	按设计图示数量计算	1. 安装、固定; 2. 刷防护材料

第五节　油漆、涂料、裱糊工程

一、定额工程量计算规则

(一)木门油漆工程

执行单层木门油漆的项目,其工程量计算规则及相应系数如表 7 - 24 所列。

表 7 - 24　木门油漆工程工程量计算规则和系数表

	项目	系数	工程量计算规则(设计图示尺寸)
1	单层木门	1.00	
2	单层半玻门	0.85	
3	单层全玻门	0.75	门洞口面积
4	半截百叶门	1.50	
5	全百叶门	1.70	

	项 目	系 数	工程量计算规则(设计图示尺寸)
6	厂库房大门	1.10	门洞口面积
7	纱门扇	0.80	
8	特种门(包括冷藏门)	1.00	
9	装饰门扇	0.90	扇外围尺寸面积
10	间壁、隔断	1.00	单面外围面积
11	玻璃间壁露明墙筋	0.80	
12	木栅栏、木栏杆(带扶手)	0.90	

注:多面涂刷按单面计算工程量。

(二)木扶手及其他板条、线条油漆工程

1)执行木扶手及其他板条油漆的项目,其工程量计算规则及相应系数如表 7 - 25 所列。

表 7 - 25　木扶手及其他板条油漆工程工程量计算规则和系数表

	项 目	系 数	工程量计算规则(设计图示尺寸)
1	木扶手(不带托板)	1.00	延长米
2	木扶手(带托板)	2.50	
3	封檐板、博风板	1.70	
4	黑板框、生活园地框	0.50	

2)木线条油漆工程量按设计图示尺寸以长度计算。

(三)其他木材面油漆工程

1)执行其他木材面油漆的项目,其工程量计算规则及相应系数如表 7 - 26 所列。

表 7 - 26　其他木材面油漆工程工程量计算规则和系数表

	项 目	系 数	工程量计算规则(设计图示尺寸)
1	木板、胶合板天棚	1.00	长×宽
2	屋面板带檩条	1.10	斜长×宽
3	清水板条檐口天棚	1.10	长×宽
4	吸音板(墙面或天棚)	0.87	
5	鱼鳞板墙	2.40	
6	木护墙、木墙裙、木踢脚	0.83	
7	窗台板、窗帘盒	0.83	
8	出入口盖板、检查口	0.87	
9	壁橱	0.83	展开面积
10	木屋架	1.77	跨度(长)×中高×1/2
11	以上未包括的其余木材面油漆	0.83	展开面积

2)木地板油漆工程量按设计图示尺寸以面积计算,空洞、空圈、暖气包槽、壁龛的开口部

分并入相应的工程量内。

3）木龙骨刷防火、防腐涂料工程量按设计图示尺寸以龙骨架投影面积计算。

4）基层板刷防火、防腐涂料工程量按实际涂刷面积计算。

5）油漆面抛光打蜡工程量按相应刷油部位油漆工程量计算规则计算。

（四）金属面油漆工程

1）执行金属面油漆、涂料项目，其工程量按设计图示尺寸以展开面积计算。质量在 50 kg 以内的单个金属构件，可参考表 7 - 27 所列相应的系数，将质量折算为面积。

表 7 - 27　质量折算面积参考系数表

单位：m^2/t

	项　目	系　数
1	钢栅栏门、栏杆、窗栅	64.98
2	钢爬梯	44.84
3	踏步式钢扶梯	39.90
4	轻型屋架	53.20
5	零星铁件	58.00

2）执行金属平板屋面、镀锌铁皮面（涂刷磷化、锌黄底漆）油漆的项目，其工程量计算规则及相应的系数如表 7 - 28 所列。

表 7 - 28　金属平板屋面、镀锌铁皮面（涂刷磷化、锌黄底漆）油漆工程量计算规则和系数表

	项　目	系　数	工程量计算规则（设计图示尺寸）
1	平板屋面	1.00	斜长×宽
2	瓦垄板屋面	1.20	
3	排水、伸缩缝盖板	1.05	展开面积
4	吸气罩	2.20	水平投影面积
5	包镀锌薄钢板门	2.20	门窗洞口面积

注：多面涂刷按单面计算工程量。

（五）抹灰面油漆、涂料工程

1）抹灰面油漆、涂料（另做说明的除外）工程量按设计图示尺寸以面积计算。

2）踢脚线刷耐磨漆工程量按设计图示尺寸长度计算。

3）槽型底板、混凝土折瓦板、有梁板底、密肋梁板底、井字梁板底刷油漆、涂料工程量按设计图示尺寸展开面积计算。

4）墙面及天棚面刷石灰油浆、白水泥、石灰浆、石灰大白浆、普通水泥浆、可赛银浆、大白浆等涂料工程量按抹灰面积工程量计算规则。

5）混凝土花格窗、栏杆花饰刷（喷）油漆、涂料工程量按设计图示洞口面积计算。

6）天棚、墙、柱面基层板缝粘贴胶带纸工程量按相应天棚、墙、柱面基层板面积计算。

（六）裱糊工程

墙面、天棚面裱糊工程量按设计图示尺寸以面积计算。

二、清单工程量计算规则

(一)门油漆

门油漆工程量清单项目的设置、项目特征描述的内容、计量单位及工程量计算规则应按如表 7‐29 所列的规定执行。

表 7‐29　门油漆(编号:011401)

项目编码	项目名称	项目特征	计量单位	工程量计算规则	工作内容
011401001	木门油漆	1. 门类型; 2. 门代号及洞口尺寸; 3. 腻子种类; 4. 刮腻子遍数; 5. 防护材料种类; 6. 油漆品种、刷漆遍数	1. 樘; 2. m²	1. 以樘计量,按设计图示数量计算; 2. 以平方米计量,按设计图示洞口尺寸以面积计算	1. 基层清理; 2. 刮腻子; 3. 刷防护材料、油漆
011401002	金属门油漆				1. 防锈、基层清理; 2. 刮腻子; 3. 刷防护材料、油漆

注:1. 木门油漆应区分木大门、单层木门、双层(一玻一纱)木门、单层(单裁口)木门、全玻自由门、举玻自由门、装饰门及有框门或无框门等项目,分别编码列项。

　　2. 金属门油漆应区分平开门、推拉门、钢制防火门等项目,分别编码列项。

　　3. 以平方米计量,项目特征可不必描述洞口尺寸。

(二)窗油漆

窗油漆工程量清单项目的设置、项目特征描述的内容、计量单位及工程量计算规则应按如表 7‐30 所列的规定执行。

表 7‐30　窗油漆(编号:011402)

项目编码	项目名称	项目特征	计量单位	工程量计算规则	工作内容
011402001	木窗油漆	1. 窗类型; 2. 窗代号及洞口尺寸; 3. 腻子种类; 4. 刮腻子遍数; 5. 防护材料种类; 6. 油漆品种、刷漆遍数	1. 樘; 2. m²	1. 以樘计量,按设计图示数量计算; 2. 以平方米计量,按设计图示洞口尺寸以面积计算	1. 基层清理; 2. 刮腻子; 3. 刷防护材料、油漆
011402002	金属窗油漆				1. 防锈、基层清理; 2. 刮腻子; 3. 刷防护材料、油漆

注:1. 木窗油漆应区分单层木门、双层(一玻一纱)木窗、单层框扇(单裁口)木窗、双层框三层(二玻一纱)木窗、单层组合窗、双层组合窗、木百叶窗、木推拉窗等项目,分别编码列项。

　　2. 金属窗油漆应区分平开窗、推拉窗、固定窗、组合窗、金属隔栅窗等项目,分别编码列项。

　　3. 以平方米计量,项目特征可不必描述洞口尺寸。

(三)木扶手及其他板条、线条油漆

木扶手及其他板条、线条油漆工程量清单项目的设置、项目特征描述的内容、计量单位及工程量计算规则应按如表 7‐31 所列的规定执行。

表 7 - 31　木扶手及其他板条、线条油漆(编号:011403)

项目编码	项目名称	项目特征	计量单位	工程量计算规则	工作内容
011403001	木扶手油漆	1. 断面尺寸; 2. 腻子种类; 3. 刮腻子遍数; 4. 防护材料种类; 5. 油漆品种、刷漆遍数	m	按设计图示尺寸以长度计算	1. 基层清理; 2. 刮腻子; 3. 刷防护材料、油漆
011403002	窗帘盒油漆				
011403003	封檐板、顺水板油漆				
011403004	挂衣板、黑板框油漆				
011403005	挂镜线、窗帘棍、单独木线油漆				

注:木扶手应区分带托板与不带托板,分别编码列项,若是木栏杆带扶手,木扶手不应单独列项,应包含在木栏杆油漆中。

(四) 木材面油漆

木材面油漆工程量清单项目的设置、项目特征描述的内容、计量单位及工程量计算规则应按如表 7 - 32 所列的规定执行。

表 7 - 32　木材面油漆(编号:011404)

项目编码	项目名称	项目特征	计量单位	工程量计算规则	工作内容
011404001	木护墙、木墙裙油漆	1. 腻子种类; 2. 刮腻子遍数; 3. 防护材料种类; 4. 油漆品种、刷漆遍数	m	按设计图示尺寸以面积计算	1. 基层清理; 2. 刮腻子; 3. 刷防护材料、油漆
011404002	窗台板、筒子板、盖板、门窗套、踢脚线油漆				
011404003	清水板条天棚、檐口油漆				
011404004	木方格吊顶天棚油漆				
011404005	吸音板墙面、天棚面油漆				
011404006	暖气罩油漆				
011404007	其他木材面				
011404008	木间壁、木隔断油漆			按设计图示尺寸以单面外围面积计算	
011404009	玻璃间壁露明墙筋油漆				
011404010	木栅栏、木栏杆(带扶手)油漆				
011404011	衣柜、壁柜油漆			按设计图示尺寸以油漆部分展开面积计算	
011404012	梁柱饰面油漆				
011404013	零星木装修油漆				
011404014	木地板油漆			按设计图示尺寸以面积计算。空洞、空圈、暖气包槽、壁龛的开口部分并入相应工程量内	
011404015	木地板烫硬蜡面	1. 硬蜡品种; 2. 面层处理要求			1. 基层清理; 2. 烫蜡

（五）金属面油漆

金属面油漆工程量清单项目的设置、项目特征描述的内容、计量单位及工程量计算规则应按如表7-33所列的规定执行。

表 7 - 33　金属面油漆（编号：011405）

项目编码	项目名称	项目特征	计量单位	工程量计算规则	工作内容
011405001	金属面油漆	1. 构件名称； 2. 腻子种类； 3. 刮腻子要求； 4. 防护材料种类； 5. 油漆品种、刷漆遍数	1. t； 2. m²	1. 以吨计量，按设计图示尺寸以质量计算； 2. 以平方米计量，按设计图示展开面积计算	1. 基层清理； 2. 刮腻子； 3. 刷防护材料、油漆

（六）抹灰面油漆

抹灰面油漆工程量清单项目的设置、项目特征描述的内容、计量单位及工程量计算规则应按如表7-34所列的规定执行。

表 7 - 34　抹灰面油漆（编号：011406）

项目编码	项目名称	项目特征	计量单位	工程量计算规则	工作内容
011406001	抹灰面油漆	1. 基层类型； 2. 腻子种类； 3. 刮腻子遍数； 4. 防护材料种类； 5. 油漆品种、刷漆遍数； 6. 部位	m²	按设计图示尺寸以面积计算	1. 基层清理； 2. 刮腻子； 3. 刷防护材料、油漆
011406002	抹灰线条油漆	1. 线条宽度、道数； 2. 腻子种类； 3. 刮腻子遍数； 4. 防护材料种类； 5. 油漆品种、刷漆遍数	m	按设计图示尺寸以长度计算	
011406003	满刮腻子	1. 基层类型； 2. 腻子种类； 3. 刮腻子遍数	m²	按设计图示尺寸以面积计算	1. 基层清理； 2. 刮腻子

（七）喷涂刷料

喷涂刷料工程量清单项目的设置、项目特征描述的内容、计量单位及工程量计算规则应按如表7-35所列的规定执行。

表 7-35 喷涂刷料(编号:011407)

项目编码	项目名称	项目特征	计量单位	工程量计算规则	工作内容
011407001	墙面喷涂刷料	1.基层类型; 2.喷刷涂料部位; 3.腻子种类; 4.刮腻子遍数; 5.油漆品种、刷漆遍数	m²	按设计图示尺寸以面积计算	1.基层清理; 2.刮腻子; 3.喷、刷涂料
011407002	天棚喷涂刷料				
011407003	空花格、栏杆刷涂料	1.腻子种类; 2.刮腻子遍数; 3.油漆品种、刷漆遍数		按设计图示尺寸以单面外围面积计算	
011407004	线条刷涂料	1.基层清理; 2.线条宽度; 3.刮腻子遍数; 4.刷防护材料、油漆	m	按设计图示尺寸以长度计算	
011407005	金属构件刷防火涂料	1.喷刷防火涂料构件名称; 2.防火等级要求; 3.涂料品种、喷刷遍数	1. m²; 2. t	1.以吨计量,按设计图示尺寸以质量计算; 2.以平方米计量,按设计图示展开面积计算	1.基层清理; 2.刷防护材料、油漆
011407006	木材构件喷刷防火涂料		m²	以平方米计量,按设计图示尺寸以面积计算	1.基层清理; 2.刷防火材料

注:喷刷墙面涂料部位要注明内墙或外墙。

(八)裱 糊

裱糊工程量清单项目的设置、项目特征描述的内容、计量单位及工程量计算规则应按如表 7-36 所列的规定执行。

表 7-36 裱糊(编号:011408)

项目编码	项目名称	项目特征	计量单位	工程量计算规则	工作内容
011408001	墙纸裱糊	1.基层类型; 2.裱糊部位; 3.腻子种类; 4.刮腻子遍数; 5.粘结材料种类; 6.防护材料种类; 7.面层材料品种、规格、颜色	m²	按设计图示尺寸以面积计算	1.基层清理; 2.刮腻子; 3.面层铺贴; 4.刷防护材料
011408002	织锦缎裱糊				

第六节   其他装饰工程

一、定额工程量计算规则

(一)柜类、货架

1)柜类、货架工程量按各项目计量单位计算。其中,以平方米为计量单位的项目,其工程量均按正立面的高度(包括脚的高度在内)乘以宽度计算。

2)成品橱柜安装工程量按设计图示尺寸的柜体中线长度以米计量;成品台面板安装工程量按设计图示尺寸的板面中线长度以米计量;成品洗漱台柜、成品水槽安装工程量按设计图示数量以组计量。

(二)压条、装饰线

1)压条、装饰线条工程量按线条中心线长度计算。

2)石膏角花、灯盘工程量按设计图示数量计算。

(三)扶手、栏杆、栏板装饰

1)扶手、栏杆、栏板、成品栏杆(带扶手)工程量均按其中心线长度计算,不扣除弯头长度。如遇木扶手、大理石扶手为整体弯头时,扶手消耗量需扣除整体弯头的长度,设计不明确时,每只整体弯头按 400 mm 扣除。

2)单独弯头工程量按设计图示数量计算。

(四)暖气罩

暖气罩(包括脚的高度在内)工程量按边框外围尺寸垂直投影面积计算,成品暖气罩安装工程量按设计图示数量计算。

(五)浴厕配件

1)大理石洗漱台工程量按设计图示尺寸以展开面积计算,挡板、吊沿板面积并入其中,不扣除孔洞、挖弯、削角所占面积。

2)大理石台面面盆开孔工程量按设计图示数量计算。

3)盥洗室台镜(带框)、盥洗室木镜箱工程量按边框外围面积计算。

4)盥洗室塑料镜箱、毛巾杆、毛巾环、浴帘杆、浴缸拉手、肥皂盒、卫生纸盒、晒衣架、晾衣绳等工程量按设计图示数量计算。

5)镜面玻璃安装工程量以正立面面积计算。

(六)雨篷、旗杆

1)雨篷工程量按设计图示尺寸水平投影面积计算。

2)不锈钢旗杆工程量按设计图示数量计算。

3)电动升降系统和风动系统工程量按套计算。

(七)招牌、灯箱

1)柱面、墙面灯箱基层工程量按设计图示尺寸以展开面积计算。

2）一般平面广告牌基层工程量按设计图示尺寸以正立面边框外围面积计算,复杂平面广告基层工程量按设计图示尺寸以展开面积计算。

3）箱(竖)式广告牌基层工程量按设计图示尺寸以基层外围体积计算。

4）广告牌钢骨架工程量以吨计量。

5）广告牌面层工程量按设计图示尺寸以展开面积计算。

(八) 美术字

美术字工程量按设计图示数量计算。

(九) 石材、瓷砖加工

1）石材、瓷砖倒角工程量按块料设计倒角长度计算。

2）石材磨边工程量按成型圆边长度计算。

3）石材开槽工程量按块料成型开槽长度计算。

4）石材、瓷砖开孔工程量按成型孔洞数量计算。

(十) 建筑外遮阳

1）卷帘遮阳、织物遮阳工程量按设计图示卷帘宽度乘以高度(包括卷帘盒高度)以面积计算。

2）百叶帘遮阳工程量按设计图示叶片帘宽度乘以叶片帘高度(包括帘片盒高度)以面积计算。

3）翼片遮阳、格栅遮阳工程量按设计图示尺寸以面积计算。

(十一) 其　他

1）窗帘布制作与安装工程量以垂直投影面积计算。

2）壁画、国画、平面雕塑工程量按设计图示尺寸,无边框分界时,以能容该图形的最小矩形或多边形的面积计算;有边框分界时,按边框间面积计算。

例7.5　某建筑设厨房吊柜16个,采用木芯板、胶合板制作,如图7-5所示。试计算其工程量并确定定额项目。

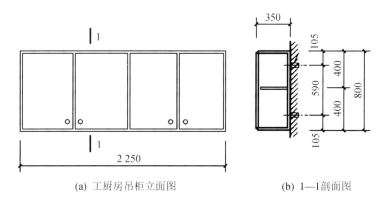

(a) 工厨房吊柜立面图　　　　(b) 1—1剖面图

图7-5　厨房吊柜示意图

解 吊柜制作安装工程量以正立面的高度乘以宽度以面积计算如下：

$$S = 2.25 \times 0.80 \times 16 = 28.80 \text{ m}^2$$

定额项目为：A14－18 吊厨。

定额全费用为：1 160.90 元/m²。

二、清单工程量计算规则

(一)柜类、货架

柜类、货架工程量清单项目的设置、项目特征描述的内容、计量单位及工程量计算规则应按如表 7 - 37 所列的规定执行。

表 7 - 37 柜类、货架(编号:011501)

项目编码	项目名称	项目特征	计量单位	工程量计算规则	工作内容
011501001	柜台				
011501002	酒柜				
011501003	衣柜				
011501004	存包柜				
011501005	鞋柜				
011501006	书柜				
011501007	厨房壁柜				
011501008	木壁柜	1. 台柜规格;	1. 以个计量,按设计图示数量计量;	1. 台柜制作、运输、安装(安放);
011501009	厨房低柜	2. 材料种类、规格;	1. 个;	2. 以米计量,按设计图示尺寸以延长米计算;	2. 刷防护涂料、油漆;
011501010	厨房吊柜	3. 五金种类、规格;	2. m;		
011501011	矮柜	4. 防护材料种类;	3. m³	3. 以立方米计量,按设计图示尺寸以体积计算	3. 五金件安装
011501012	吧台背柜	5. 油漆品种、刷漆遍数			
011501013	酒吧吊柜				
011501014	酒吧台				
011501015	展台				
011501016	收银台				
011501017	试衣间				
011501018	货架				
011501019	书架				
011501020	服务台				

(二)压条、装饰线

压条、装饰线工程量清单项目的设置、项目特征描述的内容、计量单位及工程量计算规则应按如表 7 - 38 所列的规定执行。

表 7-38　压条、装饰线(编号:011502)

项目编码	项目名称	项目特征	计量单位	工程量计算规则	工作内容
011502001	金属装饰线	1. 基层类型; 2. 线条材料品种、规格、颜色; 3. 防护材料种类	m	按设计图示尺寸以长度计算	1. 线条制作、安装; 2. 刷防护材料
011502002	木质装饰线				
011502003	石材装饰线				
011502004	石膏装饰线				
011502005	镜面装饰线	1. 基层类型; 2. 线条材料品种、规格、颜色; 3. 防护材料种类			
011502006	铝塑装饰线				
011502007	塑料装饰线				
011502008	GRC装饰线条	1. 基层类型; 2. 线条规格; 3. 线条安装部位; 4. 填充材料种类			线条制作安装

(三)扶手、栏杆、栏板装饰

扶手、栏杆、栏板装饰工程量清单项目的设置、项目特征描述的内容、计量单位及工程量计算规则应按如表 7-39 所列的规定执行。

表 7-39　扶手、栏杆、栏板装饰(编码:011503)

项目编码	项目名称	项目特征	计量单位	工程量计算规则	工作内容
011503001	金属扶手、栏杆、栏板	1. 扶手材料种类、规格; 2. 栏杆材料种类、规格; 3. 栏板材料种类、规格、颜色; 4. 固定配件种类; 5. 防护材料种类	m	按设计图示尺寸以扶手中心线长度(包括弯头长度)计算	1. 制作; 2. 运输; 3. 安装; 4. 刷防护材料
011503002	硬木扶手、栏杆、栏板				
011503003	塑料扶手、栏杆				
011503004	GRC扶手、栏杆、栏板	1. 栏杆的规格; 2. 安装间距; 3. 扶手类型规格; 4. 填充材料种类			
011503005	金属靠墙扶手	1. 扶手材料种类、规格; 2. 固定配件种类; 3. 防护材料种类			
011503006	硬木靠墙扶手				
011503007	塑料靠墙扶手				
011503008	玻璃栏板	1. 栏杆玻璃的种类、规格、颜色; 2. 固定方式; 3. 固定配件种类			

(四)暖气罩

暖气罩工程量清单项目的设置、项目特征描述的内容、计量单位及工程量计算规则应按如表 7-40 所列的规定执行。

表 7-40 暖气罩(编号:011504)

项目编码	项目名称	项目特征	计量单位	工程量计算规则	工作内容
011504001	饰面板暖气罩	1. 暖气罩材质; 2. 防护材料种类	m²	按设计图示尺寸以垂直投影面积(不展开)计算	1. 暖气罩制作、运输、安装; 2. 刷防护材料
011504002	塑料板暖气罩				
011504003	金属暖气罩				

(五)浴厕配件

浴厕配件工程量清单项目的设置、项目特征描述的内容、计量单位及工程量计算规则应按如表 7-41 所列的规定执行。

表 7-41 浴厕配件(编号:011505)

项目编码	项目名称	项目特征	计量单位	工程量计算规则	工作内容
011505001	洗漱台	1. 材料品种、规格、颜色; 2. 支架、配件品种、规格	1. m²; 2. 个	1. 按设计图示尺寸以台面外接矩形面积计算,不扣除孔洞、挖弯、削角所占面积,挡板、吊沿板面积并入台面面积内; 2. 按设计图示数量计算	1. 台面及支架运输、安装; 2. 杆、环、盒、配件安装; 3. 刷油漆
011505002	晒衣架		个	按设计图示数量计算	
011505003	帘子杆				
011505004	浴缸拉手				
011505005	卫生间扶手				
011505006	毛巾杆(架)		套		
011505007	毛巾环		副		
011505008	卫生纸盒		个		
011505009	肥皂盒				
011505010	镜面玻璃	1. 镜面玻璃品种、规格、颜色; 2. 框材质、断面尺寸; 3. 基层材料种类; 4. 防护材料种类	m²	按设计图示尺寸以边框外围面积计算	1. 基层安装; 2. 玻璃及框制作、运输、安装
011505011	镜箱	1. 箱体材质、规格; 2. 玻璃品种、规格; 3. 基层材料种类; 4. 防护材料种类; 5. 油漆品种、刷漆遍数	个	按设计图示数量计算	1. 基层安装; 2. 箱体制作、运输、安装; 3. 玻璃安装; 4. 刷防护材料、油漆

（六）雨篷、旗杆

雨篷、旗杆工程量清单项目的设置、项目特征描述的内容、计量单位及工程量计算规则应按如表 7-42 所列的规定执行。

表 7-42　雨篷、旗杆（编号：011506）

项目编码	项目名称	项目特征	计量单位	工程量计算规则	工作内容
011506001	雨篷吊挂饰面	1. 基层类型； 2. 龙骨材料种类、规格、中距； 3. 面层材料品种、规格； 4. 吊顶（天棚）材料品种、规格； 5. 嵌缝材料种类； 6. 防护材料种类	m²	按设计图示尺寸以水平投影面积计算	1. 底层抹灰； 2. 龙骨基层安装； 3. 面层安装； 4. 刷防护材料、油漆
011506002	金属旗杆	1. 旗杆材料、种类、规格； 2. 旗杆高度； 3. 基础材料种类； 4. 基座材料种类； 5. 基座面层材料、种类、规格	根	按设计图示数量计算	1. 土石挖、填、运； 2. 基础混凝土浇筑； 3. 旗杆制作、安装； 4. 旗杆台座制作、饰面
011506003	玻璃雨篷	1. 玻璃雨篷固定方式； 2. 龙骨材料种类、规格、中距； 3. 玻璃材料品种、规格； 4. 嵌缝材料种类； 5. 防护材料种类	m²	按设计图示尺寸以水平投影面积计算	1. 龙骨基层安装； 2. 面层安装； 3. 刷防护材料、油漆

（七）招牌、灯箱

招牌、灯箱工程量清单项目的设置、项目特征描述的内容、计量单位及工程量计算规则应按如表 7-43 所列的规定执行。

表 7-43　招牌、灯箱（编号：011507）

项目编码	项目名称	项目特征	计量单位	工程量计算规则	工作内容
011507001	平面、箱式招牌	1. 箱体规格； 2. 基层材料种类； 3. 面层材料种类； 4. 防护材料种类	m²	按设计图示尺寸以正立面边框外围面积计算，复杂形的凸凹造型部分不增加面积	1. 基层安装； 2. 箱体及支架制作、运输、安装； 3. 面层制作、安装； 4. 刷防护材料、油漆
011507002	竖式标箱				
011507003	灯箱				
011507004	信报箱	1. 箱体规格； 2. 基层材料种类； 3. 面层材料种类； 4. 保护材料种类； 5. 户数	个	按设计图示数量计算	

（八）美术字

美术字工程量清单项目的设置、项目特征描述的内容、计量单位及工程量计算规则应按如表 7 - 44 所列的规定执行。

表 7 - 44　美术字（编号：011508）

项目编码	项目名称	项目特征	计量单位	工程量计算规则	工作内容
011508001	泡沫塑料字	1. 基层类型； 2. 镂字材料品种、颜色； 3. 字体规格； 4. 固定方式； 5. 油漆品种、刷漆遍数	个	按设计图示数量计算	1. 字制作、运输、安装； 2. 刷油漆
011508002	有机玻璃字				
011508003	木质字				
011508004	金属字				
011508005	吸塑字				

第七节　拆除工程

一、定额工程量计算规则

1）各种墙体拆除工程量按实拆墙体体积以立方米计量，不扣除 0.30 m² 以内孔洞和构件所占的体积。隔墙及隔断的拆除工程量按实拆面积以平方米计量。

2）混凝土及钢筋混凝土拆除工程量按实拆体积以立方米计量，楼梯拆除工程量按水平投影面积以平方米计量，无损切割按切割构件断面以平方米计量，钻芯按实钻孔数以孔计量。

3）各种屋架、半屋架拆除工程量按跨度分类以榀计量，檩、椽拆除不分长短按实拆根数计算，望板、油毡、瓦条拆除工程量按实拆屋面面积以平方米计量。

4）抹灰层铲除工程量：楼地面面层按水平投影面积以平方米计量，踢脚线按实际铲除长度以米计量，各种墙、柱面面层的拆除或铲除均按实拆面积以平方米计量，天棚面层拆除按水平投影面积以平方米计量。

5）各种块料面层铲除工程量均按实际铲除面积以平方米计量。

6）各种龙骨及饰面拆除工程量均按实拆投影面积以平方米计量。

7）屋面拆除工程量按屋面的实拆面积以平方米计量。

8）油漆涂料裱糊面层铲除工程量均按实际铲除面积以平方米计量。

9）栏杆扶手拆除工程量均按实拆长度以米计量。

10）门窗拆除工程量：整樘门、窗均按樘计量，门、窗扇以扇计量。

11）建筑垃圾外运工程量按虚方体积计算。

二、清单工程量计算规则

（一）砖砌体拆除

砖砌体拆除工程量清单项目的设置、项目特征描述的内容、计量单位及工程量计算规则应按如表 7 - 45 所列的规定执行。

表 7-45 砖砌体拆除（编码:011601）

项目编码	项目名称	项目特征	计量单位	工程量计算规则	工作内容
011601001	砖砌体拆除	1. 砌体名称； 2. 砌体材质； 3. 拆除高度； 4. 拆除砌体的截面尺寸； 5. 砌体表面的附着种类	1. m²； 2. m	1. 以立方米计量，按拆除的体积计算； 2. 以米计量，按拆除的延长米计算	1. 拆除； 2. 控制场尘； 3. 清理； 4. 建渣场内、外运输

注:1. 砌体名称指墙、柱、水池等。

2. 砌体表面的附着物种类指抹灰层、块料层、龙骨及装饰面层等。

3. 以米计量时，如砖地沟、砖明沟等必须描述拆除部位的截面尺寸；以立方米计量时，截面尺寸则不必描述。

（二）混凝土及钢筋混凝土构件拆除

混凝土及钢筋混凝土构件拆除工程量清单项目的设置、项目特征描述的内容、计量单位及工程量计算规则应按如表 7-46 所列的规定执行。

表 7-46 混凝土及钢筋混凝土构件拆除（编码:011602）

项目编码	项目名称	项目特征	计量单位	工程量计算规则	工作内容
011602001	混凝土构件拆除	1. 构件名称； 2. 拆除构件的厚度或规格尺寸； 3. 构件表面的附着物种类	1. m³； 2. m²； 3. m	1. 以立方米计量，按拆除构建的混凝土体积计算； 2. 以平方米计量，按拆除部位的面积计算； 3. 以米计量，按拆除部位的延长米计算	1. 拆除； 2. 控制场尘； 3. 清理； 4. 建渣场内、外运输
011602002	钢筋混凝土构件拆除				

注:1. 以立方米计量时，可不描述构件的规格尺寸；以平方米计量时，则应述构件的厚度；以米计量时，则必须描述构件的规格尺寸。

2. 构件表面的附着物种类指抹灰层、块料层、龙骨及装饰面层等。

（三）木构件拆除

木构件拆除工程量清单项目的设置、项目特征描述的内容、计量单位及工程量计算规则应按如表 7-47 所列的规定执行。

表 7-47 木构件拆除（编码:011603）

项目编码	项目名称	项目特征	计量单位	工程量计算规则	工作内容
011603001	木构件拆除	1. 构件名称； 2. 拆除构件的厚度或规格尺寸； 3. 构件表面的附着物种类	1. m³； 2. m²； 3. m	1. 以立方米计量，按拆除构件的体积计算； 2. 以平方米计量，按拆除面积计算； 3. 以米计量，按拆除延长米计算	1. 拆除； 2. 控制场尘； 3. 清理； 4. 建渣场内、外运输

注:1. 拆除木构件应按木梁、木柱、木楼梯、木屋架、承重木楼板等分别在构件名称中描述。

2. 以立方米计量时，可不描述构件的规格尺寸；以平方米计量时，则应述构件的厚度；以米计量时，则必须描述构件的规格尺寸。

3. 构件表面的附着物种类指抹灰层、块料层、龙骨及装饰面层等。

（四）抹灰层拆除

抹灰层拆除工程量清单项目的设置、项目特征描述的内容、计量单位及工程量计算规则应按如表 7-48 所列的规定执行。

表 7-48　抹灰层拆除（编码：011604）

项目编码	项目名称	项目特征	计量单位	工程量计算规则	工作内容
011604001	平面抹灰层拆除	1. 拆除部位； 2. 抹灰层种类	m^2	按拆除部位的面积计算	1. 拆除； 2. 控制场尘； 3. 清理； 4. 建渣场内、外运输
011604002	立面抹灰层拆除				
011604003	天棚抹灰面拆除				

注：1. 单独拆除抹灰层应按本表中的项目编码列项。

　　2. 抹灰层种类可描述为一般抹灰或装饰抹灰。

（五）块料面层拆除

块料面层拆除工程量清单项目的设置、项目特征描述的内容、计量单位及工程量计算规则应按如表 7-49 所列的规定执行。

表 7-49　块料面层拆除（编码：011605）

项目编码	项目名称	项目特征	计量单位	工程量计算规则	工作内容
011605001	平面块料拆除	1. 拆除的基层类型； 2. 饰面材料种类	m^2	按拆除面积计算	1. 拆除； 2. 控制场尘； 3. 清理； 4. 建渣场内、外运输
011605002	立面块料拆除				

注：1. 如仅拆除块料层，拆除的基层类型不用描述。

　　2. 拆除的基层类型的描述指砂浆层、防水层、干挂或挂贴所采用的钢骨架层等。

（六）龙骨及饰面拆除

龙骨及饰面拆除工程量清单项目的设置、项目特征描述的内容、计量单位及工程量计算规则应按如表 7-50 所列的规定执行。

表 7-50　龙骨及饰面拆除（编码：011606）

项目编码	项目名称	项目特征	计量单位	工程量计算规则	工作内容
011606001	泡沫塑料字	1. 拆除的基层类型； 2. 龙骨及饰面种类	m^2	按拆除面积计算	1. 拆除； 2. 控制场尘； 3. 清理； 4. 建渣场内、外运输
011606002	有机玻璃字				
011606003	木质字				

注：1. 基层类型的描述指砂浆层、防水层等。

　　2. 如仅拆除龙骨及饰面，拆除的基层类型不用描述。

　　3. 如只拆除饰面，不用描述龙骨材料种类。

（七）屋面拆除

屋面拆除工程量清单项目的设置、项目特征描述的内容、计量单位及工程量计算规则应按如表 7 - 51 所列的规定执行。

表 7 - 51　屋面拆除(编码:011607)

项目编码	项目名称	项目特征	计量单位	工程量计算规则	工作内容
011607001	刚性层拆除	刚性层厚度	m²	按拆除部位面积计算	1. 拆除; 2. 控制场尘; 3. 清理; 4. 建渣场内、外运输
011607002	防水层拆除	防水层种类			

(八)铲除油漆涂料裱糊面

铲除油漆涂料裱糊面工程量清单项目的设置、项目特征描述的内容、计量单位及工程量计算规则应按如表 7 - 52 所列的规定执行。

表 7 - 52　铲除油漆涂料裱糊面

项目编码	项目名称	项目特征	计量单位	工程量计算规则	工作内容
011608001	铲除油漆面	1. 铲除部位名称; 2. 铲除部位的截面尺寸	1. m²; 2. m	1. 以平方米计量,按铲除部位的面积计算; 2. 以米计量,按铲除部位的延长米计算	1. 拆除; 2. 控制场尘; 3. 清理; 4. 建渣场内、外运输
011608002	铲除涂料面				
011608003	铲除裱糊面				

注:1. 单独铲除油漆涂料裱糊面的工程按本表中的项目编码列项。

2. 铲除部位名称的描述指墙面、柱面、天棚、门窗等。

3. 按米计量时,必须描述铲除部位的截面尺寸;以平方米计量时,则不用描述铲除部位的截面尺寸。

(九)栏杆栏板、轻质隔断隔墙拆除

栏杆栏板、轻质隔断隔墙拆除工程量清单项目的设置、项目特征描述的内容、计量单位及工程量计算规则应按如表 7 - 53 所列的规定执行。

表 7 - 53　栏杆栏板、轻质隔断隔墙拆除(编码:011609)

项目编码	项目名称	项目特征	计量单位	工程量计算规则	工作内容
011609001	栏杆、栏板拆除	1. 栏杆(板)的高度; 2. 栏杆、栏板种类	1. m²; 2. m	1. 以平方米计量,按拆除部位的面积计算; 2. 以米计量,按拆除的延长米计算	1. 拆除; 2. 控制场尘; 3. 清理; 4. 建渣场内、外运输
011609002	防水层拆除	1. 拆除隔墙的骨架种类; 2. 拆除隔墙的饰面种类	m²	按拆除部位的面积计算	

注:以平方米计量,不用描述栏杆(板)的高度。

(十)门窗拆除

门窗拆除工程量清单项目的设置、项目特征描述的内容、计量单位及工程量计算规则应按如表 7 - 54 所列的规定执行。

表7-54 门窗拆除(编码:011610)

项目编码	项目名称	项目特征	计量单位	工程量计算规则	工作内容
011610001	木门窗拆除	1.室内高度; 2.门窗洞口尺寸	1. m²; 2.樘	1.以平方米计量,按拆除面积计算; 2.以樘计量,按拆除樘数计算	1.拆除; 2.控制场尘; 3.清理; 4.建渣场内、外运输
011610002	金属门窗拆除				

注:1.以平方米计量时,不用描述门窗的洞口尺寸。

2.室内高度指室内楼地面至门窗的上边框。

(十一)金属构件拆除

金属构件拆除工程量清单项目的设置、项目特征描述的内容、计量单位及工程量计算规则应按如表7-55所列的规定执行。

表7-55 金属构件拆除(编码:011611)

项目编码	项目名称	项目特征	计量单位	工程量计算规则	工作内容
011611001	钢梁拆除	1.构件名称; 2.拆除构件的规格尺寸	1. t; 2. m	1.以吨计量,按拆除构件的质量计算; 2.以米计量,按拆除延长米计算	1.拆除; 2.控制场尘; 3.清理; 4.建渣场内、外运输
011611002	钢柱拆除		1. t; 2. m		
011611003	钢网架拆除		t	按拆除构件的质量计算	
011611004	钢支撑、钢墙架拆除		1. t; 2. m	1.以吨计量,按拆除构件的质量计算; 2.以米计量,按拆除延长米计算	
011611005	其他金属构件拆除				

(十二)管道及卫生浴具拆除

管道及卫生浴具拆除工程量清单项目的设置、项目特征描述的内容、计量单位及工程量计算规则应按如表7-56所列的规定执行。

表7-56 管道及卫生浴具拆除(编码:011612)

项目编码	项目名称	项目特征	计量单位	工程量计算规则	工作内容
011612001	管道拆除	1.管道种类、材质; 2.管道上的附着物种类	m	按拆除管道的延长米计算	1.拆除; 2.控制场尘; 3.清理; 4.建渣场内、外运输
011612002	卫生浴具拆除	卫生浴具种类	1.套; 2.个	按拆除的数量计算	

(十三)灯具、玻璃拆除

灯具、玻璃拆除工程量清单项目的设置、项目特征描述的内容、计量单位及工程量计算规则应按如表7-57所列的规定执行。

表 7 - 57 灯具、玻璃拆除（编码：011613）

项目编码	项目名称	项目特征	计量单位	工程量计算规则	工作内容
011613001	灯具拆除	1. 拆除灯具高度； 2. 灯具种类	套	按拆除的数量计算	1. 拆除； 2. 控制场尘； 3. 清理； 4. 建渣场内、外运输
011613002	玻璃拆除	1. 玻璃厚度； 2. 拆除部位	m²	按拆除的面积计算	

注：拆除部位的描述指门窗玻璃、隔断玻璃、墙玻璃、家具玻璃等。

（十四）其他构件拆除

其他构件拆除工程量清单项目的设置、项目特征描述的内容、计量单位及工程量计算规则应按如表 7 - 58 所列的规定执行。

表 7 - 58 其他构件拆除（编码：011614）

项目编码	项目名称	项目特征	计量单位	工程量计算规则	工作内容
011614001	暖气罩拆除	暖气罩材质	1. 个； 2. 套	1. 以个计量，按拆除个数计算； 2. 以米计量，按拆除延长米计算	1. 拆除； 2. 控制场尘； 3. 清理； 4. 建渣场内、外运输
011614002	柜体拆除	1. 柜体材质； 2. 柜体尺寸：长、宽、高			
011614003	窗台板拆除	窗台板平面尺寸	1. 块； 2. m	1. 以块计量，按拆除数量计算； 2. 以米计量，按拆除的延长米计算	
011614004	筒子板拆除	筒子板的平面尺寸			
011614005	窗帘盒拆除	窗帘盒的平面尺寸	m	按拆除的延长米计算	
011614006	窗帘轨拆除	窗帘轨的材质			

注：双轨窗帘轨拆除按双轨长度分别计算工程量。

（十五）开孔（打洞）

开孔（打洞）工程量清单项目的设置、项目特征描述的内容、计量单位及工程量计算规则应按如表 7 - 59 所列的规定执行。

表 7 - 59 开孔（打洞）（编码：011615）

项目编码	项目名称	项目特征	计量单位	工程量计算规则	工作内容
011615001	开孔（打洞）	1. 部位； 2. 打洞部位材质； 3. 洞尺寸	个	按数量计算	1. 拆除； 2. 控制场尘； 3. 清理； 4. 建渣场内、外运输

注：1. 部位可描述为墙面或楼板。

2. 打洞部位材质可描述为页岩砖或空心砖或钢筋混凝土等。

课后思考与综合运用

课后思考

1. 内墙面抹灰工程量按规定应扣除哪些面积?
2. 外墙面抹灰工程量按规定应扣除哪些面积?
3. 怎样计算幕墙工程量?
4. 怎样计算顶棚龙骨和顶棚面层工程量?
5. 如何计算卷闸门工程量?

能力拓展

某建筑平面图如图 7-6 所示,试计算装饰装修工程相关项目的工程量并确定定额项目。

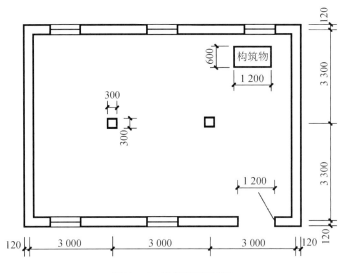

图 7-6　建筑物平面图

地面工程的做法为:20 mm 厚 1:2 水泥砂浆抹面压实抹光(面层);刷素水泥浆结合层一道(结合层);60 mm 厚 C20 细石混凝土找坡层,最薄处 30 mm 厚;聚氨酯涂膜防水层厚 1.5~1.8 mm,防水层周边卷起 150 mm;40 mm 厚 C20 细石混凝土随打随抹平;150 mm 厚 3:7灰土垫层;素土夯实。

天棚工程的做法为:刮腻子喷乳胶漆 2 遍;纸面石膏板规格为 1 200 mm×800 mm×6 mm;U 形轻钢龙骨;钢筋吊杆;钢筋混凝土楼板。

推荐阅读材料

[1] 欧阳业伟.基于 BIM 的装饰工程量计算研究[J].建筑经济,2018,39(4):40-44.
[2] 邓毅,周煜智.工程造价控制导向下的建筑方案优化设计方法[J].建筑经济,2020,41(7):63-70.

[3] 沈维春,徐慧声,王秀娜,等.EPC 总承包商模式下工程进度款支付方式[J].中国电力企业管理,2018(27):62-64.

[4] 中华人民共和国住房和城乡建设部.房屋建筑与装饰工程工程量计算规范:GB 50584—2013[S].北京:中国计划出版社,2013.

[5] 中华人民共和国住房和城乡建设部.建设工程工程量清单计价规范:GB 50500—2013[S].北京:中国计划出版社,2013.

[6] 规范编制组.2013 建设工程计价计量规范辅导[M].北京:中国计划出版社,2013.

第八章 措施项目计量

居安思危,思则有备,有备无患。

——左丘明[1]

导 言

上海环球金融中心措施项目[2][3]

上海环球金融中心(Shanghai World Financial Center),位于上海市浦东新区世纪大道 100 号,2008 年 8 月 29 日竣工,占地面积 1.44×10^5 m²,总建筑面积 38.16×10^5 m²,拥有地上 101 层、地下 3 层,楼高 492 m,外观为正方形柱体,如图 8-1 所示。裙房为地上 4 层,高度约为 15.8 m,总造价约 80 亿元。上海环球金融中心 B2、B1、2 和 3 层为商场、餐厅;7～77 层为办公区域,其中,29 层为环球金融文化传播中心;79～93 层为酒店;94、97 和 100 层为观光厅。

1. 基坑降水工程

工程场地邻近黄浦江,场地浅部地下水属潜水类型,主要补给来源为大气降水与地表径流,其地下水位埋深为 0.5～1.2 m,下部承压水分布在约 30 m 深以下的松散土层中。塔楼区为直径 100 m 的圆形基坑,面积达到 7 855 m²。基坑围护采用 1 m 厚的地下连续墙,墙底标高为 -30.0 m,连续墙深度为 34.0 m。基坑大底板开挖深度为 18.35 m;电梯井基坑最深开挖深度为 25.89 m。基坑开挖较深,场区承压含水层顶板与基坑底板之间土层厚度较小,经过基坑底板稳定性分析,采取的降水方案为:在塔楼基坑连续墙外 7 m 左右布置 14 口降压井,同时在坑内增加 2 口应急备用降压井。基坑开挖时,降压井降水控制水位标高如

图 8-1 上海环球金融中心

---

① 摘自:左丘明《左传·襄公十一年》。

② 摘自:罗建军,瞿成松,姚天强. 上海环球金融中心塔楼基坑降水工程[J]. 地下空间与工程学报,2005,1(4):646-650.

③ 摘自:龚剑,周虹,李庆,等. 上海环球金融中心主楼钢筋混凝土结构模板工程施工技术[J]. 建筑施工,2006,28(11):855-859.

表 8 - 1 所列。经过严格的模拟计算和精心组织,工程降水保证了基坑施工安全,对周边环境危害非常小。

表 8 - 1 不同阶段降水控制水位情况

阶 段	序 号	开挖面标高/m	降水控制水位标高/m
开挖阶段	1	−8.45	−5.5
	2	−11.55	−14
	3	−14.15	−17
	4	−16.86	−19
	5	−21.89	−23
	6	−21.89	−23
大底板施工	7	−16.95	−19
	8	−14.20	−17
	9	−11.65	−10

2. 脚手架、模板及支撑工程

主楼结构为钢筋混凝土结构与钢结构的混合结构体,钢筋混凝土结构主要有中部的核心筒、四角的巨型柱、周边的巨型梁和楼层系统。

(1)常规落地脚手架、木模板工艺

采用此类型模板工艺的部位有:地下室墙体以及楼板、核心筒 8 层以下和 79 层以上楼层、巨型柱 1~8 层等。

(2)自动调平整体提升钢平台模板脚手体系

电脑自动调平整体提升钢平台模板脚手体系由钢平台、钢大模、内外悬挂脚手架、劲性格构柱、蜗轮蜗杆提升机动力部分组成。钢梁结构组成的钢平台在正常施工时处于整个体系的顶部,作为施工人员的操作平台及钢筋堆放场所。内外悬挂脚手架顶部固定在钢平台的底部,形成全封闭操作环境,如图 8 - 2 所示。利用预埋在混凝土筒体内的劲性格构柱承重,通过固定在劲性格构柱顶部的蜗轮蜗杆提升系统,用电脑自动调平控制方法同步提升钢平台。采用此工艺的部位:核心筒 8~78 层。

(3)液压爬升模板脚手系统

系统由两部分组成:大模板体系、液压爬升体系。大模板体系主要组成部分包括面板、木工字梁、背部围檩,三者有机地连为一体,如图 8 - 3 所示。液压爬升体系主要组成部分包括多个操作平台、悬挂爬升靴、爬升导轨、爬升挂架、液压油缸等。在施工过程中,外侧各爬升平台体系可以连带大模板同步爬升。采用此工艺的部位有:巨型柱 8 层以上外侧目标。另外,巨型柱内侧模板由于楼盖水平结构阻挡,不能采用提升的方法,采用了木质定型中大模施工方案。

(4)压型钢板底模加临时支撑

塔楼上部结构楼板均为压型钢板与钢筋混凝土组合楼盖,压型钢板兼作楼板底模,在局部大跨度钢梁以及大跨度压型钢板底部设置临时支撑,以满足组合楼盖施工对变形的要求。

通过对上海环球金融中心所采用的基坑降水工程和脚手架、模板及支撑工程等措施项目施工情况的了解,相信读者会有一种冲动去探究上海环球金融中心的措施项目工程量及造价分别是多少?读者可在掌握本章措施项目工程量计算规则的基础上,再补充查找其他相关资料,尝试对上海环球金融中心的部分措施项目工程量进行计算,测算相应措施项目的工程造价。

图 8-2　整体提升钢平台模板脚手架体系

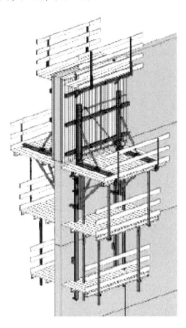

图 8-3　模板脚手系统示意图

第一节　排水、降水工程

一、定额工程量计算规则

1) 轻型井点、喷射井点排水的井管安装、拆除工程量以根计量,使用以(套·天)计算;真空深井、自流深井排水的安装拆除工程量以每口井计量,使用以每口(井·天)计算。

2) 轻型井点以 50 根为一套,喷射井点以 30 根为一套,使用时累计根数轻型井点少于 25 根,喷射井点少于 15 根,使用费按相应定额乘以系数 0.7 计算。

3) 使用天数以每昼夜(24 h)为一天,并按施工组织设计要求的使用天数计算。

4) 井点降水总根数不足一套时,可按一套计算使用费,超过一套后,超过部分按实计算。

5) 集水井按设计图示数量以座计量,大口井按累计井深以长度计算。

6) 抽明水工程量,按抽水量时以体积计算,按抽水机使用台班时以台班量计算。

例 8.1　某工程轻型井点降水施工图如图 8-4 所示。已知设计确定降水范围的闭合区间长 $L=65.00$ m,宽 $B=25.00$ m,井点间距为 1.20 m,预计降水时间为 60 天。试计算该工程井点降水的相关工程量并确定其定额项目。

解　井点管降水的工程量计算包括安装、拆除和使用三方面的内容。

① 井点管安装、拆除工程量计算如下:

$$N=(65.00+25.00)\times 2/1.20=150 \text{ 根}$$

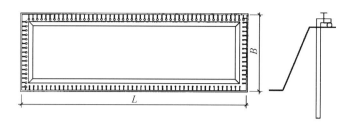

图 8 - 4 环形井点平面布置示意图

定额项目为:G4-1 轻型井点降水安装。

定额基价为:5 156.94 元/(10 根)。

② 井点管使用工程量计算如下:

$$N = 150/50 = 3 \text{ 套} \quad (\text{总管套数})$$

$$A = 3 \times 60 = 180 \text{ 套·天}$$

定额项目为:G4-11 轻型井点降水 使用。

定额基价为:1 002.11 元/(套·天)。

二、清单工程量计算规则

施工排水、降水工程清单工程量计算规则如表 8 - 2 所列。

表 8 - 2 施工排水、降水(编码:011706)

项目编码	项目名称	项目特征	计量单位	工程量计算规则	工作内容
011706001	成井	1. 成井方式; 2. 地层情况; 3. 成井直径; 4. 井(滤)管类型、直径	m	按设计图示尺寸以钻孔深度计算	1. 准备钻孔机械、埋设护筒、钻机就位,泥浆制作、固壁,成孔、出渣、清孔等; 2. 对接上下井管(滤管),焊接,安放,下滤料,洗井,连接试抽等
011706002	排水、降水	1. 机械规格型号; 2. 降排水管规格	昼夜	按排、降水日历天数计算	1. 管道安装、拆除、场内搬运等; 2. 抽水、值班、降水设备维修等

注:相应专项设计不具备时,可按暂估量计算。

第二节 混凝土、钢筋混凝土模板及支撑工程

一、定额工程量计算规则

(一)现浇混凝土构件模板

1) 现浇混凝土构件模板工程量,除另有规定者外,均按模板与混凝土的接触面积(扣除后

浇带所占面积)计算。

2)基础工程量。

① 有肋式带形基础，如图 8-5 所示，当肋高(指基础扩大顶面至梁顶面的高)≤1.2 m 时，合并计算；当肋高>1.2 m 时，基础底板模板按无肋带形基础子目计算，扩大顶面以上部分模板按混凝土墙子目计算。

② 独立基础：高度从垫层上表面计算到柱基上表面。

③ 满堂基础：无梁式满堂基础，有扩大或角锥形柱墩时，并入无梁式满堂基础内计算。有梁式满堂基础，当梁高(从板面或板底计算，梁高不含板厚)≤1.2 m 时，基础和梁合并计算；当梁高>1.2 m 时，底板按无梁式满堂基础模板项目计算，梁按混凝土墙模板项目计算。箱式满堂基础应分别按无梁式满堂基础、柱、墙、梁、板的有关规定计算；地下室底板按无梁式满堂

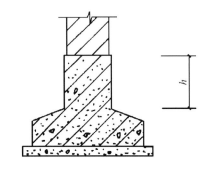

图 8-5　有肋式带形基础

基础模板项目计算；基础内的集水井模板并入相应基础模板工程量计算。

④ 设备基础：块体设备基础按不同体积，分别计算模板工程量；框架设备基础应分别按基础、柱以及墙的相应子目计算；楼层面上的设备基础并入梁、板子目计算，如在同一设备基础中部分为块体，部分为框架时，应分别计算。框架设备基础的柱模板高度应由底板或柱基的上表面算至板的下表面；梁的长度按净长计算，梁的悬臂部分应并入梁内计算。

3)柱工程量。

① 柱模板按柱周长乘以柱高计算，牛腿的模板面积并入柱模板工程量内。

② 柱高从柱基或板上表面算至上一层楼板下表面，无梁板算至柱帽底部标高。

③ 构造柱均应按图示外露部分计算模板面积。带马牙槎构造柱的宽度按马牙槎处的宽度计算。

4)梁工程量。

① 梁与柱连接时，梁长算至柱的侧面。

② 主梁与次梁连接时，次梁长算至主梁侧面。

③ 梁与墙连接时，梁长算至墙侧面。如为砌块墙时，伸入墙内的梁头和梁垫的模板面积并入梁的工程量内。

④ 圈梁与过梁连接时，过梁长度按门窗洞口宽度共加 500 mm 计算。

⑤ 现浇挑梁的悬挑部分按单梁计算，嵌入墙身部分分别按圈梁、过梁计算。

5)板工程量。

① 有梁板包括主梁、次梁与板，梁板工程量合并计算。

② 无梁板的柱帽并入板内计算。

6)墙工程量。

① 墙与梁重叠，当墙厚等于梁宽时，墙与梁合并按墙计算；当墙厚小于梁宽时，墙梁分别计算。

② 墙与板相交,墙高算至板的底面。

7) 现浇混凝土墙、板上单孔面积在 0.3 m² 以内的孔洞,不予扣除,洞侧壁模板亦不增加;单孔面积在 0.3 m² 以外时,应予扣除,洞侧壁模板面积并入墙、板模板工程量以内计算。对拉螺栓堵眼增加费按墙面、柱面、梁面模板接触面分别计算工程量。

8) 现浇混凝土框架工程量分别按柱、梁、板有关规定计算,附墙柱凸出墙面部分按柱工程量计算,暗梁、暗柱并入墙内工程量计算。

9) 柱、墙、梁、板、栏板相互连接的重叠部分,均不扣除模板面积。

10) 挑檐、天沟与板(包括屋面板、楼板)连接时,以外墙外边线为分界线;与梁(包括圈梁等)连接时,以梁外边线为分界线;外墙外边线以外或梁外边线以外为挑檐、天沟。

11) 现浇混凝土悬挑板、雨篷、阳台工程量按图示外挑部分尺寸的水平投影面积计算,挑出墙外的悬臂梁及板边不另计算。

12) 现浇混凝土楼梯(包括休息平台、平台梁、斜梁和楼层板的连接的梁)工程量,按水平投影面积计算。不扣除宽度小于 500 mm 楼梯井所占面积,楼梯的踏步、踏步板、平台梁等侧面模板不另行计算,伸入墙内部分亦不增加。当整体楼梯与现浇楼板无梯梁连接时,以楼梯的最后一个踏步边缘加 300 mm 为界。

13) 混凝土台阶不包括梯带的工程量,按图示台阶尺寸的水平投影面积计算,台阶端头两侧不另计算模板面积;架空式混凝土台阶工程量按现浇楼梯计算;场馆看台工程量按设计图示尺寸,以水平投影面积计算。

14) 凸出的线条模板增加费,以凸出棱线的道数分别按长度计算,两条及多条线条相互之间净距小于 100 mm 的,每两条按一条计算。

15) 后浇带工程量按模板与后浇带的接触面积计算。

(二)装配式工程模板

1) 后浇混凝土模板工程量按后浇混凝土与模板接触面的面积以平方米计量,伸出后浇混凝土与预制构件抱合部分的模板面积不增加计算。不扣除后浇混凝土墙、板上单孔面积≤0.3 m² 的孔洞,洞侧壁模板亦不增加;应扣除单孔面积≥0.3 m² 的孔洞,孔洞侧壁模板面积并入相应的墙、板模板工程量内计算。

2) 铝合金模板工程量按混凝土与模板接触面的面积以平方米计量。

3) 现浇钢筋混凝土墙、板上单孔面积≤0.3 m² 的孔洞不予扣除、洞侧壁模板亦不增加;单孔面积>0.3 m² 时应予扣除,洞侧壁模板面积并入墙、板模板工程量内计算。

4) 柱与梁、柱与墙、梁与梁等连接重叠部分以及伸入墙内的梁头、板头与砖接触部分,均不计算模板面积。

5) 楼梯模板工程量按水平投影面积计算。

例 8.2　根据例 5.4 中所提供的相关资料,计算垫层模板工程量并确定定额项目。

解　垫层模板工程量按接触面积计算。

解法一:

$$L = (7.20 + 4.80) \times 2 + (4.80 - 0.80) = 28.00 \text{ m}$$

$$S = (28.00 - 0.80) \times 0.20 \times 2 = 10.88 \text{ m}^2$$

解法二：

$$L = (7.20 + 4.80) \times 2 + 0.40 \times 8 + [(3.60 + 4.80) \times 2 - 0.40 \times 8] \times 2 = 54.40 \text{ m}$$

$$S = 54.40 \times 0.20 = 10.88 \text{ m}^2$$

定额项目为：A16-1 混凝土基础垫层 胶合板模板。

定额基价为：6 410.48 元/(100 m²)。

例 8.3 根据例 6.10 中所提供的相关资料，计算钢筋混凝土构件的模板工程量并确定定额项目。

解 模板工程量包括矩形柱模板工程量和有梁板模板工程量两部分。

① 矩形柱模板工程量为矩形柱的柱面面积并扣除柱与梁交接处的面积，计算如下：

$$S = 0.40 \times 4 \times (4.50 + 0.60) \times 4 - (0.25 \times 0.55 + 0.15 \times 0.10) \times 2 \times 2 -$$
$$(0.30 \times 0.60 + 0.10^2) \times 2 \times 2$$
$$= 32.64 - 0.61 - 0.76 = 31.27 \text{ m}^2$$

定额项目为：A16-59 矩形柱 胶合板模板 钢支撑。

定额基价为：13 675.63 元/(100 m²)。

② 有梁板模板工程量可分为底模(S_1)和侧模(S_2)两部分，计算如下：

$$S_1 = (5.10 + 0.20 \times 2) \times (7.20 + 0.20 \times 2) - 0.40^2 \times 4$$
$$= 41.80 - 0.64 = 41.16 \text{ m}^2$$

$$S_2 = (0.55 \times 2 - 0.10) \times (5.10 - 0.20 \times 2) \times 2 +$$
$$[(0.60 \times 2 - 0.10) \times (7.20 - 0.20 \times 2) - 0.25 \times (0.50 - 0.10) \times 2] \times 2 +$$
$$(0.50 - 0.10) \times 2 \times (5.10 - 0.10 \times 2) \times 2$$
$$= 9.40 + 14.56 + 7.84 = 31.80 \text{ m}^2$$

$$S = S_1 + S_2 = 41.16 + 31.80 = 72.96 \text{ m}^2$$

定额项目为：A16-126 有梁板 胶合板模板。

定额基价为：16 312.82 元/(100 m²)。

例 8.4 根据例 6.12 中所提供的相关资料，试计算楼梯模板的工程量并确定定额项目。

解 整体楼梯包括楼梯间两端的休息平台、梯井斜梁、楼梯板及支承梯井斜梁的梯口梁和平台梁，按水平投影面积计算，计算如下：

$$S = (3.00 - 0.24) \times (1.56 + 2.70 + 0.24) = 2.76 \times 4.50 = 12.42 \text{ m}^2$$

定额项目为：A16-130 楼梯 直形 木模板木支撑。

定额基价为：22 655.52 元/(100 m²)。

二、清单工程量计算规则

混凝土模板及支架(支撑)工程清单工程量计算规则如表 8-3 所列。

表 8 - 3　混凝土模板及支架(支撑)(编码:011702)

项目编码	项目名称	项目特征	计量单位	工程量计算规则	工作内容
011702001	基础	基础类型	m²	按模板与现浇混凝土构件的接触面积计算。 1. 现浇钢筋混凝土墙、板单孔面积≤0.3 m² 的孔洞不予扣除,洞侧壁模板亦不增加;单孔面积>0.3 m² 时应予扣除,洞侧壁模板面积并入墙、板工程量内计算。 2. 现浇框架分别按梁、板、柱有关规定计算;附墙柱、暗梁、暗柱并入墙内工程量内计算。 3. 柱、梁、墙、板相互连接的重叠部分,均不计算模板面积。 4. 构造柱按图示外露部分计算模板面积	1. 模板制作; 2. 模板安装、拆除、整理堆放及场内外运输; 3. 清理模板粘结物及模内杂物、刷隔离剂等
011702002	矩形柱				
011702003	构造柱				
011702004	异形柱	柱截面形状			
011702005	基础梁	梁截面形状			
011702006	矩形梁	支撑高度			
011702007	异形梁	1. 梁截面形状; 2. 支撑高度			
011702008	圈梁				
011702009	过梁				
011702010	弧形梁、拱形梁	1. 梁截面形状; 2. 支撑高度			
011702011	直形墙			按模板与现浇混凝土构件的接触面积计算。 1. 现浇钢筋混凝土墙、板单孔面积≤0.3 m² 的孔洞不予扣除,洞侧壁模板亦不增加;单孔面积>0.3 m² 时应予扣除,洞侧壁模板面积并入墙、板工程量内计算。 2. 现浇框架分别按梁、板、柱有关规定计算;附墙柱、暗梁、暗柱并入墙内工程量内计算。 3. 柱、梁、墙、板相互连接的重叠部分,均不计算模板面积。 4. 构造柱按图示外露部分计算模板面积	
011702012	弧形墙				
011702013	短肢剪力墙、电梯井壁				
011702014	有梁板	支撑高度			
011702015	无梁板				
011702016	平板				
011702017	拱板				
011702018	薄壳板				
011702019	空心板				
011702020	其他板				
011702021	栏板				
011702022	天沟、檐沟	构件类型		按模板与现浇混凝土构件的接触面积计算	
011702023	雨篷、悬挑板、阳台板	1. 构件类型; 2. 板厚度		按图示外挑部分尺寸的水平投影面积计算,挑出墙外的悬臂梁及板边不另计算	
011702024	楼梯	类型		按楼梯(包括休息平台、平台梁、斜梁和楼层板的连接梁)的水平投影面积计算,不扣除宽度≤500 mm的楼梯井所占面积,楼梯踏步、踏步板、平台梁等侧面模板不另计算,伸入墙内部分亦不增加	

项目编码	项目名称	项目特征	计量单位	工程量计算规则	工作内容
011702025	其他现浇构件	构件类型	m²	按模板与现浇混凝土构件的接触面积计算	1. 模板制作； 2. 模板安装、拆除、整理堆放及场内外运输； 3. 清理模板粘结物及模内杂物、刷隔离剂等
011702026	电缆沟、地沟	1. 沟类型； 2. 沟截面		按模板与电缆沟、地沟接触的面积计算	
011702027	台阶	台阶踏步宽		按图示台阶水平投影面积计算，台阶端头两侧不另计算模板面积。架空式混凝土台阶，按现浇楼梯计算	
011702028	扶手	扶手断面尺寸		按模板与扶手的接触面积计算	
011702029	散水			按模板与散水的接触面积计算	
011702030	后浇带	后浇带部位		按模板与后浇带的接触面积计算	
011702031	化粪池	1. 化粪池部位； 2. 化粪池规格		按模板与混凝土接触面积计算	
011702032	检查井	1. 检查井部位； 2. 检查井规格			

注：1. 原槽浇灌的混凝土基础，不计算模板。

    2. 混凝土模板及支撑（架）项目，只适用于以平方米计量，按模板与混凝土构件的接触面积计算。以立方米计量的模板及支撑（架），按混凝土及钢筋混凝土实体项目执行，其综合单价中应包含模板及支撑（架）。

    3. 采用清水模板时，应在特征中注明。

    4. 若现浇混凝土梁、板支撑高度超过 3.6 m 时，项目特征应描述支撑高度。

第三节 脚手架工程

一、定额工程量计算规则

（一）综合脚手架

综合脚手架工程量按设计图示尺寸以建筑面积计算。同一建筑物有不同檐高且上层建筑面积小于下层建筑面积 50% 时，纵向分割，分别计算建筑面积，并按各自的檐高执行相应项目。

（二）单项脚手架

1）外脚手架、整体提升架工程量按外墙外边线长度（含墙垛及附墙井道）乘以外墙高度以面积计算。

2）计算内、外墙脚手架时，均不扣除门、窗、洞口、空圈等所占面积。同一建筑物高度不同时，应按不同高度分别计算。

3）里脚手架工程量按墙面垂直投影面积计算，均不扣除门、窗、洞口、空圈等所占面积。

4）满堂脚手架工程量按室内净面积计算，其高度在 3.6～5.2 m 时计算基本层，5.2 m 以外，每增加 1.2 m 计算一个增加层，达到 0.6 m 按一个增加层计算，不足 0.6 m 按一个增加层乘以系数 0.5 计算。计算公式如下：

$$满堂脚手架增加层 ＝（室内净高－5.2）/1.2 \qquad (8-1)$$

5）整体提升架工程量按提升范围的外墙外边线长度乘以外墙高度以面积计算，不扣除门窗、洞口所占面积。

6）挑脚手架工程量按搭设长度乘以层数以长度计算。

7）悬空脚手架工程量按搭设水平投影面积计算。

8）吊篮脚手架工程量按外墙垂直投影面积计算，不扣除门窗洞口所占面积。

9）内墙面粉饰脚手架工程量按内墙面垂直投影面积计算，不扣除门窗洞口所占面积。

10）挑出式安全网工程量按挑出的水平投影面积计算。

（三）其他脚手架

电梯井架工程量按单孔以座计算。

二、清单工程量计算规则

脚手架工程清单工程量计算规则如表 8-4 所列。

表 8-4　脚手架工程（编码：011701）

项目编码	项目名称	项目特征	计量单位	工程量计算规则	工作内容
011701001	综合脚手架	1. 建筑结构形式； 2. 檐口高度	m²	按建筑面积计算	1. 场内、场外材料搬运； 2. 搭、拆脚手架、斜道、上料平台； 3. 安全网的铺设； 4. 选择附墙点与主体连接； 5. 测试电动装置、安全锁等； 6. 拆除脚手架后材料的堆放
011701002	外脚手架	1. 搭设方式； 2. 搭设高度； 3. 脚手架材质		按所服务对象的垂直投影面积计算	
011701003	里脚手架				
011701004	悬空脚手架	1. 搭设方式； 2. 悬挑宽度； 3. 脚手架材质	m²	按搭设的水平投影面积计算	1. 场内、场外材料搬运； 2. 搭、拆脚手架、斜道、上料平台； 3. 安全网的铺设； 4. 拆除脚手架后材料的堆放
011701005	挑脚手架		m	按搭设长度乘以搭设层数以延长米计算	
011701006	满堂脚手架	1. 搭设方式； 2. 搭设高度； 3. 脚手架材质	m²	按搭设的水平投影面积计算	

项目编码	项目名称	项目特征	计量单位	工程量计算规则	工作内容
011701007	整体提升架	1. 搭设方式及启动装置； 2. 搭设高度	m²	按所服务对象的垂直投影面积计算	1. 场内、场外材料搬运； 2. 选择附墙点与主体连接； 3. 搭、拆脚手架、斜道、上料平台； 4. 安全网的铺设； 5. 测试电动装置、安全锁等； 6. 拆除脚手架后材料的堆放
011701008	外装饰吊篮	1. 升降方式及启动装置； 2. 搭设高度及吊篮型号	m²	按所服务对象的垂直投影面积计算	1. 场内、场外材料搬运； 2. 吊篮的安装； 3. 测试电动装置、安全锁、平衡控制器等； 4. 吊篮的拆卸

注:1. 使用综合脚手架时,不再使用外脚手架、里脚手架等单项脚手架;综合脚手架适用于能够按"建筑面积计算规则"计算建筑面积的建筑工程脚手架,不适用于房屋加层、构筑物及附属工程脚手架。

2. 同一建筑物有不同檐高时,建筑物竖向切面分别按不同檐高编列清单项目。

3. 整体提升架已包括 2 m 高的防护架体设施。

4. 脚手架材质可以不描述,但应注明由投标人根据工程实际情况按照国家现行标准《建筑施工扣件式钢管脚手架安全技术规范》JGJ 130、《建筑施工附着升降脚手架管理暂行规定》(建标〔2000〕230 号)等规范自行确定。

第四节　垂直运输工程

一、定额工程量计算规则

1) 建筑物垂直运输工程量,区分不同建筑物檐高按建筑面积计算。同一建筑物有不同檐高且上层建筑面积小于下层建筑面积 50% 时,纵向分割,分别计算建筑面积,并按各自的檐高执行相应项目。地下室垂直运输工程量按地下室建筑面积计算。

2) 本节按泵送混凝土考虑,如采用非泵送,垂直运输费按以下方法增加:相应项目乘以调整系数 1.08,再乘以非泵送混凝土数量占全部混凝土数量的百分比。

3) 基坑支护的水平支撑梁等垂直运输工程量,按经批准的施工组织设计计算。

二、清单工程量计算规则

垂直运输工程清单工程量计算规则如表 8－5～表 8－6 所列。

表 8 - 5　垂直运输(编码:011703)

项目编码	项目名称	项目特征	计量单位	工程量计算规则	工作内容
011703001	垂直运输	1. 建筑物建筑类型及结构形式; 2. 地下室建筑面积; 3. 建筑物檐口高度、层数	1. m²; 2. 天	1. 按建筑面积计算; 2. 按施工工期日历天数计算	1. 垂直运输机械的固定装置、基础制作、安装; 2. 行走式垂直运输机械轨道的铺设、拆除、摊销

注:1. 建筑物的檐口高度是指设计室外地坪至檐口滴水的高度(平屋顶指屋面板底高度),突出主体建筑物屋顶的电梯机房、楼梯出口间、水箱间、瞭望塔、排烟机房等不计入檐口高度。

2. 垂直运输指施工工程在合理工期内所需垂直运输机械。

3. 同一建筑物有不同檐高时,按建筑物的不同檐高做纵向分割,分别计算建筑面积,以不同檐高分别编码列项。

表 8 - 6　超高施工增加(编码:011704)

项目编码	项目名称	项目特征	计量单位	工程量计算规则	工作内容
011704001	超高施工增加	1. 建筑物建筑类型及结构形式; 2. 建筑物檐口高度、层数; 3. 单层建筑物檐口高度超过 20 m,多层建筑物超过 6 层部分的建筑面积	m²	按建筑物超高部分的建筑面积计算	1. 建筑物超高引起的人工工效降低以及由于人工工效降低引起的机械降效; 2. 高层施工用水加压水泵的安装、拆除及工作台班; 3. 通信联络设备的使用及摊销

注:1. 单层建筑物檐口高度超过 20 m,多层建筑物超过 6 层的,可按超高部分的建筑面积计算超高施工增加。计算层数时,地下室不计入层数。

2. 同一建筑物有不同檐高时,可按不同高度的建筑面积分别计算建筑面积,以不同檐高分别编码列项。

课后思考与综合运用

课后思考

1. 如何计算现浇杯形基础模板工程量?

2. 如何计算构造柱模板工程量?

3. 如何计算预制构件模板工程量?

4. 如何计算建筑物超高增加费?

5. 综合脚手架综合了哪些内容?

6. 叙述单项脚手架的搭设方式。

7. 什么是垂直防护架?

能力拓展

某建筑基础如图 8 - 6 所示,试计算垫层的混凝土和模板、杯形基础钢筋和模板的工程量,并确定其定额项目。

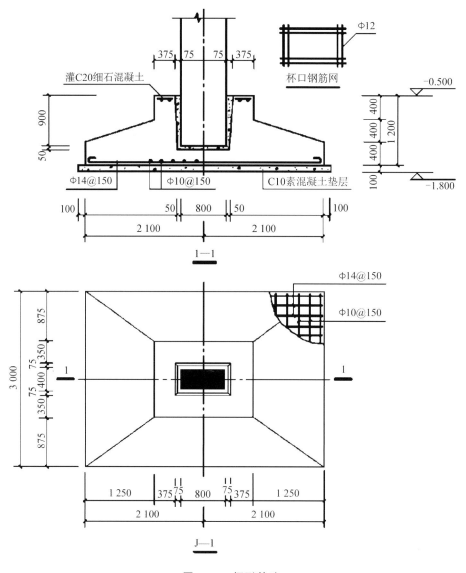

图 8-6　杯形基础

推荐阅读材料

[1] 孙凌志,朱萌萌,尚龙军.清单计价模式下措施项目计价风险与争议研究[J].建筑经济, 2019,40(8):77-80.

[2] 刘名强,李英攀,陈晓,等.装配式建筑安全文明施工费 RS-LSSVM 预测方法[J].中国安全科学学报,2018,28(1):149-154.

[3] 袁春林,弋理,张廷学.装配式建筑垂直运输计价研究[J].工程造价管理,2019,(1): 37-44.

[4] 张国栋.土石方工程工程量清单计价应用手册[M].河南:河南科学技术出版社,2010.

[5] 洪秋云.浅析工程造价中的土石方计量[J].城市道桥与防洪,2007(8):189-191.

第九章　房屋建筑与装饰工程计价方法与程序

离娄之明，公输子之巧，不以规矩，不能成方圆。

——孟子①

导　言

从计价程序变迁看计价方法的优化

2008 版《××省建筑安装工程费用定额》明确的建筑与装饰工程定额计价计算程序如表 9 - 1 所列。

表 9 - 1　定额计价计算程序 (2008 版)

序　号	费用项目	计算方法	
		以直接费 (直接工程费) 为计算基数的工程	以人工费与机械费之和为计算基数的工程
1	直接工程费	1.1 + 1.2 + 1.3 + 1.4	1.1 + 1.2 + 1.3 + 1.4
1.1	人工费	$\sum$ (人工费)	$\sum$ (人工费)
1.2	材料费	$\sum$ (材料费)	$\sum$ (材料费)
1.3	机械费	$\sum$ (机械费)	$\sum$ (机械费)
1.4	构件增值税	$\sum$ (构件的制作定额基价 × 工程量)	$\sum$ (构件的制作定额基价 × 工程量)
2	措施项目费	2.1 + 2.2	2.1 + 2.2
2.1	技术措施费	$\sum$ (技术措施费)	$\sum$ (技术措施费)
2.1.1	人工费	$\sum$ (人工费)	$\sum$ (人工费)
2.1.2	材料费	$\sum$ (材料费)	$\sum$ (材料费)
2.1.3	机械费	$\sum$ (机械费)	$\sum$ (机械费)
2.2	组织措施费	2.1.1 + 2.2.2	2.1.1 + 2.2.2
2.2.1	安全文明施工费	(1 + 2.1) × 费率	(1.1 + 1.3 + 2.1.1 + 2.1.3) × 费率
2.2.2	其他组织措施费	(1 + 2.1) × 费率	(1.1 + 1.3 + 2.1.1 + 2.1.3) × 费率
3	总包服务费	3.1 + 3.2 + 3.3	3.1 + 3.2 + 3.3
3.1	总承包管理和协调	标的额 × 费率	标的额 × 费率

---

① 摘自《孟子·离娄上》。

序　号	费用项目	计算方法	
		以直接费(直接工程费) 为计算基数的工程	以人工费与机械费之和 为计算基数的工程
3.2	总承包管理、协调和 配合服务	标的额 × 费率	标的额 × 费率
3.3	招标人自行供应材料	标的额 × 费率	标的额 × 费率
4	价差	4.1＋4.2＋4.3	4.1＋4.2＋4.3
4.1	人工价差	按规定计算	按规定计算
4.2	材料价差	$\sum$ 消耗量×(市场材料价格－定额取定 价格)	$\sum$ 消耗量×(市场材料价格－定额取定 价格)
4.3	机械价差	按规定计算	按规定计算
5	企业管理费	(1＋2)×费率	(1.1＋1.3＋2.1.1＋2.1.3)×费率
6	利润	(1＋2＋4)×费率	(1.1＋1.3＋2.1.1＋2.1.3)×费率／ (1＋2＋4)×费率
7	规费	(1＋2＋3＋4＋5＋6)×费率	(1.1＋1.3＋2.1.1＋2.1.3)×费率
8	不含税工程造价	1＋2＋3＋4＋5＋6＋7	1＋2＋3＋4＋5＋6＋7
9	税金	8×费率	8×费率
10	含税工程造价	8＋9	8＋9

注:1. 表中"人工费与机械费之和"是指分部分项工程直接工程费和技术措施费直接工程费中的人工费和机械费。

2. 装饰装修工程以人工费与机械费之和为计算基数,除钢结构工程外的建筑工程以直接费(直接工程费)为计算
基数。

根据《建筑安装工程费用项目组成》(建标〔2003〕206 号),该省 2008 版定额计价程序是按
照直接工程费、措施项目费、总包服务费、价差、企业管理费、利润、规费、税金等的先后顺序计
算含税工程造价。建筑工程与装饰装修工程在计算企业管理费、利润和规费时,计费基数并不
相同,其中除钢结构工程外的建筑工程所发生的企业管理费、利润和规费大小,会受到建筑材
料价格的影响,材料费用越高,企业管理费、利润和规费就越高。

2013 版《××省建筑安装工程费用定额》明确的建筑与装饰工程定额计价计算程序如
表 9－2 所列。

表 9－2　定额计价计算程序(2013 版)

序　号	费用项目		计算方法
1	分部分项工程费		1.1＋1.2＋1.3
1.1	其中	人工费	$\sum$(人工费)
1.2		材料费	$\sum$(材料费)
1.3		施工机具使用费	$\sum$(施工机具使用费)
2	措施项目费		2.1＋2.2

序 号	费用项目		计算方法
2.1	单价措施项目费		2.1.1＋2.1.2＋2.1.3
2.1.1	其中	人工费	$\sum$（人工费）
2.1.2		材料费	$\sum$（材料费）
2.1.3		施工机具使用费	$\sum$（施工机具使用费）
2.2	总价措施项目费		2.2.1＋2.2.2
2.2.1	其中	安全文明施工费	（1.1＋1.3＋2.1.1＋2.1.3）×费率
2.2.2		其他总价措施项目费	（1.1＋1.3＋2.1.1＋2.1.3）×费率
3	总包服务费		项目价值×费率
4	企业管理费		（1.1＋1.3＋2.1.1＋2.1.3）×费率
5	利润		（1.1＋1.3＋2.1.1＋2.1.3）×费率
6	规费		（1.1＋1.3＋2.1.1＋2.1.3）×费率
7	索赔与现场签证		索赔与现场签证费
8	不含税工程造价		1＋2＋3＋4＋5＋6＋7
9	税金		8×费率
10	含税工程造价		8＋9

根据《建筑安装工程费用项目组成》（建标〔2013〕44 号），该省 2013 版定额计价程序是按照分部分项工程费、措施项目费、总包服务费、企业管理费、利润、规费、税金等的先后顺序计算含税工程造价。在计算企业管理费、利润和规费时，不再区分建筑工程、装饰装修工程，均以分部分项工程费和可计量措施项目费中的人工费和施工机具使用费之和计费基数，不再受到建筑材料价格的影响。

在确定企业管理费、利润和规费时，作出这样的优化，对于建筑工程计价的科学性和合理性有什么影响？为促进工程计价模式国际趋同，贯彻落实营改增税制改革要求，该省积极响应住房和城乡建设部关于进一步推进工程造价管理改革的指导意见，于 2018 年发布实施《××省房屋建筑与装饰工程消耗量定额及全费用基价表》，全费用综合单价的推行，计价程序和方法又会发生哪些变化？通过本章内容的学习，相信读者将会对房屋建筑与装饰工程计价方法有更为深刻地理解和把握。

第一节　定额计价方法与程序

一、定额计价方法

本节以施工图预算的编制为例说明定额计价方法与程序。

施工图预算是以施工图设计文件为依据，按照规定的程序、方法和依据，在工程施工前对工程项目的工程费用进行的预测和计算。施工图预算的成果文件称为施工图预算书，简称施工图预算，它是在施工图设计阶段对工程建设所需资金做出较精确计算的文件。

施工图预算价格既可以是按照政府统一规定的预算单价、取费标准、计价程序计算得到的属于计划或预期性质的施工图预算价格,也可以是通过招标投标法定程序后施工企业根据自身的实力(即企业定额)、资源市场单价以及市场供求及竞争状态计算得到的反映市场性质的施工图预算价格,对投资方、施工企业、工程咨询单位及管理部门等多个工程建设参与方具有十分重要的作用。

施工图预算应在设计交底及会审图纸的基础上,按照单位工程施工图预算、单项工程综合预算、建设项目总预算的顺序编制,具体的步骤如图 9-1 所示,其中,单位工程施工图预算是施工图预算的关键。

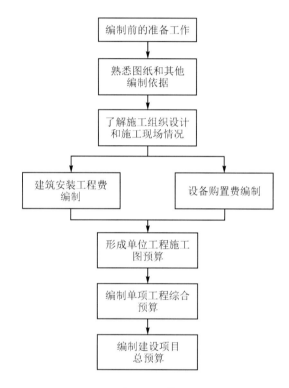

图 9-1　施工图预算编制程序

单位工程施工图预算包括建筑工程费、安装工程费、设备及工器具购置费。建筑工程费和安装工程费统称为建筑安装工程费,主要编制方法有单价法和实物量法。其中,单价法又可分为定额单价法和清单单价法,但定额单价法使用较多。

(一)定额单价法

定额单价法又称工料单价法或预算单价法,是指以分部分项工程的单价为工料单价,将分部分项工程量乘以对应分部分项工程单价后的合计作为单位人、材、机费,在人、材、机费汇总后,再根据规定的计算方法计取企业管理费、利润、规费和税金,将上述费用汇总后得到该单位工程的施工图预算造价。定额单价法中的单价一般采用地区统一单位估价表中的各分项工程工料单价(定额基价)。定额单价法的计算公式如下:

$$建筑安装工程预算造价 = \left[\sum(分项工程量 \times 分项工程工料单价)\right] +$$
$$企业管理费 + 利润 + 规费 + 税金 \qquad (9-1)$$

定额单价法计算建筑安装工程预算造价的基本步骤如图 9 - 2 所示。

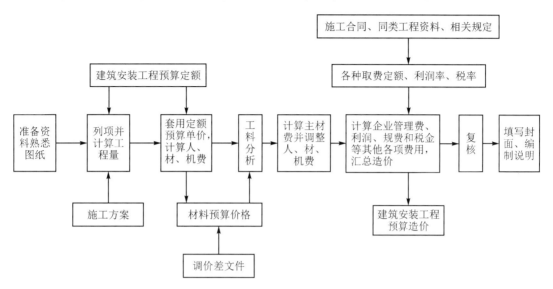

图 9 - 2　定额单价法计算建筑安装工程预算造价的基本步骤

1）准备工作。主要包括：收集编制施工图预算的编制依据，如现行建筑安装工程定额、取费标准、工程量计算规则、地区材料预算价格及市场材料价格等各种资料；熟悉施工图等基础资料；了解施工组织设计和施工现场情况。

2）列项并计算工程量。工程量计算一般按下列步骤进行：将单位工程划分为若干分项工程，划分的项目必须和定额规定的项目一致，这样才能正确地套用定额，不重复列项，也不漏项。工程量应严格按照图纸尺寸和现行定额规定的工程量计算规则进行计算，分项子目的工程量应遵循一定的顺序逐项计算，避免漏算和重算。

3）套用定额预算单价，计算人、材、机费。核对工程量计算结果后，将定额子项中的基价填于预算表单价栏内，并将单价乘以工程量得出合价，将结果填入合价栏，分别得出人工费、材料费、施工机具使用费。计算人工费、材料费、施工机具使用费时需要注意以下几个问题：

① 分项工程的名称、规格、计量单位与预算单价或单位估价表中所列内容完全一致时，可以直接套用预算单价。

② 分项工程的主要材料品种与预算单价或单位估价表中规定材料不一致时，不能直接套用预算单价，需要按实际使用材料价格换算预算单价。

③ 分项工程施工工艺条件与预算单价或单位估价表不一致而造成人工、机械数量增减时，一般调量不调价。

4）编制工料分析表。工料分析是按照各分项工程，依据定额或单位估价表，首先从定额项目表中将各分项工程消耗的每项材料和人工的定额消耗量查出；然后分别乘以该工程项目的工程量，得到分项工程工料消耗量；最后将各分项工程工料消耗量加以汇总，得出单位工程人工、材料的消耗数量。即：

$$人工消耗量 = 某工种定额用工量 \times 某分项工程量 \qquad (9-2)$$

$$材料消耗量＝某种材料定额用量 \times 某分项工程量 \qquad (9-3)$$

5）计算主材费并调整人、材、机费。许多定额项目基价为不完全价格，即未包括主材费在内。因此，还应单独计算出主材费，计算完成后将主材费的价差加入人、材、机费。主材费计算的依据是当时当地的市场价格。

6）按计价程序计取其他费用，并汇总造价。根据规定的税率、费率和相应的计取基础，分别计算企业管理费、利润、规费和税金。将上述费用累计后与人、材、机费进行汇总，求出单位工程预算造价。与此同时，计算工程的技术经济指标，如单方造价。

7）复核。对项目填列、工程量计算式、计算结果、套用单价、取费费率、数字计算结果、数据精确度等进行全面复核，及时发现差错并修改，以保证预算的准确性。

8）按照当地造价管理部门的格式要求，填写封面、编制说明。

定额单价法是编制施工图预算的常用方法，具有计算简单、工作量较小和编制速度较快、便于工程造价管理部门集中统一管理等优点。但由于是采用事先编制好的统一的单位估价表，其价格水平只能反映定额编制年份的价格水平，在市场价格波动较大的情况下，定额单价法的计算结果会偏离实际价格水平，虽然可以进行调价，但调价系数和指数从测定到颁布又会出现滞后，且计算也较繁琐；另外由于此法采用的地区统一的单位估价表进行计价，承包商之间竞争的并不是自身的施工、管理水平，因此定额单价法并不完全适应市场经济环境。

（二）实物量法

用实物量法编制单位工程施工图预算，是根据施工图计算的各分项工程量分别乘以地区定额中人工、材料、施工机械台班的定额消耗量，分类汇总得出该单位工程所需的全部人工、材料、施工机械台班消耗数量，然后再乘以当时当地人工工日单价、各种材料单价、施工机械台班单价，求出相应的人工费、材料费、机械使用费。企业管理费、利润、规费和税金等费用计取方法与定额单价法相同。实物量法编制施工图预算的公式如下：

$$单位工程人、材、机费＝综合工日消耗量 \times 综合工日单价＋$$
$$\sum（各种材料消耗量 \times 相应材料单价）＋$$
$$\sum（各种机械消耗量 \times 相应机械台班单价） \qquad (9-4)$$

$$建筑安装工程预算造价＝单位工程人、材、机费＋企业管理费＋利润＋规费＋税金 \qquad (9-5)$$

实物量法的优点是能较及时地将反映各种人工、材料、机械的当时当地市场单价计入预算价格，不需调价，即反映当时当地的工程价格水平。

实物量法编制施工图预算的基本步骤如图9-3所示。

1）准备资料、熟悉施工图纸。在准备资料时，除准备定额单价法的各种编制资料外，重点应全面收集工程造价管理机构发布的工程造价信息及各种市场价格信息，如人工、材料、机械台班当时当地的实际价格，应包括不同品种、不同规格的材料预算价格，不同工种、不同等级的人工工资单价，不同种类、不同型号的机械台班单价等。要求获得的各种实际价格应全面、系统、真实和可靠。

2）列项并计算工程量。本步骤与定额单价法相同。

3）套用消耗量定额，计算人工、材料、机械台班消耗定量。根据预算人工定额所列各类人工工日的数量，乘以各分项工程的工程量，计算出各分项工程所需各类人工工日的数量，统计

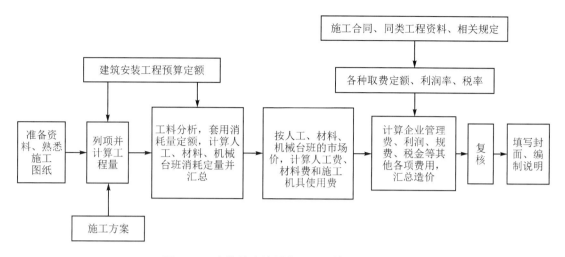

图 9 − 3　实物量法编制施工图预算的基本步骤

汇总后确定单位工程所需的各类人工工日消耗量。同理,根据预算材料定额、预算机械台班定额分别确定出单位工程各类材料消耗数量和各类施工机械台班数量。

4)计算并汇总人工费、材料费和施工机具使用费。根据当时当地工程造价管理部门定期发布的或企业根据市场价格确定的人工工资单价、材料预算价格、施工机械台班单价分别乘以人工、材料、机械台班消耗量,汇总即得到单位工程人工费、材料费和施工机具使用费。

5)计算其他各项费用,汇总造价。本步骤与定额单价法相同。

6)复核、填写封面、编制说明。检查人工、材料、机械台班的消耗量计算是否准确,有无漏算、重算或多算;套用的定额是否正确;检查采用的实际价格是否合理。其他内容可参考定额单价法。

实物量法与定额单价法首尾部分的步骤基本相同,所不同的主要是中间两个步骤,即:

① 采用实物量法计算工程量后,套用相应人工、材料、施工机械台班预算定额消耗量,求出各分项工程人工、材料、施工机械台班消耗数量并汇总成单位工程所需各类人工工日、材料和施工机械台班的消耗量。

② 实物量法采用的是当时当地的各类人工工日、材料和施工机械台班的实际单价分别乘以相应的人工工日、材料和施工机械台班总的消耗量,汇总后得出单位工程的人工费、材料费和施工机具使用费。

在市场经济条件下,人工、材料和机械台班单价是随市场而变化的,而它们是影响工程造价最活跃、最主要的因素。用实物量法编制施工图预算,采用的是工程所在地当时人工、材料、机械台班价格,能够较好地反映实际价格水平,因此工程造价的准确性高。虽然计算过程较定额单价法繁琐,但利用计算机便可解决此问题。因此,实物量法是与市场经济体制相适应的预算编制方法。

二、定额计价程序

以定额计价的方法原理为基础,不同省市依据国家标准,如《建设工程工程量清单计价规范》《房屋建筑与装饰工程量计算规范》等不同专业工程量计算规范和《建筑安装工程费用项目组成》等有关规定,结合自身特点和实际情况,会细化具体的定额计价程序。下面以"××省建筑安装工程费用定额"明确的定额计价程序为例进行阐述。

  ××省的定额计价以该省基价表中的人工费、材料费、施工机具使用费为基础,明确具体的计算程序,如表9-3所列。

表9-3　××省定额计价计算程序

序　号	费用项目		计算方法
1	分部分项工程和单价措施项目费		1.1+1.2+1.3+1.4+1.5
1.1	其中	人工费	$\sum$（人工费）
1.2		材料费	$\sum$（材料费）
1.3		施工机具使用费	$\sum$（施工机具使用费）
1.4		费用	$\sum$（费用）
1.5		增值税	$\sum$（增值税）
2	其他项目费		2.1+2.2+2.3
2.1	总包服务费		项目价值×费率
2.2	索赔与现场签证费		$\sum$（价格×数量）/$\sum$（费用）
2.3	增值税		(2.1+2.2)×税率
3	含税工程造价		1+2

注:1. ××省定额计价是以全费用基价表中的全费用为基础,依据本定额的计算程序计算工程造价。

  2. 材料市场价格指发、承包人双方认定的价格,也可以是当地建设工程造价管理机构发布的市场价格信息。双方应在相关文件上约定。

  3. 人工发布价格、材料市场价格、机械台班价格进入全费用。

  4. 总包服务费和以费用形式表示的索赔与现场签证费均不含增值税。

第二节　清单计价方法与程序

一、工程量清单计价的基本方法

  工程量清单计价可以分为工程量清单编制和工程量清单应用两个阶段,工程量清单编制程序如图9-4所示,工程量清单应用过程如图9-5所示。

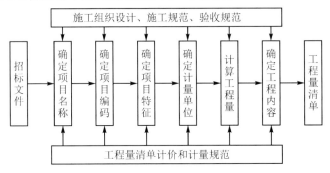

图9-4　工程量清单编制程序

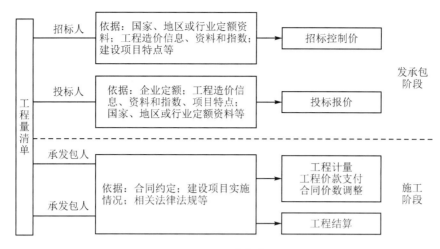

图 9-5　工程量清单应用过程

二、工程量清单计价的程序

下面以招标控制价的编制为例说明工程量清单计价的程序。

（一）招标控制价的概念及编制规定

招标控制价是指根据国家或省级建设行政主管部门颁发的有关计价依据和办法,依据拟订的招标文件和招标工程量清单,结合工程具体情况发布的招标工程的最高投标限价。根据住房和城乡建设部颁布的《建筑工程施工发包与承包计价管理办法》(住建部令第 16 号)规定,国有资金投资的建筑工程招标应当设有最高投标限价;非国有资金投资的建筑工程招标可以设有最高投标限价或者招标标底。

1. 招标控制价与标底的关系

招标控制价是推行工程量清单计价过程中对传统标底概念的性质进行界定后所设置的专业术语,它使招标时评标定价的管理方式发生了很大的变化。

1) 设标底招标。根据《中华人民共和国招标投标实施条例》的规定,招标人可以自行决定是否编制标底,一个招标项目只能有一个标底,标底必须保密。但这种设置标底的招标形式对工程招投标工作造成了较大的负面影响,主要表现在:

① 设标底时易发生泄露标底及暗箱操作的现象,失去招标的公平公正性,容易诱发违法违规行为。

② 编制的标底价是预期价格,因较难考虑施工方案、技术措施对造价的影响,容易与市场造价水平脱节,不利于引导投标人理性竞争。

③ 标底在评标过程的特殊地位使标底价成为左右工程造价的杠杆,不合理的标底会使合理的投标报价在评标中显得不合理,有可能成为地方或行业保护的手段。

④ 将标底作为衡量投标人报价的基准,导致投标人尽力地去迎合标底,往往招标投标过程反映的不是投标人实力的竞争,而是投标人编制预算文件能力的竞争,或者各种合法或非法的"投标策略"的竞争。

2) 无标底招标。设置标底招标的方式存在一系列的弊端,但若不设立标底,同样也会存在一些不足：

① 容易出现围标串标现象，各投标人哄抬价格，给招标人带来投资失控的风险。

② 容易出现低价中标后偷工减料，以牺牲工程质量来降低工程成本，或产生先低价中标，后高额索赔等不良后果。

③ 评标时，招标人对投标人的报价没有参考依据和评判基准。

3）编制招标控制价招标。采用招标控制价招标的优点主要体现在：

① 可有效控制投资，防止恶性哄抬报价带来的投资风险。

② 提高了透明度，避免了暗箱操作、寻租等违法活动的产生。

③ 可使各投标人自主报价，不受标底的左右，公平竞争，符合市场规律。

④ 既设置了控制上限又尽量地减少了业主依赖评标基准价的影响。

但也有可能出现如下问题：

① 若最高限价大大高于市场平均价时，就预示中标后利润很丰厚，只要投标不超过公布的限额都是有效投标，从而可能诱导投标人串标围标。

② 若公布的最高限价远远低于市场平均价，就会影响招标效率，即有可能出现投标人不足 3 家，或出现无人投标情况，因为按此限额投标将无利可图，结果使招标人不得不修改招标控制价进行二次招标。

可见，合理确定招标控制价对招投标工作的正常开展具有重要意义。

2．编制招标控制价的规定

1）国有资金投资的工程建设项目应实行工程量清单招标，招标人应编制招标控制价，并应当拒绝高于招标控制价的投标报价，即投标人的投标报价若超过公布的招标控制，则其投标作为废标处理。

2）招标控制价应由具有编制能力的招标人或受其委托、具有相应资质的工程造价咨询人编制，工程造价咨询人不得同时接收招标人和投标人对同一工程的招标控制价和投标报价的编制。

3）招标控制价应在招标文件中公布，对所编制的招标控制价不得进行上浮或下调。在公布招标控制价时，除公布招标控制价的总价外，还应公布各单位工程的分部分项工程费、措施项目费、其他项目费、规费和税金。

4）招标控制价超过批准的概算时，招标人应将其报原概算审批部门审核。这是由于我国对国有资金投资项目的投资控制实行的是设计概算审批制度，国有资金投资的工程原则上不能超过批准的设计概算。

5）投标人经复核认为招标人公布的招标控制价未按照《建设工程工程量清单计价规范》（GB 50500—2013）的规定进行编制的，应在招标控制价公布后 5 天内向招标投标监督机构和工程造价管理机构投诉。工程造价管理机构受理投诉后，应立即对招标控制价进行复查，组织投诉人、被投诉人或其委托的招标控制价编制人等单位人员对投诉问题逐一核对。当招标控制价复查结论与原公布的招标控制价误差大于±3％时，应责成招标人改正。当重新公布招标控制价时，若重新公布之日起至原投标截止期不足 15 天的应延长投标截止期。

（二）招标控制价计价程序

建设工程的招标控制价反映的是单位工程费用，各单位工程费用是由分部分项工程费、措施项目费、其他项目费、规费和税金组成。招标控制价各组成部分有不同的计价要求和程序。

1. 分部分项工程费的编制要求和计价程序

（1）分部分项工程费的编制要求

① 分部分项工程费应根据招标文件中的分部分项工程量清单及有关要求，按《建设工程工程量清单计价规范》（GB 50500—2013）有关规定确定综合单价计价。

② 工程量依据招标文件中提供的分部分项工程量清单确定。

③ 招标文件提供了暂估单价的材料，应按暂估的单价计入综合单价。

④ 为使招标控制价与投标报价所包含的内容一致，综合单价中应包括招标文件中要求投标人所承担的风险内容及其范围（幅度）产生的风险费用。

（2）综合单价的组价

招标控制价的分部分项工程费应由各单位工程的招标工程量清单乘以相应的综合单价汇总而成。综合单价的组价，首先，依据提供的工程量清单和施工图纸，按照工程所在地颁发的计价定额的规定，确定所组价的定额项目名称，并计算出相应的工程量；其次，依据工程造价政策规定或工程造价信息确定其人工、材料、机械台班单价，同时，在考虑风险因素确定管理费率和利润率的基础上，按规定程序计算出所组价定额项目的合价，即

$$\text{定额项目合价} = \text{定额项目工程量} \times \Big[\sum(\text{定额人工消耗量} \times \text{人工单价}) +$$
$$\sum(\text{定额材料消耗量} \times \text{材料单价}) + \sum(\text{定额机械台班消耗量} \times$$
$$\text{机械台班单价}) + \text{价差}(\text{基价或人工、材料、机械费用}) +$$
$$\text{管理费} + \text{利润} \Big] \qquad (9-6)$$

将若干项所组价的定额项目合价相加除以工程量清单项目工程量，便得到工程量清单项目综合单价，即

$$\text{工程量清单综合单价} = \frac{\sum \text{定额项目合价} + \text{未计价材料}}{\text{工程项目清单项目工程量}} \qquad (9-7)$$

对于未计价材料费（包括暂估单价的材料费）应计入综合单价。

编制招标控制价在确定其综合单价时，应考虑一定范围内的风险因素。在招标文件中应通过预留一定的风险费用，或明确说明风险所包括的范围及超出该范围的价格调整方法。对于招标文件中未作要求的可按以下原则确定：

① 对于技术难度较大和管理复杂的项目，可考虑一定的风险费用，并纳入综合单价中。

② 对于工程设备、材料价格的市场风险，应依据招标文件的规定和工程所在地或行业工程造价管理机构的有关规定，以及市场价格趋势，考虑一定率值的风险费用，纳入综合单价中。

③ 如没有采用全费用基价表，税金、规费等法律、法规、规章和政策变化的风险和人工单价等风险费用不应纳入综合单价。

招标工程发布的分部分项工程量清单对应的综合单价，应按照招标人发布的分部分项工程量清单的项目名称、工程量、项目特征描述，依据工程所在地颁发的计价定额和人工、材料、机械台班价格信息等进行组价确定，并应编制工程量清单的综合单价分析表。

（3）综合单价计算程序

2018 版《××省建筑安装工程费用定额》明确的分部分项工程及可计量措施项目综合单价计算程序如表 9-4 所列。

表 9-4　分部分项工程及可计量措施项目综合单价计算程序

序　号	费用项目	计算方法
1	人工费	$\sum$（人工费）
2	材料费	$\sum$（材料费）
3	施工机具使用费	$\sum$（施工机具使用费）
4	企业管理费	（1+3）×费率
5	利润	（1+3）×费率
6	风险因素	按招标文件或约定
7	综合单价	1+2+3+4+5+6

2. 措施项目费的编制要求和计价程序

（1）措施项目费的编制要求

① 措施项目费中的安全文明施工费应当按照国家或省级、行业建设主管部门的规定标准计价，该部分不得作为竞争性费用。

② 措施项目应按招标文件中提供的措施项目清单确定，措施项目分为以量计量和以项计量两种。对于可精确计量的措施项目，以量计量即按其工程量用与分部分项工程工程量清单单价相同的方式确定综合单价；对于不可精确计量的措施项目，则以项为单位，采用费率法按有关规定综合取定，采用费率法时需确定某项费用的计费基数及其费率，结果应包括除规费、税金以外的全部费用。计算公式为

$$\text{以项计量的措施项目清单费} = \text{措施项目计费基数} \times \text{费率} \qquad (9-8)$$

（2）不可计量措施项目计算程序

2018 版《××省建筑安装工程费用定额》明确的不可计量措施项目费计算程序如表 9-5 所列。

表 9-5　不可计量措施项目费计算程序

序　号	费用项目		计算方法
1	分部分项工程及可计量措施项目费		$\sum$（分部分项工程及可计量措施项目费）
1.1	其中	人工费	$\sum$（人工费）
1.2		施工机具使用费	$\sum$（施工机具使用费）
2	不可计量措施项目费		2.1+2.2
2.1	安全文明施工费		（1.1+1.2）×费率
2.2	其他不可计量措施项目费		（1.1+1.2）×费率

3. 其他项目费的编制要求和计价程序

（1）暂列金额

暂列金额可根据工程的复杂程度、设计深度、工程环境条件（包括地质、水文、气候条件等）

进行估算,一般以分部分项工程费的 10%~15% 为参考。

（2）暂估价

暂估价中的材料单价应按照工程造价管理机构发布的工程造价信息中的材料单价计算,工程造价信息未发布的材料单价参考市场价格估算;暂估价中的专业工程暂估价应分不同专业,按有关计价规定估算。

（3）计日工

在编制招标控制价时,对计日工中的人工单价和施工机械台班单价应按省级、行业建设主管部门或其授权的工程造价管理机构公布的单价计算;材料应按工程造价管理机构发布的工程造价信息中的材料单价计算,工程造价信息未发布单价的材料价格应按市场调查确定的单价计算。

（4）总承包服务费

总承包服务费应按照省级或行业建设主管部门的规定计算,在计算时可参考以下标准:

① 招标人仅要求对分包的专业工程进行总承包管理和协调时,按分包的专业工程估算造价的 1.5% 计算。

② 招标人要求对分包的专业工程进行总承包管理和协调,并同时要求提供配合服务时,根据招标文件中列出的配合服务内容和提出的要求,按分包的专业工程估算造价的 3%~5% 计算。

③ 招标人自行供应材料的,按招标人供应材料价值的 1% 计算。

（5）其他项目费计算程序

2018 版《××省建筑安装工程费用定额》明确的其他项目费计算程序如表 9 - 6 所列。

表 9 - 6　其他项目费计算程序

序　号		费用项目	计算方法
1		暂列金额	按招标文件
2		专业工程暂估价/结算价	按招标文件或结算价
3		计日工	3.1＋3.2＋3.3＋3.4＋3.5
3.1	其中	人工费	$\sum$（人工价格×暂定数量或认定数量）
3.2		材料费	$\sum$（材料价格×暂定数量或认定数量）
3.3		施工机具使用费	$\sum$（机械台班价格×暂定数量或认定数量）
3.4		企业管理费	（3.1＋3.3）×费率
3.5		利润	（3.1＋3.3）×费率
4		总包服务费	4.1＋4.2
4.1	其中	发包人发包专业工程	$\sum$（项目价值×费率）
4.2		发包人提供材料	$\sum$（材料价值×费率）
5		索赔与现场签证费	$\sum$（价格×数量）或 $\sum$ 费用
6		其他项目费	1＋2＋3＋4＋5

注:暂列金额、专业工程暂估价、总包服务费、结算价和以费用形式表示的索赔与现场签证费均不含增值税。

4. 规费和税金的编制要求

规费和税金必须按国家或省级、行业建设主管部门的规定计算。

5. 单位工程招标控制价计价程序

2018 版《××省建筑安装工程费用定额》明确的单位工程造价计算程序如表 9 - 7 所列。

表 9 - 7 单位工程造价计算程序表

序　号	费用项目		计算方法
1	分部分项工程和可计量措施项目费		∑(分部分项工程及可计量措施项目费)
1.1	其中	人工费	∑(人工费)
1.2		施工机具使用费	∑(施工机具使用费)
2	不可计量措施项目费		∑(不可计量措施项目费)
3	其他项目		∑(其他项目费)
3.1	其中	人工费	∑(人工费)
3.2		施工机具使用费	∑(施工机具使用费)
4	规费		(1.1+1.2+3.1+3.2)×费率
5	增值税		(1+2+3+4)×税率
6	含税工程造价		1+2+3+4+5

(三) 基于全费用基价的工程量清单计价程序

2014 年 9 月 30 日,住房和城乡建设部发布的《关于进一步推进工程造价管理改革的指导意见》(建标〔2014〕142 号)明确指出完善工程项目划分,建立多层级工程量清单,形成以清单计价规范和各专(行)业工程量计算规范配套使用的清单规范体系,推行工程量清单全费用综合单价,鼓励有条件的行业和地区编制全费用定额。××省于 2018 年推出了《××省房屋建筑与装饰工程消耗量定额及全费用基价表》。但目前对于全费用并没有形成统一规定,××省对全费用的定义为:全费用基价是完成规定计量单位的分部分项工程所需人工费、材料费、机械费、费用、增值税之和。其中,费用包括总价措施项目费、企业管理费、利润、规费;增值税是在一般计税法下按规定计算的销项税。

由于全费用基价所包含的费用内容发生了较大变化,势必会影响计价程序。下面以××省全费用基价工程量清单计价程序为例进行阐述。

1. 分部分项工程及单价措施项目全费用综合单价计算程序

2018 版《××省建筑安装工程费用定额》明确的分部分项工程及单价措施项目全费用综合单价计算程序如表 9 - 8 所列。

表 9 - 8 分部分项工程及单价措施项目全费用综合单价计算程序

序　号	费用项目	计算方法
1	人工费	∑(人工费)
2	材料费	∑(材料费)
3	施工机具使用费	∑(施工机具使用费)
4	费用	∑(费用)
5	增值税	∑(增值税)
6	综合单价	1+2+3+4+5

2. 其他项目费计算程序

2018 版《××省建筑安装工程费用定额》明确的其他项目费计算程序如表 9 - 9 所列。

表 9 - 9 其他项目费计算程序

序　号	费用项目		计算方法
1	暂列金额		按招标文件
2	专业工程暂估价		按招标文件
3	计日工		3.1+3.2+3.3+3.4
3.1	其中	人工费	$\sum$（人工价格×暂定数量）
3.2		材料费	$\sum$（材料价格×暂定数量）
3.3		施工机具使用费	$\sum$（机械台班价格×暂定数量）
3.4		费用	（3.1+3.3）×费率
4	总包服务费		4.1+4.2
4.1	其中	发包人发包专业工程	$\sum$（项目价值×费率）
4.2		发包人提供材料	$\sum$（材料价值×费率）
5	索赔与现场签证费		$\sum$（价格×数量）或$\sum$费用
6	增值税		（1+2+3+4+5）×税率
7	其他项目费		1+2+3+4+5+6

注：3.4 中费用包含企业管理费、利润、规费。

3. 单位工程造价计算程序

2018 版《××省建筑安装工程费用定额》明确的单位工程造价计算程序如表 9 - 10 所列。

表 9 - 10 单位工程造价计算程序表

序　号	费用名称	计算方法
1	分部分项工程和可计量措施项目费	$\sum$（全费用综合单价×工程量）
2	其他项目	$\sum$（其他项目费）
3	含税单位工程造价	1+2

课后思考与综合运用

课后思考

1. 定额计价的程序包含哪些内容？

2. 工程量清单的计价程序包含哪些内容？

3. 建设工程清单中，哪些项目不可作为竞争性项目？

能力拓展

某道路排水工程招标控制价的案例分析

[案例] 某道路排水工程,全长 1 672.702 m,投资概算为 14 452 万元,该工程招标人为城市管理局,由市政工程有限公司设计,某工程项目管理有限公司招标代理公司组织招标并编制招标控制价,预计总工期 155 天,该工程经建设单位同意报审的招标控制价为 67 454 549.15 元。在招标控制价的编制过程中,某工程项目管理有限公司对工程量清单中"机械挖沟槽土方"项目进行工程计量,增加了放坡及工作面的工程量,总计 9 869.94 m³,即 32 898.39 m³×2.92 元/m³ — 23 028.45 m³×3.33 元/m³=19 378.56 元;同时,按照工程量清单中"圈梁"项目特征描述内容(非预应力钢筋制作安装)的相应子目套价,3.518 t×5 294 元/t=18 624.30 元。但是建设单位的审核人员不同意这两项事件,要求对这两项事件重新编制,并修改招标控制价。

矛盾焦点:

1) 工程量计算规则适用问题。我国现行有两套计量规则,各自有其适用范围和适用阶段,就我国现行工程计价的惯例来说,工程定额计价规则适用于预算编制及预算以前阶段的各种计价活动。某工程项目管理有限公司根据工程量清单编制招标控制价,但采取了定额计价的计量规则。因此问题焦点为:在编制招标控制价的过程中计量规则该如何选用。

2) 清单项目特征描述的准确性问题。"圈梁"的施工方案中并没有"非预应力钢筋制作安装"这一特征,其本意是在描述"不采用预应力钢筋制作安装",因为圈梁一般是现浇钢筋混凝土圈梁,但是"非预应力钢筋制作安装"却有"套价子目"与其相对应。因此问题焦点为:当工程量清单"项目特征"描述错误时应如何应对。

问题分析:

1) 招标控制价是随着《建设工程工程量清单计价规范》(GB 50500—2013)颁布而产生的,既然编制了招标控制价,就是选择了工程量清单计价方式,计量规则应遵循《建设工程工程量清单计价规范》(GB 50500—2013)的计价规则。案例中某工程项目管理有限公司在编制招标控制价的过程中采用了定额计价中的工程量计量原则,这是不合理的。依据《市政工程工程量计算规范》(GB 50857—2013)中附录 A 中挖土方规定:挖沟槽土方,原地面线以下按构筑物最大水平投影面积乘以挖土深度(原地面平均标高至坑底高度)以体积计算。因此,某工程项目管理有限公司应改正工程量的计量,再运用正确的工程量套价。最后,应在招标控制价中减去这部分"放坡"的工程量的计价部分,总计为 19 378.56 元,以及相应的规费和税金。

2) 项目特征是用来描述项目名称的实质内容,将直接影响工程实体的自身价值。项目特征描述不准确,会影响工程量清单项目的区分,会影响综合单价的确定,也会影响双方对合同义务的履行情况。《建设工程工程量清单计价规范》(GB 50500—2013)中第 6.2.3 条规定:分部分项工程费应根据招标文件分部分项工程量清单的特征描述及有关要求确定综合单价计算。该工程量清单编制存在项目特征描述错误,如圈梁清单项目特征描述中,没有非预应力钢筋制作安装,可是在套价中存在,导致多计费 18 624.30 元,在招标控制价中应删减金额 18 624.30 元。

经验总结：

（1）区分定额计量和工程量清单计量规则的适用范围

工程量清单是以实体为主，做到可算并计算的结果唯一，这样在清单规范中出现的与基础定额不同的是"按图示尺寸进行计算"。清单不考虑施工工艺、施工方法所包含的工程量。然而招标控制价是在清单基础上编制的，应遵循工程量清单计量规则。在招标投标以前阶段的计价方式采用定额的计价方式时，应遵循定额计量规则。

（2）提高招标工程量清单编制的质量

清单编制人员要了解施工工艺和流程、工作内容、施工技术规范、程序等工程技术方面的知识，把握建设行业新材料、新工艺的发展趋势；清单编制人员项目组成员之间要加强相互沟通，在全面理解招标文件的基础上，应及时与招标方、设计部门沟通。清单编制人员在清单编制过程中，遇到施工图样有问题的地方，应该与设计师多沟通，通过设计师进行说明或者修改，对施工图样进一步地完善，防止清单编制人员在编制过程中的漏项。

在工程前期，招标控制价对工程造价的控制起到决定性作用，在工程实施阶段，施工单位占主导地位，往往会利用招标清单项目中的漏洞增加索赔机会，把全过程造价管理思路贯穿到工程量清单的编制中，保证工程量清单编制的质量，规避发、承包双方日后"扯皮"的风险。

推荐阅读材料

［1］王敬军，周燕飞，钟文龙，等.基于工作分解结构视角的建设工程工程量清单计价实践探讨［J］.建筑经济，2021，42（12）：33-38.

［2］屈樊.450米以上超高层商业建筑工程造价确定与控制［J］.建筑经济，2019，40（6）：89-93.

［3］张家阳，朱建君，王维方.工程量偏差引起的综合单价调整计算方法研究［J］.建筑经济，2021，42（6）：61-65.

［4］王明鹏.工程量清单模式不平衡报价的应对探讨［J］.建筑经济，2019，40（4）：79-81.

［5］王德美，陈慧，肖之鸿，等.基于数据挖掘的住宅工程造价预测［J］.土木工程与管理学报，2021，38（1）：175-182.

［6］王广月，张敬明.建筑工程定额与工程量清单计价［M］.北京：中国水利水电出版社，2005.

［7］李文娟.建筑工程定额与清单计价［M］.北京：北京理工大学出版社，2010.

［8］马永林.工程量清单计价与定额计价两种计价模式并存对我国工程计价的影响及改革思考［J］.工程造价管理，2022，3（3）：6-10.

［9］贺诗雨.工程造价改革定额计价与清单计价模式探论［J］.居舍，2022，（6）：147-149；152.

第十章　房屋建筑与装饰工程计价实例

纸上得来终觉浅,绝知此事要躬行。

——陆游①

导　言

天堑变通途——万里长江第一桥武汉长江大桥建设始末②

长江是中国的黄金水道,有极高的运输价值,但同时又截断了南北交通,给人们的生活带来不便,被称为"天堑"。千百年来,修建长江大桥,使天堑变通途成为人们的梦想。而这个千年梦想在新中国变为了现实。

为了实现千年梦　欲将天堑变通途

一直以来,长江两岸的人和物想过江,只能坐轮渡或木船。若碰上大风、大雾等恶劣天气,还会被迫停航。"黄河水,长江桥,治不好,修不了。"这首歌谣,表达了黄河、长江两岸人民无奈的心情。1949年9月,桥梁专家李文骥、茅以升等联合向中央提交了《筹建武汉纪念桥建议书》,提议建设武汉长江大桥,作为"新民主主义革命成功的纪念建筑"。当月,毛泽东主持召开的第一届政治协商会议通过了这一议案,修建武汉长江大桥这一千年梦想在新中国成立前夕就被正式提上议事日程。1950年,刚主持全国铁路工作不久的滕代远开始着手筹建武汉长江大桥。根据中央指示,原铁道部成立了大桥专家组,委任茅以升为组长兼总设计师,并派遣大批技术人员赴武汉筹备建桥事宜。在结合以往资料基础上,先后作了8个方案,逐一研究,就桥梁选址、规模、桥式、施工方法等问题进行了3次大的讨论,最终决定将桥址选在龟山、蛇山线。方案获批准后,原铁道部立即组织力量进行初步设计。1953年2月,在武汉视察的毛泽东听取大桥勘测设计汇报后,视察了大桥桥址。技术人员向毛泽东汇报了选址考虑:武汉段长江江面龟、蛇两山之间距离最短,可缩短大桥长度;利用两山做天然桥头堡基础,扎实可靠,且能大幅度节省造价和工期;两山间的长江底基本上都是坚固的岩石,有利于固定桥墩;两岸的山势可增加大桥净空高度,便于大吨位船舶通航。1954年1月,政务院203次会议通过了《关于修建武汉长江大桥的决议》,成立了以彭敏为局长的大桥工程局,批准了1958年底铁路通车和1959年9月公路通车的竣工期限。

节约成本保质量　"旗帜工程"谱新篇

在百废待兴的新中国,修建武汉长江大桥是一笔大的开销。因此,滕代远在节省成本上锱铢必较、毫不容情。在一次全路领导干部大会上,滕代远号召在降低成本与造价上挖掘潜力,而苏联专家却称没什么潜力可挖了。滕代远说:"所谓没有潜力可挖是不存在的,就看你们的

---

①　摘自:陆游《冬夜读书示子聿》。

②　摘自:王宗志.天堑变通途——万里长江第一桥武汉长江大桥建设始末[J].共产党员(河北),2020,(20):54-55.

工作是否认真,态度是否端正。"会后,终于又查出大桥桥基钢板桩数量还可减少,此举可节约 30多万元。据统计,自大桥开建以来,共采纳合理化建议1 437件,节约72万元;1957年开展增产节约运动后,仅上半年就节约121万元;工程完工后共节约3 392万元,占全桥总投资的 20%。1956年10月,两岸桥梁开始架设时,有人发现钢梁上铆钉铆合质量有问题。由于每孔钢梁跨度128 m,最厚部分达1.7 m,而使用的铆钉直径是0.26 m。施工人员从未铆合过这么厚的钢梁,用过这般长且粗的铆钉。不过,在中苏双方的共同钻研下,终于获得了一套完整的铆合长铆钉,并提高了钉孔密实度,将不合格的铆钉全部铲下,重新铆合。这样一来,不仅铆钉全部填满钉孔,而且高出国标5%,保证了大桥质量。

经过建设者们两年零两个月艰苦的创造性劳动,大桥于1957年国庆节前建成,如图10-1所示。经三次严格验收,10月15日,举行了隆重的通车典礼。

图 10-1 武汉长江大桥

"一桥飞架南北,天堑变通途。"毛泽东主席用这11个字表达了对武汉长江大桥由衷的赞美。今天看来,历经沧桑、横跨长江的这座桥不仅美妙绝伦,而且成为一座历史的丰碑。

第一节 建筑工程施工图预算编制实例

一、实例概述

(一)工程概况

1)本工程为新建单层砖混结构房屋,位于××省××市区内。

2)常年地下水位为地表2 m以下,场地为三类土。

3)现场搭设钢管脚手架,垂直运输采用卷扬机。

4)本工程不发生场内运土,余土均用双轮车运至场外150 m处。预制板由预制场加工,厂址距工地5 km。

5)木门由施工单位附属加工厂制作并运至现场,运距为8 km。

（二）工程说明

1）基础采用现浇 C20 钢筋混凝土带型基础，其上用 M10 干混砌筑砂浆砌筑砖基础，砖基础顶部设 C20 钢筋混凝土地圈梁。

2）本工程采用 M10 干混砌筑砂浆砌一砖内、外墙、女儿墙，在檐口处设 C20 钢筋混凝土圈梁一道，纵横墙连接处设 C20 钢筋混凝土构造柱。

3）屋面做法：

① 防水层采用三元乙丙橡胶卷材防水。

② 找平层采用 1：2.5 水泥砂浆，厚 20 mm。

③ 找坡层采用水泥炉渣，最薄处 10 mm。

④ 基层采用预应力空心屋面板。

⑤ 落水管采用 ϕ110 mm 塑料管。

4）室内装修做法：

① 地面的面层采用 1：2.5 带玻璃嵌条普通水磨石面层，底层厚 20 mm，面层厚 15 mm，不分色。

② 找平层采用 1：3 水泥砂浆，厚 20 mm。

③ 垫层采用 C15 混凝土，厚 80 mm。

④ 基层采用素土夯实。

⑤ 踢脚板同地面做法，高 150 mm。

⑥ 内墙面采用干混抹灰砂浆底，面层刷内墙乳胶漆两遍。

⑦ 天棚面的基层采用预制板底面清刷、补缝；面层采用混合砂浆底，面层刷乳胶漆两遍。

5）室外装修做法：

① 外墙面采用砂浆抹底，水泥砂浆粘贴墙面砖，缝宽 5 mm。

② 散水采用 C20 混凝土提浆抹光，宽 600 mm，厚 60 mm。

6）门窗：门窗统计如表 10-1 所列。

表 10-1　门窗统计表

门窗名称	代　号	洞口尺寸 /(mm×mm)	数量/樘	单樘面积/m²	合计面积/m²
单扇无亮无纱镶板门	M	900×2 000	4	1.8	7.2
双扇铝合金推拉窗	C1	1 500×1 800	6	2.7	16.2
双扇铝合金推拉窗	C2	2 100×1 800	2	3.78	7.56

7）门窗过梁：门洞上加设钢筋混凝土 C20 过梁，长度为洞口宽加 500 mm，断面为 240 mm×120 mm。窗洞上圈梁代过梁，底部增设 1ϕ14 钢筋，其余钢筋同圈梁。

（三）施工图纸

工程施工图如图 10-2～图 10-9 所示。

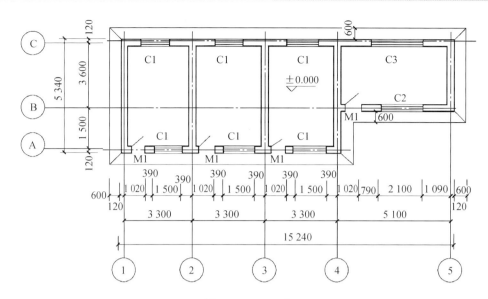

图 10-2 平面图

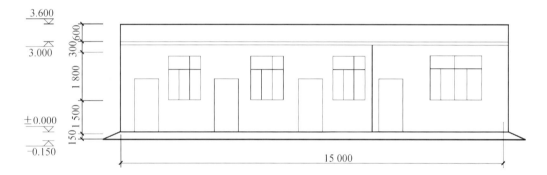

图 10-3 立面图

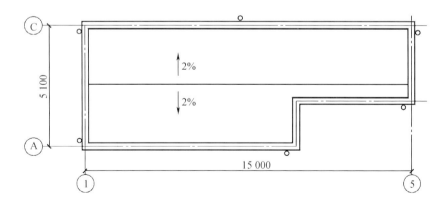

图 10-4 屋顶平面图

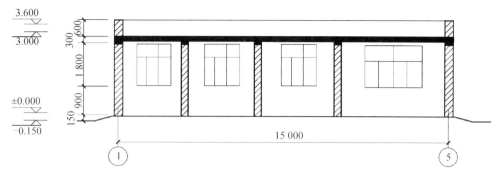

图 10-5 剖面图

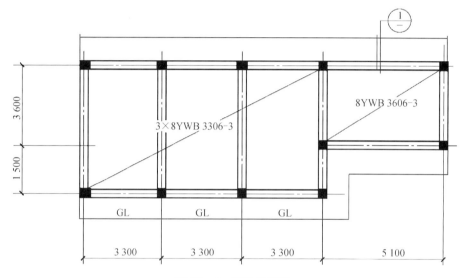

图 10-6 结构平面图

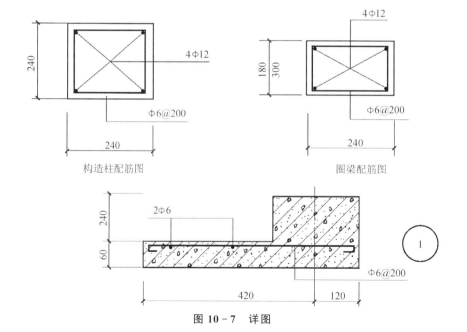

图 10-7 详图

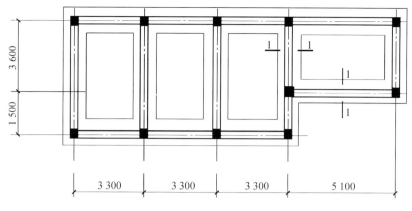

图 10-8　基础平面图

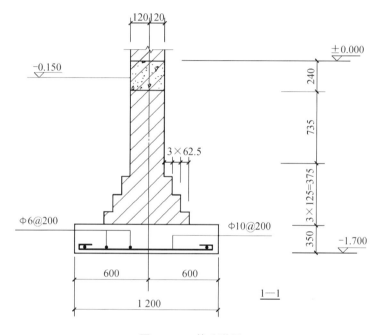

图 10-9　基础详图

二、定额计价模式下工程造价计算

(一)工程量计算表

依据××省消耗量定额进行计算,该建筑工程具体工程量计算如表 10-2 所列。

表 10-2　工程量计算表

工程名称:单层砖混房屋

序　号	定额编号	项目名称	计算式	单　位	工程量
		建筑面积	$15.24 \times 5.34 - 5.1 \times 1.5$	m²	73.73
		外墙中心线	$(3.3 \times 3 + 5.1 + 5.1) \times 2$	m	40.20

序 号	定额编号	项目名称	计算式	单 位	工程量
		外墙外边线	$(15.24+5.34)\times2$	m	41.16
		内墙净长线	$(5.1-0.24)\times2+(3.6-0.24)$	m	13.08
1	G1-318	平整场地		m^2	73.73
2	G1-11	人工开挖基槽	$h=1.7-0.15=1.55$ m； $k=0.33$； 外墙基底长度=40.2 m； 内墙基底长度=$(5.1-2\times0.6-0.3\times2)\times2+$ $(3.6-2\times0.6-0.3\times2)=10.2$ m； $V=(1.2+2\times0.3+0.33\times1.55)\times1.55\times$ $(40.2+10.2)$	m^3	180.57
3	G1-329	基槽回填土	室外地面以下带形混凝土基础=21.17 m^3； 室外地面以下带形砖基础(包括部分圈梁)体积= $0.24\times[(1.7-0.15-0.35)+0.394]\times53.28=$ 20.38 m^3； 基槽回填土=180.57-21.17-20.38	m^3	139.02
4	G1-328	室内回填土	室内净面积=$73.73-0.24\times(40.2+13.08)=$ 60.94 m^2； 室内回填土=$(0.15-0.02-0.015-0.02-0.08)\times$ 60.94	m^3	0.91
5	G1-51	余土外运双轮车 (运距 150 m)	$180.57-139.02-0.91$	m^3	40.64
6	G1-52	余土外运(超运距)	40.64×2	m^3	81.28
7	A1-1	砖基础体积	基础与墙体是同种材质,因此基础与墙体分界线为 室内地面处: $H=1.7-0.35-0.24=1.11$ m； 查表得折算高度为 $h=0.394$ m； 长度=40.2+13.08=53.28 m； $V=0.24\times(1.11+0.394)\times53.28$	m^3	19.23
8	A1-5	混水砖墙	① 外墙: 外墙长度=40.2 m； 外墙(含女儿墙)高度=3.6 m； 门窗面积=30.96 m^2； 门洞过梁体积=0.146 m^3； ② 内墙: 长度=13.08 m； 高度=3 m； ③ 砖墙工程量=$0.24\times(40.2\times3.6+13.08\times3)-$ $30.96\times0.24-0.146-(1.089+1.71)-3.01$	m^3	30.77

序　号	定额编号	项目名称	计算式	单　位	工程量
9	A2-19	圈梁	$(40.2+13.08)\times0.24\times0.24+0.24\times0.3\times23.4+$ $0.24\times0.18\times29.88-1.089-0.24\times0.24\times0.3\times$ $10-0.24\times0.24\times0.18\times1$	m³	4.78
10	A2-3	现浇带形基础	$L=40.2+(5.1-2\times0.6)\times2+(3.6-2\times0.6)=$ 50.4 m; $V=1.2\times0.35\times50.4$	m³	21.17
11	A2-20	过梁	$0.24\times0.12\times(0.9+0.12+0.25)\times4+(1.5+$ $0.5)\times6\times0.3\times0.24+(2.1+0.5)\times2\times0.18\times$ 0.24	m³	1.235
12	A2-12	现浇构造柱	$(0.24\times0.24+0.03\times0.24\times2)\times3.6\times5+$ $(0.24\times0.24+0.03\times0.24\times3)\times3.6\times6$	m³	3.01
13	A2-41	现浇挑檐板	$(0.42-0.12)\times(15.24\times2+1.5)$	m²	9.59
14	A2-49	散水 C15	$(15.24+0.6+5.34+0.6)\times2\times0.6$	m²	26.14
15	A2-172	预制空心板安装		m³	4.648
16	A2-193	预制空心板灌缝		m³	4.648
17	A2-64	基础钢筋 φ10	$1.185\times323\times0.617$ kg/m$=236.16$ kg	t	0.236
18	A2-64	基础钢筋 φ6	$7\times(11.035+6.235+16.135+24.94+4.735)\times$ $0.222=98.03$ kg	t	0.098
19	A2-77	圈梁内箍筋 φ6	$(0.961\times123+0.721\times166)\times0.222=52.81$ kg	t	0.053
20	A2-77	构造柱内箍筋 φ6	$0.794\times220\times0.222=38.78$ kg	t	0.039
21	A2-64	挑檐板内钢筋 φ6	$65.52\times0.222+0.585\times169\times0.222=36.5$ kg	t	0.037
22	A2-65	钢筋 φ12	$(87.04+15.76+40.96+21.76+61.36)\times0.888+$ $172.92\times0.888=355$ kg	t	0.355
23	A2-65	钢筋 φ14	18.2×1.208 kg/m$=21.99$ kg	t	0.022
24	A7-13	水泥炉渣找坡层	$73.73-0.24\times40.2$	m²	64.08
25	A9-2	水泥砂浆找平层	$73.73-0.24\times40.2+60.94$	m²	125.02
26	A6-69	三元乙丙橡胶卷材防水	女儿墙内壁长度$=(15-0.24+5.1-0.24)\times2=$ 39.24 m; 卷材防水面积$=64.08+39.24\times0.25$	m²	73.89
27	A6-138	塑料落水管	$(0.15+3.0)\times6$	m	18.90
28	A6-141	塑料水斗		个	6

序 号	定额编号	项目名称	计算式	单 位	工程量
29	A6 - 142	塑料弯头		个	6
30	A2 - 1	C15 混凝土垫层	60.94×0.08	m³	4.88
31	A9 - 23	带嵌条普通水磨石		m²	60.94
32	A9 - 105	水磨石踢脚线	$(5.1-0.24+3.3-0.24) \times 2 \times 3+(5.1-0.24+3.6-0.24) \times 2=63.96$ m； 63.96×0.15	m²	9.59
33	A10 - 1	砖墙面抹灰	$63.92 \times 2.88-30.96+23.544$	m²	176.67
34	A13 - 199	内墙面乳胶漆	$63.92 \times 2.88-30.96$	m²	153.13
35	A10 - 2	外墙抹灰	$41.16 \times (0.15+3.6)-30.96$	m²	123.39
36	A10 - 64	外墙面面砖		m²	123.39
37	A12 - 1	天棚面抹灰	$60.94+19.188$	m²	80.13
38	A13 - 200	天棚面乳胶漆		m²	80.13
39	A5 - 5	单扇镶板门		樘	4
40	A5 - 81	双扇铝合金推拉窗	$1.5 \times 1.8 \times 6+2.1 \times 1.8 \times 2$	m²	23.76
41	A17 - 1	综合脚手架		m²	73.73
42	A16 - 13	现浇砼带形基础模板	$(5.1+1.2+15+1.2+3.6+1.2+5.1+1.5+9.9+1.2+36+6.3 \times 2) \times 0.35$	m²	32.76
43	A16 - 52	现浇构造柱模板	$[(0.24+0.06 \times 2) \times 16+0.06 \times 6 \times 4] \times 3.6$	m²	25.92
44	A16 - 71	圈梁模板	$[(5.1-0.24) \times 2 \times 5+(3.3-0.24) \times 2 \times 6+(3.6-0.24) \times 2 \times 2] \times 0.3-0.06 \times (40.2-5.1-3.6)+1.5 \times 0.24 \times 6+2.1 \times 0.24 \times 2$	m²	30.88
45	A16 - 71	地圈梁模板	$0.24 \times (40.2+13.08) \times 2-0.24 \times 0.24 \times 6$	m²	25.22
46	A16 - 156	预制板灌缝模板		m³	4.648
47	A18 - 4	垂直运输(卷扬机)		m²	73.73

（二）编制分部分项工程及单价措施项目费汇总表

分部分项工程及单价措施项目费汇总表如表 10 - 3 所列。

（三）工程造价汇总

根据××省的费用定额,定额计价是以全费用为基础,依据该省定额的计算程序计算工程造价。该工程费用计算如表 10 - 4 所列。

工程名称：单层砖混房屋

表10-3 分部分项工程及单价措施项目费汇总表

序号	定额编号	工程项目	单位	工程数量	单价/元	其中			合价/元	其中		
						人工费	材料费	机械费		人工费/元	材料费/元	机械费/元
		分部分项工程费										
1	G1-318	人工场地平整	100 m²	0.737	326.85	207.83			240.99	153.23		
2	G1-11	人工挖沟槽土方（槽深）三类土≤2m	10 m³	18.057	546.04	347.21			9 859.84	6 269.57		
3	G1-329	夯填土人工槽坑	10 m³	13.902	262.32	166.43	0.53		3 646.77	2 313.71	7.37	
4	G1-328	夯填土人工地坪	10 m³	0.091	200.53	127.14	0.53		18.25	11.57	0.05	
5	G1-51	人力车运土方运距≤50 m	10 m³	4.064	151.77	96.51			616.79	392.22		
6	G1-52	人力车运土方运距≤500 m.每增运50 m	10 m³	8.128	36.61	23.28			297.57	189.22		
7	A1-1	砖基础 实心砖 直形	10 m³	1.923	5 994.17	1 476.33	2 621.11	44.96	11 526.79	2 838.98	5 040.39	86.46
8	A1-5	混水砖墙	10 m³	3.077	6 740.43	1 688.88	2 907.88	42.71	20 740.30	5 196.68	8 947.55	131.42
9	A2-19	圈梁	10 m³	0.478	6 028.83	1 047.32	3 549.62		2 881.78	500.62	1 696.72	
10	A2-3	带形基础混凝土	10 m³	2.117	4 588.76	387.24	3 477.25		9 714.40	819.79	7 361.34	
11	A2-20	过梁	10 m³	0.124	6 478.45	1 204.77	3 664.23		803.33	149.39	454.36	
12	A2-12	构造柱	10 m³	0.301	6 342.47	1 244.03	3 465.20		1 909.08	374.45	1 043.03	
13	A2-41	挑檐板	10 m³	0.959	6 441.42	1 218.75	3 603.81		6 177.32	1 168.78	3 456.05	
14	A2-49	散水	10 m²	2.614	492.35	71.78	306.44	5.00	1 287.00	187.63	801.03	13.07
15	A2-172	空心板安装	10 m³	0.465	13 221.99	649.89	9 863.75	548.12	6 148.23	302.20	4 586.64	254.88
16	A2-193	空心板灌缝	10 m³	0.465	2 230.18	860.02	413.86	2.70	1 037.03	399.91	192.44	1.26
17	A2-64	钢筋 HPB300 直径≤10 mm	t	0.236	5 609.26	1 066.56	3 096.37	16.87	1 323.79	251.71	730.74	3.98
18	A2-64	钢筋 HPB300 直径≤10 mm	t	0.098	5 609.26	1 066.56	3 096.37	16.87	549.71	104.52	303.44	1.65

续表 10－3

序号	定额编号	工程项目	单位	工程数量	单价/元	其中 人工费	其中 材料费	其中 机械费	合价/元	其中 人工费/元	其中 材料费/元	其中 机械费/元
19	A2－77	箍筋圆钢 HPB300 直径≤10 mm	t	0.053	7 321.73	1 868.94	3 112.71	36.27	388.05	99.05	164.97	1.92
20	A2－77	箍筋圆钢 HPB300 直径≤10 mm	t	0.039	7 321.73	1 868.94	3 112.71	36.27	285.55	72.89	121.40	1.41
21	A2－64	钢筋 HPB300 直径≤10 mm	t	0.037	5 609.26	1 066.56	3 096.37	16.87	207.54	39.46	114.57	0.62
22	A2－65	钢筋 HPB300 直径≤18 mm	t	0.355	5 323.39	720.40	3 356.87	86.71	1 889.80	255.74	1 191.69	30.78
23	A2－65	钢筋 HPB300 直径≤18 mm	t	0.022	5 323.39	720.40	3 356.87	86.71	117.11	15.85	73.85	1.91
24	A7－13	水泥炉渣找坡层	100 m²	0.641	2 821.98	713.56	1 238.99		1 808.32	457.25	793.94	
25	A9－2	水泥砂浆找平层	100 m²	1.250	2 878.62	810.49	1 350.56	79.61	3 598.85	1 013.27	1 688.47	99.53
26	A6－69	三元乙丙橡胶卷材平面	100 m²	0.739	7 510.33	1 464.99	4 118.60		5 549.38	1 082.48	3 043.23	
27	A6－138	塑料落水管	100 m	0.189	4 243.90	1 269.41	1 491.89		802.10	239.92	281.97	
28	A6－141	塑料管排水斗	10 个	0.600	552.53	163.25	198.06		331.52	97.95	118.84	
29	A6－142	塑料管排水弯头落水口	10 个	0.600	531.33	164.93	175.43		318.80	98.96	105.26	
30	A2－1	混凝土垫层	10 m³	0.488	4 583.68	419.54	3 411.48		2 236.84	204.74	1 664.80	
31	A9－23	水磨石楼地面带嵌条	100 m²	0.609	9 819.66	4 830.62	1 788.99	149.63	5 984.10	2 943.78	1 090.21	91.18
32	A9－105	踢脚线预制水磨石	100 m²	0.096	12 139.36	4 502.34	4 494.58	79.61	1 164.16	431.77	431.03	7.63
33	A10－1	内墙抹灰	100 m²	1.767	3 066.82	1 159.11	1 028.41	72.31	5 418.15	2 047.80	1 816.89	127.75
34	A13－199	乳胶漆室内墙面	100 m²	1.531	2 303.10	1 080.83	546.06		3 526.74	1 655.07	836.18	
35	A10－2	外墙抹灰	100 m²	1.234	4 216.67	1 886.78	1 028.41	72.31	5 202.95	2 328.10	1 268.96	89.22
36	A10－64	外墙面面砖	100 m²	1.234	11 749.74	4 333.28	4 464.76	22.67	14 498.00	5 346.83	5 509.07	27.97
37	A12－1	混凝土天棚一次抹灰	100 m²	0.801	2 345.66	1 103.13	501.71	35.22	1 879.58	883.94	402.02	28.22
38	A13－200	乳胶漆室内天棚面两遍	100 m²	0.801	2 730.48	1 351.29	546.06		2 187.93	1 082.79	437.56	28.22

续表 10－3

序号	定额编号	工程项目	单位	工程数量	单价/元	其中			合价/元	其中		
						人工费	材料费	机械费		人工费/元	材料费/元	机械费/元
39	A5－5	带门套成品装饰平开实木门单开	樘	4.000	2 177.68	109.33	1 791.03		8 710.72	437.32	7 164.12	
40	A5－81	铝合金普通窗安装推拉	100 m²	0.238	51 912.01	2 436.55	43 015.99		12 334.29	578.92	10 220.60	
		措施项目费										
41	A17－1	单层建筑综合脚手架	100 m²	0.737	4 673.53	1 034.41	2 058.53	143.83	3 445.79	762.67	1 517.75	106.05
42	A16－13	带形基础模板	100 m²	0.328	8 304.99	2 357.74	3 155.04	1.91	2 720.71	772.40	1 033.59	0.63
43	A16－52	构造柱模板	100 m²	0.259	6 628.07	2 033.74	2 225.13	4.25	1 718.00	527.15	576.75	1.10
44	A16－71	圈梁模板	100 m²	0.309	8 762.76	2 964.44	2 427.68	1.65	2 705.94	915.42	749.67	0.51
45	A16－71	地圈梁模板	100 m²	0.252	8 762.76	2 964.44	2 427.68	1.65	2 209.97	747.63	612.26	0.42
46	A16－156	空心板灌缝模板	10 m³	0.465	843.39	367.78	68.34	5.08	392.18	171.02	31.78	2.36
47	A18－4	檐高 20 m 以内卷扬机施工	100 m²	0.737	3 202.28		107.46	1 496.07	2 361.04		79.23	1 103.05
		合计							172 773.08	46 934.35	77 761.81	2 214.98

表 10 - 4　工程造价计算表

工程名称:单层砖混房屋

序　号	费用项目	计算方法	费率/%	金额/元
1	分部分项工程和单价措施项目费	1.1＋1.2＋1.3＋1.4＋1.5		172 773.08
1.1	人工费	∑(人工费)		46 934.35
1.2	材料费	∑(材料费)		77 761.81
1.3	施工机具使用费	∑(施工机具使用费)		2 214.98
1.4	费用	∑(费用)		31 596.2
1.5	增值税	∑(增值税)		14 265.66
2	其他项目费			
2.1	总包服务费	项目价值×费率		
2.2	索赔与现场签证费	∑(价格×数量)/费用		
2.3	其他项目增值税	(2.1＋2.2)×费率	9.00	
3	含税工程造价	1＋2		172 773.08

三、清单计价模式下工程造价计算

(一)招标人编制工程量清单

1. 编写分部分项工程和单价措施项目清单

编制分部分项工程量清单,首先要根据施工设计图纸、《建设工程工程量清单计价规范》(GB 50500—2013)等资料设置工程量清单项目,清单工程量的计算如表 10 - 5 所列;然后根据所计算的工程量,填写分部分项工程量和单价措施项目清单与计价表,如表 10 - 6 所列。

表 10 - 5　清单工程量计算表

工程名称:单层砖混房屋

编　号	项目名称	单　位	数　量	计算式
1	平整场地	m²	73.73	首层建筑面积
2	人工开挖基槽	m³	93.74	1.2×1.55×(40.2＋10.2)
3	基槽回填土	m³	52.19	93.74−21.17−20.38
4	室内回填土	m³	0.91	(0.15−0.02−0.015−0.02−0.08)×60.94
5	砖基础	m³	19.23	0.24×(1.11＋0.394)×53.28
6	混水砖墙	m³	30.77	0.24×(40.2×3.6＋13.08×3)−30.96×0.24−0.146−(1.089＋1.71)−3.01
7	现浇带形基础	m³	21.17	1.2×0.35×50.4
8	圈梁	m³	4.78	(40.2＋13.08)×0.24×0.24＋0.24×0.3×23.4＋0.24×0.18×29.88−1.089−0.24×0.24×0.3×10−0.24×0.24×0.18×1

编　号	项目名称	单　位	数　量	计算式
9	过梁	m³	1.235	$0.24\times0.12\times(0.9+0.12+0.25)\times4+(1.5+0.5)\times6\times0.3\times$ $0.24+(2.1+0.5)\times2\times0.18\times0.24$
10	现浇构造柱	m³	3.01	$(0.24\times0.24+0.03\times0.24\times2)\times3.6\times5+(0.24\times0.24+$ $0.03\times0.24\times3)\times3.6\times6$
11	现浇挑檐板	m³	9.59	$(0.42-0.12)\times(15.24\times2+1.5)$
12	预制空心板	m³	4.648	
13	散水 C20	m²	26.14	$(15.24+0.6+5.34+0.6)\times2\times0.6$
14	现浇混凝土钢筋 φ6	t	0.227	$[7\times(11.035+6.235+16.135+24.94+4.735)\times0.222+$ $(0.961\times123+0.721\times166)\times0.222+0.794\times220\times0.222+$ $65.52\times0.222+0.585\times169\times0.222]\div1\,000$
15	现浇混凝土钢筋 φ12	t	0.355	$[(87.04+15.76+40.96+21.76+61.36)\times0.888+172.92\times$ $0.888]\div1\,000$
16	现浇混凝土钢筋 φ14	t	0.022	$18.2\times1.208\div1\,000$
17	现浇混凝土钢筋 φ10	t	0.236	$1.185\times323\times0.617\div1\,000$
18	屋面卷材防水	m²	73.89	$64.08+39.24\times0.25$
19	屋面排水	m	18.9	$(0.15+3.0)\times6$
20	屋面保温隔热	m²	125.02	$73.73-0.24\times40.2+60.94$
21	现浇水磨石楼地面	m²	60.94	
22	水磨石踢脚线	m²	9.594	$(5.1-0.24+3.3-0.24)\times2\times3+(5.1-0.24+3.6-$ $0.24)\times2$
23	内墙及细部抹灰	m²	176.67	$63.92\times2.88-30.96+23.544$
24	外墙抹灰	m²	123.39	$41.16\times(0.15+3.6)-30.96=123.39$
25	天棚面抹灰	m²	80.13	$60.94+19.188$
26	内墙乳胶漆	m²	153.13	$63.92\times2.88-30.96$
27	天棚乳胶漆	m²	80.13	
28	外墙面面砖	m²	123.39	$41.16\times(0.15+3.6)-30.96$
29	镶板门	樘	4	
30	铝合金推拉窗	m²	23.76	
31	综合脚手架	m²	73.73	
32	现浇砼带形基础模板	m²	32.76	$(5.1+1.2+15+1.2+3.6+1.2+5.1+1.5+9.9+1.2+$ $36+6.3\times2)\times0.35$
33	现浇构造柱模板	m²	25.92	$[(0.24+0.06\times2)\times16+0.06\times6\times4]\times3.6$
34	圈梁模板	m²	56.1	$30.88+25.22$
35	垂直运输	m²	73.73	

表 10 - 6　分部分项工程和单价措施项目清单与计价表

工程名称:单层砖混房屋

序号	项目编码	项目名称	项目特征	计量单位	工程数量	金额/元		
						综合单价	合价	其中:暂估价
分部分项工程								
1	010101001001	平整场地	1. 土壤类别:三类土; 2. 弃土运距:150 m	m²	73.73			
2	010101003001	挖沟槽土方	1. 土壤类别:三类土; 2. 挖土深度:1.55 m	m³	93.74			
3	010103001001	基础回填土	填方来源:挖沟槽土方回填	m³	52.19			
4	010103001002	室内回填土	填方来源:挖沟槽土方回填	m³	0.91			
5	010401001001	砖基础	1. 砖品种:混凝土实心砖; 2. 基础类型:条形基础; 3. 砂浆强度:M10 干混砌筑砂浆	m³	19.23			
6	010401003001	混水砖墙	1. 砖品种:蒸压灰砂砖; 2. 墙体类型:24 墙; 3. 砂浆强度:M10 干混砌筑砂浆	m³	30.77			
7	010501001001	基础垫层	混凝土强度等级:C20	m³	21.17			
8	010503004001	圈梁	混凝土强度等级:C20	m³	4.78			
9	010503005001	过梁	混凝土强度等级:C20	m³	1.235			
10	010502002001	构造柱	混凝土强度等级:C20	m³	3.01			
11	010505008001	挑檐板	混凝土强度等级:C20	m³	9.59			
12	010505009001	预制空心板安装	混凝土强度等级:C30	m³	4.648			
13	010507001001	散水制作	混凝土强度等级:C15	m²	26.14			
14	010515001001	现浇混凝土钢筋	钢筋规格:φ6 mm	t	0.227			
15	010515001002	现浇混凝土钢筋	钢筋规格:φ12 mm	t	0.355			
16	010515001003	现浇混凝土钢筋	钢筋规格:φ14 mm	t	0.022			
17	010515001004	现浇混凝土钢筋	钢筋规格:φ10 mm	t	0.236			
18	010902001001	屋面防水卷材	卷材品种:三元乙丙橡胶卷材防水	m²	73.89			
19	010902004001	屋面排水系统	排水管品种:PVC	m	18.9			
20	011001001001	保温隔热屋面	1. 保温隔热材料:炉渣混凝土; 2. 粘结材料:水泥砂浆	m²	125.02			

序号	项目编码	项目名称	项目特征	计量单位	工程数量	金额/元		
						综合单价	合价	其中：暂估价
21	011101002001	现浇水磨石楼地面	1. 底层厚度:20 mm; 2. 面层厚度:15 mm; 3. 嵌条规格:1:2.5带玻璃嵌条普通水磨石面层	m²	60.94			
22	011105001001	水磨石踢脚线	1. 踢脚线高度:150 mm; 2. 底层厚度:20 mm; 3. 面层厚度:15 mm	m²	9.594			
23	011201001001	墙面混合砂浆抹灰	墙体类型:砖墙	m²	176.67			
24	011201001002	外墙面抹灰	墙体类型:砖墙	m²	123.39			
25	011301001001	天棚抹灰	1. 基层类型:预制板; 2. 抹灰种类:干混抹灰砂浆	m²	80.13			
26	011407001001	墙面乳胶漆	1. 基层类型:砖墙面; 2. 涂料品种:墙面乳胶漆	m²	153.13			
27	011407001002	天棚乳胶漆	1. 基层类型:预制板; 2. 涂料品种:墙面乳胶漆	m²	80.13			
28	011204003001	外墙面砖	1. 墙体类型:砖墙; 2. 面砖:水泥砂浆粘贴墙面砖,缝宽 5 mm	m²	123.39			
29	010801002001	镶板门	门洞尺寸:900 mm×2 000 mm	樘	4			
30	010807001001	铝合金窗	窗尺寸:1 500 mm×1 800 mm、2 100 mm×1 800 mm	m²	23.76			
单价措施项目								
31	011701001001	综合脚手架	1. 建筑结构形式:砖混结构; 2. 檐口高度:3.0 m	m²	73.73			
32	011702001001	带形基础模板	基础类型:带形基础	m²	32.76			
33	011702003001	构造柱模板		m²	25.92			
34	011702008001	圈梁模板		m²	56.1			
35	011703001001	垂直运输	1. 建筑结构形式:砖混结构; 2. 檐口高度:3.0 m	m²	73.73			

2. 编制总价措施项目清单

根据工程的实际情况编制总价措施项目清单与计价表,如表 10-7 所列。

表 10-7　总价措施项目清单与计价表

工程名称:单层砖混房屋

序　号	项目名称	计算基础	费率/%	金额/元	备　注
1	安全文明施工费				
2	夜间施工增加费				
	......				
合计					

3. 编制其他项目清单

其他项目清单包括暂列金额、暂估价、计日工、总承包服务费、索赔与现场签证等内容,应结合工程的具体情况及招标文件进行编制。其他项目清单与计价表如表 10-8 所列。

表 10-8　其他项目清单与计价表

工程名称:单层砖混房屋

序　号	项目名称	计量单位	金额/元	备　注
1	暂列金额			
2	暂估价			
2.1	材料暂估价			暂不计
2.2	专业工程暂估价			暂不计
3	计日工			暂不计
4	总承包服务费			暂不计
5	索赔与现场签证			暂不计
合计				

4. 编制规费、税金项目清单

规费项目清单应按照社会保险费(包括养老保险费、失业保险费、医疗保险费、工伤保险费、生育保险费)、住房公积金列项。出现计价规范中未列的项目,应根据省级政府或省级有关权力部门的规定列项。

税金项目清单主要指与工程建设相关的增值税。出现计价规范未列的项目,应根据税务部门的规定列项。

规费、税金项目清单与计价表如表 10-9 所列。

表 10-9　规费、税金项目清单与计价表

工程名称:单层砖混房屋

序　号	项目名称	计算基础	费率/%	金额/元
1	规费			
1.1	社会保险费	(1)+(2)+(3)+(4)+(5)		

续表 10 - 9

序　号	项目名称	计算基础	费率/%	金额/元
（1）	养老保险费			
（2）	失业保险费			
（3）	医疗保险费			
（4）	工伤保险费			
（5）	生育保险费			
1.2	住房公积金			
2	税金			
合计				

（二）招标人编制招标控制价

1. 计算各分部分项工程和单价措施项目的综合单价

分部分项工程和单价措施项目清单与计价表如表 10 - 10 所列。

表 10 - 10　分部分项工程和单价措施项目清单与计价表

工程名称:单层砖混房屋

序号	项目编码	项目名称	项目特征	计量单位	工程数量	综合单价	合价	其中:暂估价
			分部分项工程					
1	010101001001	平整场地	1. 土壤类别:三类土; 2. 弃土运距:150 m	m²	73.73	2.60	191.70	
2	010101003001	挖沟槽土方	1. 土壤类别:三类土; 2. 挖土深度:1.55 m	m³	93.74	91.23	8 551.90	
3	010103001001	基础回填土	填方来源:挖沟槽土方回填	m³	52.19	55.49	2 896.02	
4	010103001002	室内回填土	填方来源:挖沟槽土方回填	m³	0.91	15.92	14.49	
5	010401001001	砖基础	1. 砖品种:混凝土实心砖; 2. 基础类型:条形基础; 3. 砂浆强度:M10 干混砌筑砂浆	m³	19.23	487.27	9 370.20	
6	010401003001	混水砖墙	1. 砖品种:蒸压灰砂砖; 2. 墙体类型:24 墙; 3. 砂浆强度:M10 干混砌筑砂浆	m³	30.77	547.06	16 833.04	
7	010501001001	基础垫层	混凝土强度等级:C20	m³	21.17	405.04	8 574.70	
8	010503004001	圈梁	混凝土强度等级:C20	m³	4.78	509.96	2 437.61	
9	010503005001	过梁	混凝土强度等级:C20	m³	1.235	544.73	675.47	

序号	项目编码	项目名称	项目特征	计量单位	工程数量	金额/元		
						综合单价	合价	其中：暂估价
10	010502002001	构造柱	混凝土强度等级：C20	m³	3.01	530.64	1 597.23	
11	010505008001	挑檐板	混凝土强度等级：C20	m³	9.59	540.76	5 185.89	
12	010505009001	预制空心板安装	混凝土强度等级：C30	m³	4.648	1 332.76	6 197.33	
13	010507001001	散水制作	混凝土强度等级：C15	m²	26.14	42.01	1 098.14	
14	010515001001	现浇混凝土钢筋	钢筋规格：φ6 mm	t	0.227	5 109.63	1 159.89	
15	010515001002	现浇混凝土钢筋	钢筋规格：φ12 mm	t	0.355	4 551.39	1 615.74	
16	010515001003	现浇混凝土钢筋	钢筋规格：φ14 mm	t	0.022	4 551.39	100.13	
17	010515001004	现浇混凝土钢筋	钢筋规格：φ10 mm	t	0.236	4 699.85	1 109.16	
18	010902001001	屋面防水卷材	卷材品种：三元乙丙橡胶卷材防水	m²	73.89	62.87	4 645.46	
19	010902004001	屋面排水系统	排水管品种：PVC	m	18.9	60.98	1 152.52	
20	011001001001	保温隔热屋面	1. 保温隔热材料：炉渣混凝土； 2. 粘结材料：水泥砂浆	m²	125.02	36.73	4 591.89	
21	011101002001	现浇水磨石楼地面	1. 底层厚度：20 mm； 2. 面层厚度：15 mm； 3. 嵌条规格：1：2.5 带玻璃嵌条普通水磨石面层	m²	60.94	114.35	6 968.49	
22	011105001001	水磨石踢脚线	1. 踢脚线高度：150 mm； 2. 底层厚度：20 mm； 3. 面层厚度：15 mm	m²	9.594	103.98	997.17	
23	011201001001	墙面混合砂浆抹灰	墙体类型：砖墙	m²	176.67	26.14	4 618.15	
24	011201001002	外墙面抹灰	墙体类型：砖墙	m²	123.39	35.52	4 382.81	
25	011301001001	天棚抹灰	1. 基层类型：预制板； 2. 抹灰种类：干混抹灰砂浆	m²	80.13	19.69	1 577.76	
26	011407001001	墙面乳胶漆	1. 基层类型：砖墙面； 2. 涂料品种：墙面乳胶漆	m²	153.13	19.38	2 967.66	
27	011407001002	天棚乳胶漆	1. 基层类型：预制板； 2. 涂料品种：墙面乳胶漆	m²	80.13	22.87	1 832.57	
28	011204003001	外墙面砖	1. 墙体类型：砖墙； 2. 面砖：水泥砂浆粘贴墙面砖，缝宽 5 mm	m²	123.39	100.77	12 434.01	

续表 10 - 10

序号	项目编码	项目名称	项目特征	计量单位	工程数量	综合单价	合价	其中：暂估价
						金额/元		
29	010801002001	镶板门	门洞尺寸：900 mm × 2 000 mm	樘	4	1 952.84	7 811.36	
30	010807001001	铝合金窗	窗尺寸：1 500 mm × 1 800 mm、2 100 mm × 1 800 mm	m²	23.76	466.23	11 077.62	
		合计						132 666.20
		单价措施项目						
31	011701001001	综合脚手架	1. 建筑结构形式：砖混结构； 2. 檐口高度：3.0 m	m²	73.73	38.02	2 803.21	
32	011702001001	带形基础模板	基础类型：带形基础	m²	32.76	66.48	2 177.88	
33	011702003001	构造柱模板		m²	25.92	52.41	1 358.47	
34	011702008001	圈梁模板		m²	56.1	68.18	3 824.90	
35	011703001001	垂直运输	1. 建筑结构形式：砖混结构； 2. 檐口高度：3.0 m	m²	73.73	23.21	1 711.27	
		合计						11 875.73

工程量清单综合单价的具体计算过程如表 10 - 11 所列，由于篇幅限制，其他项目的综合单价分析表与此类似，不再赘述。

表 10 - 11 工程量清单综合单价分析表

项目编码	010101001001	项目名称		平整场地		计量单位		m²
清单综合单价组成明细								
定额编号	定额名称	定额单位	数量	单价				合价
				人工费	材料费	机械费	管理费和利润	人工费

定额编号	定额名称	定额单位	数量	人工费	材料费	机械费	管理费和利润	人工费	材料费	机械费	管理费和利润
G1 - 318	平整场地	100 m²	0.010	207.83			51.63	2.08	0.00	0.00	0.52
人工单价		小计						2.08	0.00	0.00	0.52
技工 92 元/工日；普工 60 元/工日		未计价材料费						0			
清单项目综合单价								2.60			

项目编码	010101001001	项目名称	平整场地			计量单位	m²

材料费明细	主要材料名称、规格、型号	单位	数量	单价/元	合价/元	暂估单价/元	暂估合价/元
	其他材料费						
	材料费小计						

"G1－318 平整场地"中，数量＝定额量/清单量，即 0.010＝73.73÷73.73÷100。单价中"人工费""材料费""机械费"均直接来自消耗量定额；"管理费和利润"根据××省建筑安装工程费用定额中取费费率标准：企业管理费＝(人工费＋机械费)×15.42%；利润＝(人工费＋机械费)×9.42%，即 0.52＝2.08×(15.42%＋9.42%)。

2. 计算招标控制价

根据××省招标控制价计算程序，此装饰装修单位工程招标控制价如表 10－12 所列。

表 10－12　单位工程招标控制价计算表

工程名称：单层砖混房屋

序　号	费用名称	取费基数	费率	费用金额/元
1	分部分项工程费			132 666.20
1.1	人工费			43 015.52
1.2	机械使用费			1 002.93
2	措施项目费	2.1＋2.2		18 895.92
2.1	单价措施费			11 875.73
2.1.1	人工费			3 724.86
2.1.2	机械费			1 211.99
2.2	总价措施费	2.2.1＋2.2.2		7 020.19
2.2.1	安全文明施工费	1.1＋1.2＋2.1.1＋2.1.2	13.64%	6 677.50
2.2.2	其他总价措施项目费	1.1＋1.2＋2.1.1＋2.1.2	0.7%	342.69
3	规费	1.1＋1.2＋2.1.1＋2.1.2	26.85%	13 144.50
4	不含税工程造价	1＋2＋3		164 706.62
5	税金	4	9%	14 823.60
6	含税工程造价	4＋5		179 530.22

第二节 装饰装修工程施工图预算编制实例

一、实例概述

(一)工程概况

某市某写字楼第九层电梯间室内装饰工程如图 10-10～图 10-17 所示。

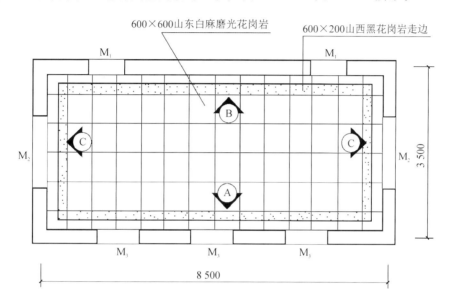

图 10-10 楼地面拼花布置图

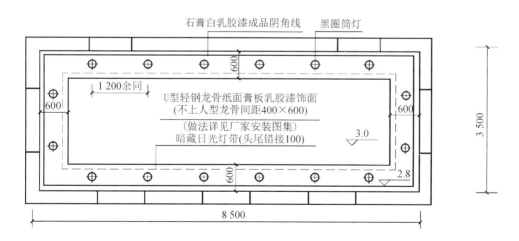

图 10-11 顶棚布置图

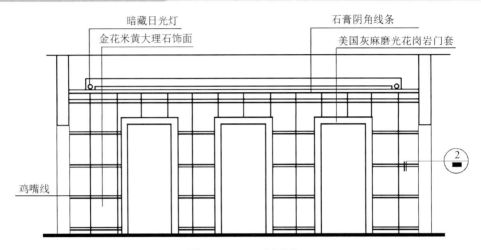

图 10-12 A 立面图

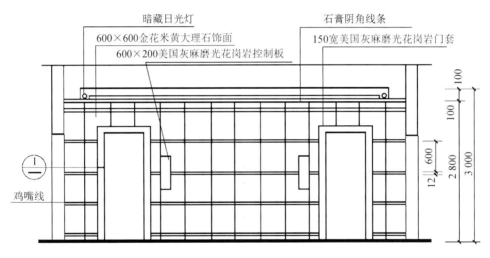

图 10-13 B 立面图

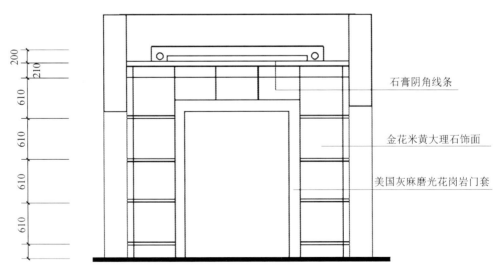

图 10-14 C 立面图

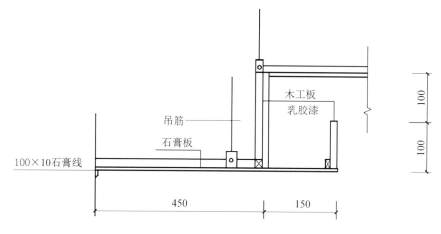

图 10-15 灯带大样

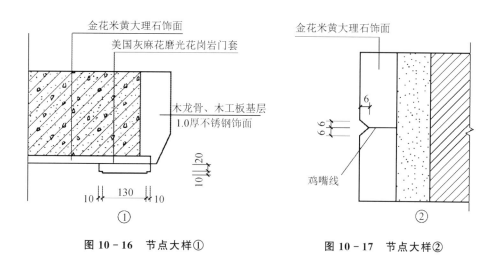

图 10-16 节点大样①　　　　　图 10-17 节点大样②

(二)工程说明

1)电梯间平面轴线尺寸为 8 500 mm×3 500 mm,墙体均为 240 mm,第九层楼面相对标高为 27.0 m,净高为 3.3 m。

2)天棚采用 45 系列 U 型轻钢龙骨(不上人型)纸面石膏板,吊筋直径为 8 mm,副龙骨间距为 400 mm×600 mm。

3)纸面石膏板面层批腻子 2 遍,刷立邦乳胶漆 3 遍。

4)门套均为在石材面上用云石胶粘贴 150 mm×30 mm 成品花岗岩线条。

5)门:M₁ 为电梯门,洞口尺寸为 900 mm×2 000 mm(本预算不包括电梯门扇);M₂ 为双扇不锈钢无框地弹门 12 mm 厚浮法玻璃,其洞口尺寸为 1 500 mm×2 000 mm,其上有地弹簧 2 只/樘,不锈钢管拉手 2 副/樘;M₃ 为成品曲木面层镶板门,洞口尺寸为 1 000 mm×2 000 mm。

6)踢脚板均为 150 mm 高山西黑花岗岩,用云石胶粘贴。

7)楼面所使用的花岗岩铺贴完成后,酸洗打蜡。

8）墙面用水泥砂浆粘贴 600 mm×600 mm 金花米黄大理石。

二、清单计价模式下工程造价计算

（一）招标人编制工程量清单

1．编写总说明

总说明如表 10-13 所列。

表 10-13　总说明

工程名称：某写字楼第九层电梯间室内装饰工程

1．工程概况：
本工程为某写字楼第九层电梯间室内装饰工程，地点位于××省××市。第九层相对标高为 27.0 m，净高为 3.3 m。
2．工程招标范围：第九层电梯间室内装饰工程。
3．工程量清单编制依据：
《建设工程工程量清单计价规范》（GB 50500—2013）、《房屋建筑与装饰工程工程量计算规范》（GB 50854—2013）、写字楼第九层电梯间室内装饰工程施工图及有关施工组织设计等。
4．工程质量应达到优良标准。

2．编写分部分项工程和单价措施项目清单

编制分部分项工程量清单，首先要根据施工设计图纸、《建设工程工程量清单计价规范》（GB 50500—2013）等资料设置工程量清单项目，清单工程量的计算如表 10-14 所列；然后根据所计算的工程量，填写分部分项工程量和单价措施项目清单与计价表，如表 10-15 所列。

表 10-14　清单工程量计算表

工程名称：某写字楼第九层电梯间室内装饰工程

编　号	项目名称	单　位	数　量	计算式
1	楼面粘贴 600 mm×200 mm 山西黑花岗岩走边	m²	4	$0.2×(12×0.6+4×0.6)×2+0.2×0.2×4$
2	楼面粘贴 600 mm×600 mm 山东白麻磨光花岗岩	m²	22.93	$(8.5-0.24)×(3.5-0.24)-4$
3	粘贴 150 mm 高山西黑花岗岩踢脚线	m²	1.98	$[(8.5-0.24+3.5-0.24)×2-(2×0.9+2×1.5+3×1)]×0.15-0.15×0.15×14$
4	墙面粘贴 600 mm×600 mm 金花米黄大理石	m²	46.4	A 立面：$(8.5-0.24)×(2.8-0.15)-1×(2-0.15)×3$； B 立面：$(8.5-0.24)×(2.8-0.15)-0.9×(2-0.15)×2-0.2×0.5×2$； C 立面：$[(3.5-0.24)×(2.8-0.15)-1.5×(2-0.15)]×2$； 小计：$16.34+18.32+11.73$

编号	项目名称	单位	数量	计算式
5	墙面粘贴美国灰麻花岗岩控制板(石材零星项目)	m²	0.24	0.2×0.6×2
6	天棚吊顶,不上人 U 型轻钢龙骨;面层规格 400 mm×600 mm,二级顶	m²	26.93	(8.5－0.24)×(3.5－0.24)
7	灯带	m²	2.83	[(8.26－1.2+0.15)+(3.26－1.2+0.15)]×2×0.15
8	成品曲木面层镶板门,洞口尺寸 1 000 mm×2 000 mm,每扇安装球形锁一把	樘	3	
9	双扇不锈钢无框地弹门 12 mm 厚浮法玻璃,洞口尺寸 1 500 mm×2 000 mm	樘	2	
10	金属门套,1.0 mm 不锈钢片包门框(木龙骨)	m²	8.59	A 立面:0.24×(1+2×2)×3; B 立面:0.24×(0.9+2×2)×2; C 立面:0.24×(1.5+2×2)×2; 小计:3.6+2.35+2.64
11	石材装饰线,在石材面上用云石胶粘贴 150 mm×30 mm 美国灰麻花岗岩线条(门套)	m	37.9	A 立面:[(1+0.15)+(2+0.15÷2)×2]×3; B 立面:[(0.9+0.15)+(2+0.15÷2)×2]×2; C 立面:[(1.5+0.15)+(2+0.15÷2)×2]×2; 小计:15.9+10.4+11.6
12	100×10 石膏装饰线	m	23.04	(8.5－0.24+3.5－0.24)×2
13	脚手架	m²	91.44	天棚装饰用:(8.5－0.24)×(3.5－0.24); 墙面挂贴石材用:[(8.5－0.24)+(3.5－0.24)]×2×2.8; 小计:26.93+64.51

表 10－15　分部分项工程和单价措施项目清单与计价表

工程名称:某写字楼第九层电梯间室内装饰工程

序号	项目编码	项目名称	项目特征	计量单位	工程数量	金额/元		
						综合单价	合价	其中:暂估价
分部分项工程								
1	011102001001	石材楼面(走边)	1. 结合层:水泥砂浆; 2. 面层材料:600 mm×200 mm 山西黑花岗岩; 3. 保护层:麻袋; 4. 酸洗打蜡	m²	4			

序号	项目编码	项目名称	项目特征	计量单位	工程数量	金额/元		
						综合单价	合价	其中：暂估价
2	011102001002	石材楼面	1. 结合层:水泥砂浆; 2. 面层材料:600 mm×600 mm 山东白麻花岗岩; 3. 保护层:麻袋; 4. 酸洗打蜡	m²	22.93			
3	011105002001	石材踢脚线	1. 踢脚线高度:150 mm; 2. 粘贴层:云石胶粘贴; 3. 面层材料:山西黑花岗岩	m²	1.98			
4	011204001001	石材墙面	1. 墙体类型:砖墙; 2. 粘结层:预拌砂浆; 3. 面层材料:600 mm×600 mm 金花米黄大理石; 4. 磨边:大理石对边磨成45°斜边(鸡嘴线)	m²	46.4			
5	011206001001	石材零星项目 (花岗岩控制板)	1. 墙体类型:砖墙; 2. 粘结层:预拌砂浆; 3. 面层材料:600 mm×200 mm 美国灰麻磨光花岗岩	m²	0.24			
6	011302001001	天棚吊顶	1. 吊顶形式:不上人; 2. 龙骨:U 型轻钢龙骨,副龙骨间距 400 mm×600 mm; 3. 基层:纸面石膏板基层; 4. 油漆:腻子 2 遍,立邦乳胶漆 3 遍	m²	26.93			
7	011304001001	灯带	1. 木工板灯槽; 2. 油漆:腻子 2 遍,立邦乳胶漆 3 遍	m²	2.83			
8	010801001001	镶板木门	1. 门类型:成品镶板门; 2. 面层:曲木面层; 3. 五金材料:球形锁 1 把	樘	3			

序号	项目编码	项目名称	项目特征	计量单位	工程数量	综合单价	合价	其中：暂估价
						金额/元		
9	010805005001	全玻自由门（无扇框）	1. 门类型：无框玻璃门； 2. 扇材料：单层 12 mm 厚浮法玻璃； 3. 五金材料：地弹簧 2 只/樘，不锈钢管拉手 2 副/樘	樘	2			
10	010808004001	金属门套	1. 基层：木龙骨； 2. 面层材料：1.0 mm 不锈钢片	m²	8.59			
11	011502003001	石材装饰线	1. 基层类型：大理石材面； 2. 线条材料：云石胶粘贴 150 mm×30 mm 美国灰麻花岗岩线条	m	37.9			
12	011502004001	石膏装饰线	线条材料：100 mm×10 mm 石膏装饰线	m	23.04			
			措施项目					
13	011701003001	脚手架	1. 搭设高度 3.3 m； 2. 钢管里脚手架	m²	91.44			

3. 编制总价措施项目清单

根据工程的实际情况编制总价措施项目清单与计价表，如表 10－16 所列。

表 10－16　总价措施项目清单与计价表

序　号	项目名称	计算基础	费率/%	金额/元	备　注
1	安全文明施工费				
2	夜间施工增加费				
	……				
合计					

4. 编制其他项目清单

其他项目清单包括暂列金额、暂估价、计日工、总承包服务费、索赔与现场签证等内容，应结合工程的具体情况及招标文件进行编制。

根据本工程的具体情况，由于规模较小，招标人未自行采购材料，同时未分包工程，不计取暂估价、计日工及总承包服务费。暂列金额等其他项目清单如表 10－17 所列。

表 10 - 17　其他项目清单

工程名称:某写字楼第九层电梯间室内装饰工程

序　号	项目名称	计量单位	金额/元	备　注
1	暂列金额			
2	暂估价			
2.1	材料暂估价			暂不计
2.2	专业工程暂估价			暂不计
3	计日工			暂不计
4	总承包服务费			暂不计
5	索赔与现场签证			暂不计
	合计			

5. 编制规费、税金项目清单

规费项目清单应按照社会保险费(包括养老保险费、失业保险费、医疗保险费、工伤保险费、生育保险费)、住房公积金列项。出现计价规范中未列的项目,应根据省级政府或省级有关权力部门的规定列项。

税金项目清单主要指与工程建设相关的增值税。出现计价规范未列的项目,应根据税务部门的规定列项。

规费、税金项目清单与计价表如表 10 - 18 所列。

表 10 - 18　规费、税金项目清单与计价表

工程名称:某写字楼第九层电梯间室内装饰工程

序　号	项目名称	计算基础	费率/%	金额/元
1	规费			
1.1	社会保险费	(1)+(2)+(3)+(4)+(5)		
(1)	养老保险费			
(2)	失业保险费			
(3)	医疗保险费			
(4)	工伤保险费			
(5)	生育保险费			
1.2	住房公积金			
2	税金			
	合计			

(二)招标人编制招标控制价

1. 计算各分部分项工程和单价措施项目的综合单价

分部分项工程和单价措施项目清单与计价表如表 10 - 19 所列。

表 10-19 分部分项工程和单价措施项目清单与计价表

工程名称:某写字楼第九层电梯间室内装饰工程

序号	项目编码	项目名称	项目特征	计量单位	工程数量	金额/元		
						综合单价	合价	其中:暂估价
分部分项工程								
1	011102001001	石材楼面(走边)	1. 结合层:水泥砂浆; 2. 面层材料:600 mm×200 mm山西黑花岗岩; 3.保护层:麻袋; 4. 酸洗打蜡	m²	4	178.29	713.16	
2	011102001002	石材楼面	1. 结合层:水泥砂浆; 2. 面层材料:600 mm×600 mm山东白麻花岗岩; 3. 保护层:麻袋; 4. 酸洗打蜡	m²	22.93	190.71	4 372.98	
3	011105002001	石材踢脚线	1. 踢脚线高度:150 mm; 2. 粘贴层:云石胶粘贴; 3. 面层材料:山西黑花岗岩	m²	1.98	73.10	144.74	
4	011204001001	石材墙面	1. 墙体类型:砖墙; 2. 粘结层:预拌砂浆; 3. 面层材料:600 mm×600 mm金花米黄大理石; 4. 磨边:大理石对边磨成45°斜边(鸡嘴线)	m²	46.4	260.74	12 098.34	
5	011206001001	石材零星项目(花岗岩控制板)	1. 墙体类型:砖墙; 2. 粘结层:预拌砂浆; 3. 面层材料:600 mm×200 mm美国灰麻磨光花岗岩	m²	0.24	220.25	52.86	
6	011302001001	天棚吊顶	1. 吊顶形式:不上人; 2. 龙骨:U型轻钢龙骨,副龙骨间距400 mm×600 mm; 3. 基层:纸面石膏板基层; 4. 油漆:腻子2遍,立邦乳胶漆3遍	m²	26.93	116.82	3 145.96	

序号	项目编码	项目名称	项目特征	计量单位	工程数量	金额/元		
						综合单价	合价	其中：暂估价
7	011304001001	灯带	1. 木工板灯槽； 2. 油漆：腻子 2 遍，立邦乳胶漆 3 遍	m²	2.83	165.35	467.94	
8	010801001001	镶板木门	1. 门类型：成品镶板门； 2. 面层：曲木面层； 3. 五金材料：球形锁 1 把	樘	3	1 011.06	3 033.18	
9	010805005001	全玻自由门（无扇框）	1. 门类型：无框玻璃门； 2. 扇材料：单层 12 mm 厚浮法玻璃； 3. 五金材料：地弹簧 2 只/樘，不锈钢管拉手 2 副/樘	樘	2	1 470.04	2 940.08	
10	010808004001	金属门套	1. 基层：木龙骨； 2. 面层材料：1.0 mm 不锈钢片	m²	8.59	163.24	1 402.23	
11	011502003001	石材装饰线	1. 基层类型：大理石材面； 2. 线条材料：云石胶粘贴 150 mm×30 mm 美国灰麻花岗岩线条	m	37.9	101.81	3 858.60	
12	011502004001	石膏装饰线	线条材料：100 mm×10 mm 石膏装饰线	m	23.04	8.93	205.75	
合计							32 435.82	
措施项目								
13	011701003001	脚手架	1. 搭设高度 3.3 m； 2. 钢管里脚手架	m²	91.44	6.54	598.02	
合计							598.02	

工程量清单综合单价的具体计算过程如表 10－20 所列，由于篇幅限制，其他项目的综合单价分析表与此类似，不再赘述。

"A9－34 花岗岩楼地面"中，数量＝定额量/清单量，即 0.01＝4÷4÷100。单价中"人工费""材料费""机械费"均直接来自消耗量定额；"管理费和利润"根据××省建筑安装工程费用定额中取费费率标准：企业管理费＝（人工费＋机械费）×14.19%；利润＝（人工费＋机械费）×14.64%，即 12.02＝（41.06＋0.64）×（14.19%＋14.64%）。

表 10－20　工程量清单综合单价分析表

工程名称：某写字楼第九层电梯间室内装饰工程

项目编码	011102001001	项目名称	石材楼地面（走边）	计量单位	m²	工程量	4.0000

清单综合单价组成明细

定额编号	定额名称	定额单位	数量	单价				合价			
				人工费	材料费	机械费	管理费和利润	人工费	材料费	机械费	管理费和利润
A9－34	花岗岩楼地面 周长 3 200 mm 以内 单色	100 m²	0.010	4 106.32	11 832.4	63.69	1 202.21	41.06	118.32	0.64	12.02
A9－155	块料面层 酸洗打蜡楼地面	100 m²	0.010	441.13	56.39		127.18	4.41	0.56		1.27
人工单价	小 计							45.47	118.88	0.64	13.30
普工 92.0 元/工日；技工 142.0 元/工日；高级技工 212.0 元/工日	未计价材料费										
	清单项目综合单价							178.29			

材料费明细	主要材料名称、规格、型号	单位	数量	除税单价/元	除税合价/元	暂估单价/元	暂估合价/元
				—	—	—	—
	其他材料费				118.82		118.82
	材料费小计				118.82		118.82

2. 计算招标控制价

根据××省招标控制价计算程序,此装饰装修单位工程招标控制价如表10-21所列。

表10-21 单位工程招标控制价计算表

工程名称:某写字楼第九层电梯间室内装饰工程

序号	费用名称	取费基数	费率/%	费用金额/元
1	分部分项工程费	人工费＋材料费＋机械费		32 435.82
1.1	人工费			7 922.99
1.2	机械使用费			91.07
2	措施项目费	2.1＋2.2		1 798.90
2.1	单价措施费	人工费＋材料费＋机械费		598.02
2.1.1	人工费			330.10
2.1.2	机械费			30.18
2.2	总价措施费	2.2.1＋2.2.2		1 200.88
2.2.1	安全文明施工费	1.1＋1.2＋2.1.1＋2.1.2	13.64	1 142.26
2.2.2	其他总价措施项目费	1.1＋1.2＋2.1.1＋2.1.2	0.7	58.62
3	规费	1.1＋1.2＋2.1.1＋2.1.2	26.85	2 248.51
4	不含税工程造价	1＋2＋3		36 483.23
5	税金	4	9	3 283.49
6	含税工程造价	4＋5		39 766.72

课后思考与综合运用

课后思考

1. 施工图预算有什么作用?
2. 编制施工图预算的依据是什么?
3. 编制施工图预算的方法有哪些?

能力拓展

根据如图10-18～图10-34所示办公楼工程概况及施工图,计算该办公楼招标控制价。

建筑设计总说明

一、建筑室内标高±0.000。

二、本施工图所注尺寸，所有标高以米为单位，其余均以毫米为单位。

三、楼地面：

1. 地面做法参见98ZJ001地19。

2. 楼面做法参见98ZJ001楼10。

四、外墙面：外墙面做法详见98ZJ001外墙22。

五、内墙装修：

1. 房间内墙详见98ZJ001内墙4，面刮双飞粉腻子。

2. 女儿墙内墙详见98ZJ001内墙4。

六、顶棚装修：做法详见98ZJ001顶3、面刮双飞粉腻子。

七、屋面：屋面做法详见98ZJ001屋11。

八、散水：

1. 20 mm厚1:1水泥石灰砂浆抹面压光。

2. 60 mm厚C15混凝土。

3. 60 mm厚中砂垫层。

4. 素土夯实，向外坡4%。

九、踢脚：陶瓷地砖踢脚150 mm高。

十、楼梯间：钢管扶手型钢栏杆，扶手距踏步边50 mm。

结构设计总说明

一、设计原则和标准：

1. 结构的设计使用年限：50年。

2. 建筑结构的安全等级：二级。

3. 地震基本烈度六级；设防烈度6度。

4. 建筑类别及设防标准：丙类；抗震等级：框架：四级。

二、基础：

C20独立柱基、C25钢筋混凝土基础梁。

三、上部结构：

现浇钢筋混凝土框架结构，梁、板、柱混凝土均为C25。

四、材料及结构说明：

1. 受力钢筋的混凝土保护层：基础40 mm，±0.000以上板15 mm，梁25 mm，柱30 mm。

2. 所有板底受力筋长度为梁中心长度±100 mm(图上未注明的钢筋均为Φ6@200)。

3. 沿框架柱高每隔500 mm设2Φ6拉筋，伸入墙内的长度为1 000 mm。

4. 屋面板为配置钢筋的表面均设置Φ6@200双向温度筋，与板负钢筋的搭接长度150 mm。

5. ±0.000以上砌体砖隔墙均用M5混合砂浆砌筑、除阳台、女儿墙采用MU10标准砖外，其余均采用MU10烧结多孔砖。

6. 过梁：门窗洞口均设有钢筋混凝土过梁，按墙宽×200×(洞口宽+500)，配4Φ12纵筋Φ6@200箍筋。

图集附图

图集编号	编号	名称	用料做法
98ZJD01 地19	地19 100 mm厚混凝土	陶瓷地砖地面	8~10 mm厚地砖(600×600)铺实拍平，水泥浆擦缝 25 mm厚1:4干硬性水泥砂浆，面上撒素水泥浆 素水泥浆结合层一道 100 mm厚C10混凝土 素土夯实
98ZJ001 楼10	楼10	陶瓷地砖楼面	8~10 mm厚地砖(600×600)铺实拍平、水泥浆擦缝 25 mm厚1:4干硬性水泥砂浆，面上撒素水泥浆 素水泥浆结合层一道 钢筋混凝土楼板
98ZJ001 内墙4	内墙4	混合砂浆墙面	15 mm厚1:1:6水泥石灰砂浆 5 mm厚1:0.5:3水泥石灰砂浆
98ZJ001 外墙22	外墙22	涂料外墙面	12 mm□1:3□□□□ 8 mm□1:2□□□□□木抹搓平 喷或滚刷涂料二遍
98ZJ001 顶3	顶3	混合砂浆顶棚	钢筋混凝土底面清理干净 7 mm厚1:1:4水泥石灰砂浆 5 mm厚1:0.5:3水泥石灰砂浆 表面喷刷涂料另选
98ZJ001 屋11	屋11	高聚物改性沥青卷防水屋面有隔热层，无保温层	35 mm厚490×490，C20预制钢筋混凝土板 M2.5砂浆砌砖三皮，中距500 mm 4 mm厚SBS改性沥青防水卷材 刷基层处理剂一遍 20 mm厚1:2水泥砂浆找平层 20 mm厚(最薄处)1:10水泥珍珠岩找2%坡 钢筋混凝土屋面板，表面清扫干净

门窗表

门窗编号	门窗类型	洞口尺寸 宽	洞口尺寸 高	数量	备注
M-1	铝合金地弹门	2 400	2 700	1	100系列(2.0 mm厚)
M-2	镶板门	900	2 400	4	
M-3	镶板门	900	2 100	2	
MC-1	塑钢门联窗	2 400	2 700	1	窗台高900 mm，80系列5 mm厚白玻
C-1	铝合金窗	1 500	1 800	8	窗台高900 mm，90系列带纱推拉窗
C-2	铝合金窗	1 800	1 800	2	窗台高900 mm，90系列带纱推拉窗

柱表

标号	标高/m	b×h	b1	b2	h1	h2	全部纵筋	角筋	b边一侧中部筋	h边一侧中部筋	箍筋类型	箍筋
Z1	−0.8~3.6	500×500	250	250	250	250		4Φ25	3Φ22	3Φ22	(1)5×5	Φ10-100/200
	3.6~7.2	500×500	250	250	250	250		4Φ25	3Φ22	3Φ22	(1)5×5	Φ10-100/200
Z2	−0.8~3.6	400×500	200	200	250	250		4Φ25	2Φ22	3Φ22	(2)4×5	Φ10-100/200
	3.6~7.2	400×500	200	200	250	250		4Φ22	2Φ22	3Φ22	(2)4×5	Φ10-100/200
Z3	−0.8~3.6	400×500	200	200	200	200		4Φ22	2Φ22	2Φ22	(2)4×4	Φ8-100/200
	3.6~7.2	400×500	200	200	200	200		4Φ22	2Φ22	2Φ22	(2)4×4	Φ8-100/200

工程名称	办公楼
图名	总说明
图号	J-01

图10-18 工程总说明

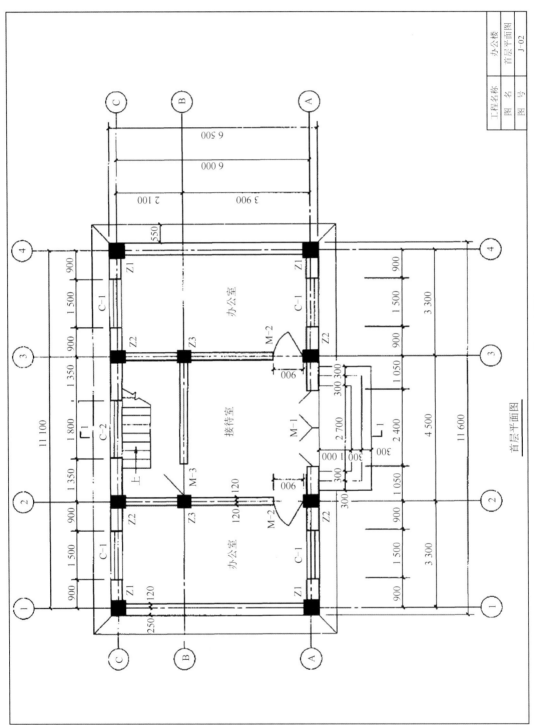

首层平面图

图10-19 首层平面图

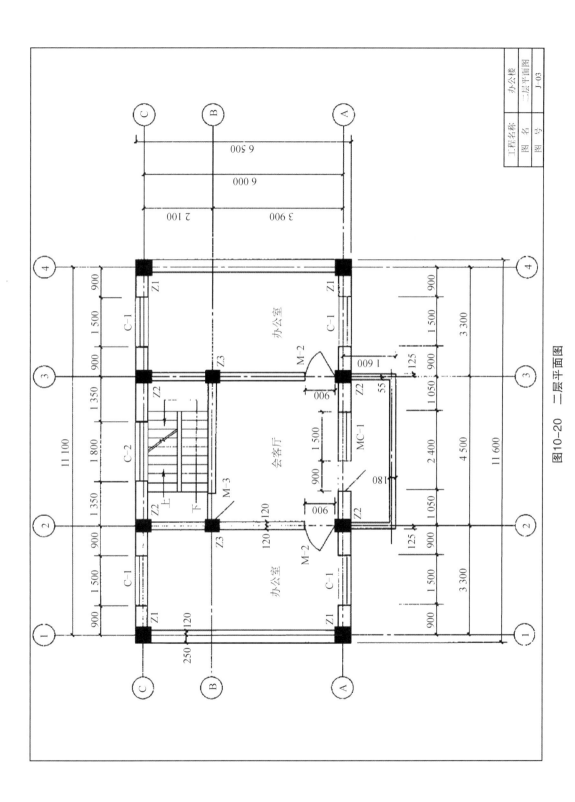

图10-20　二层平面图

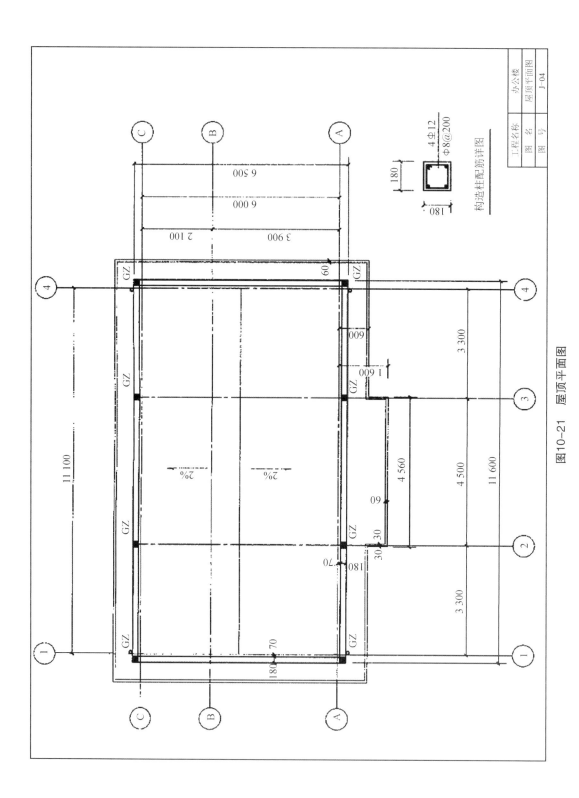

图10-21 屋顶平面图

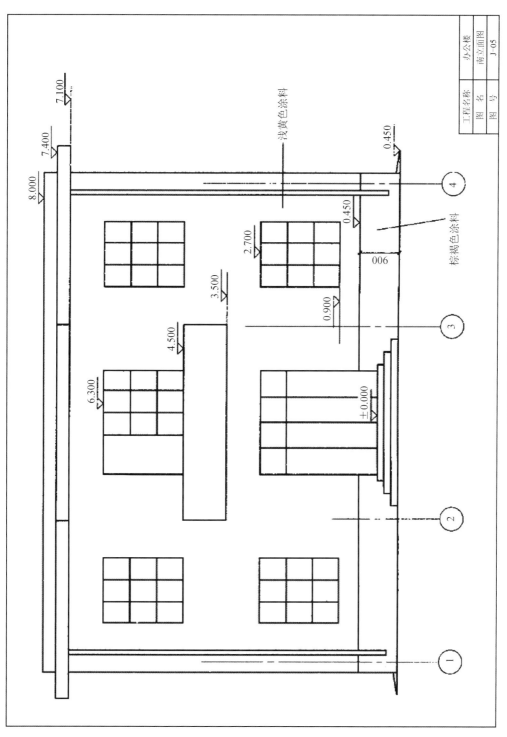

图10-22 南立面图

浅黄色涂料

棕褐色涂料

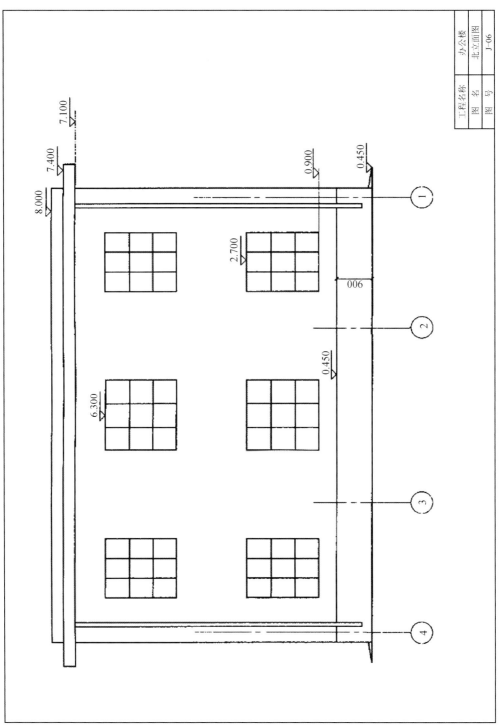

图10-23 北立面图

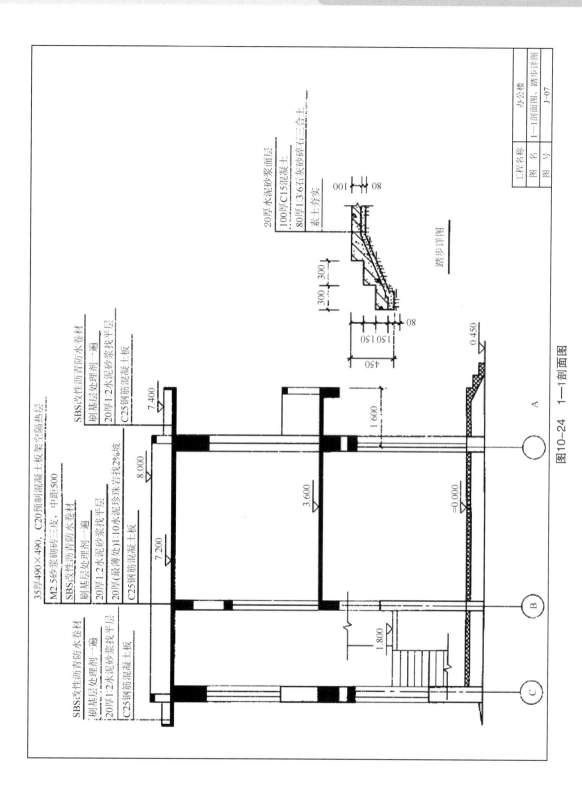

图10-24　1—1剖面图

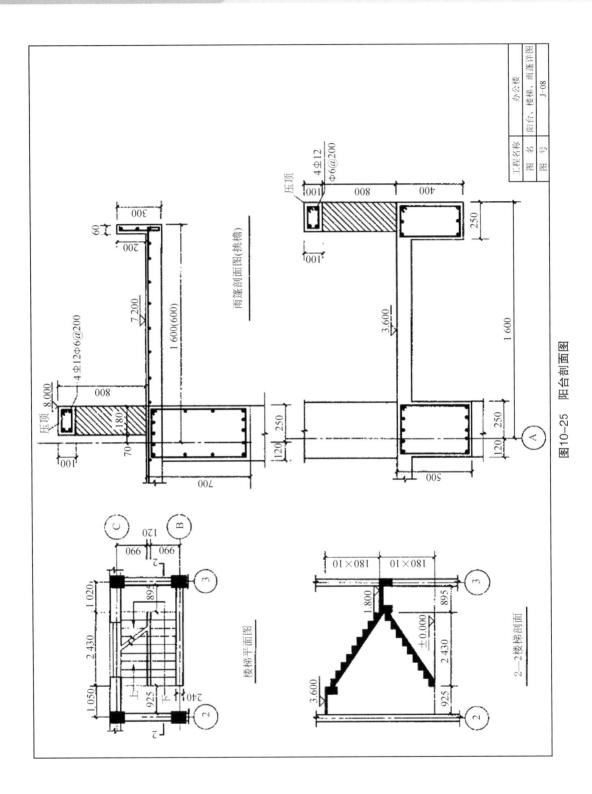

图10-25 阳台剖面图

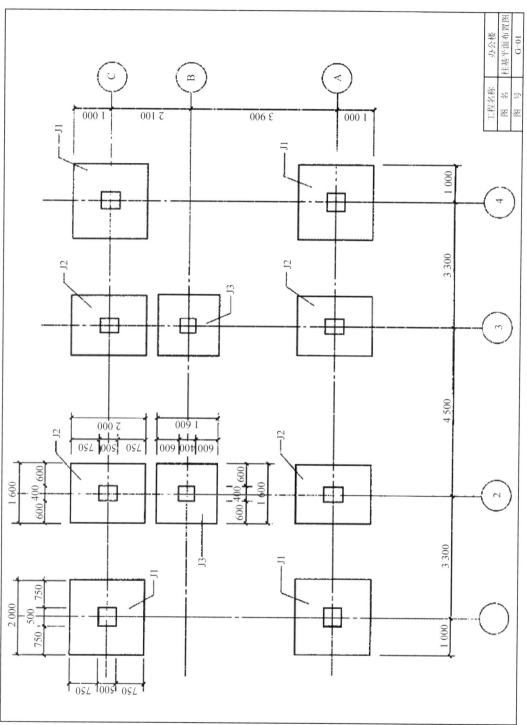

图10-26　柱基平面布置图

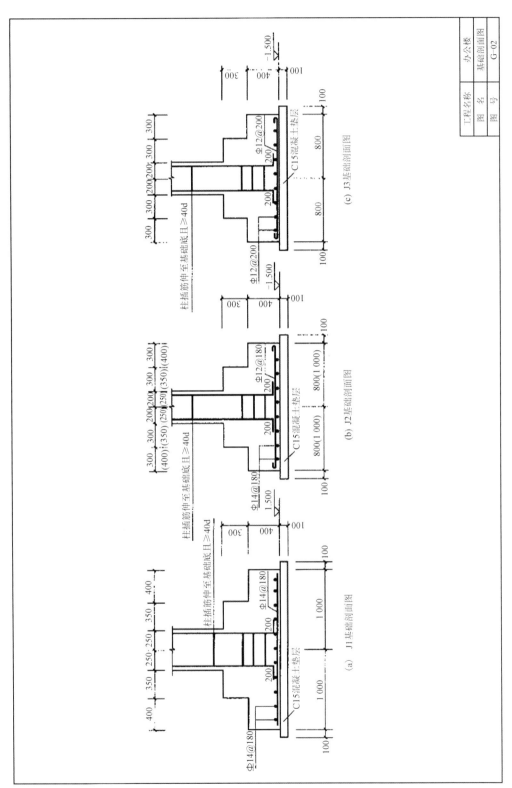

图10-27　J1、J2、J3基础剖面图

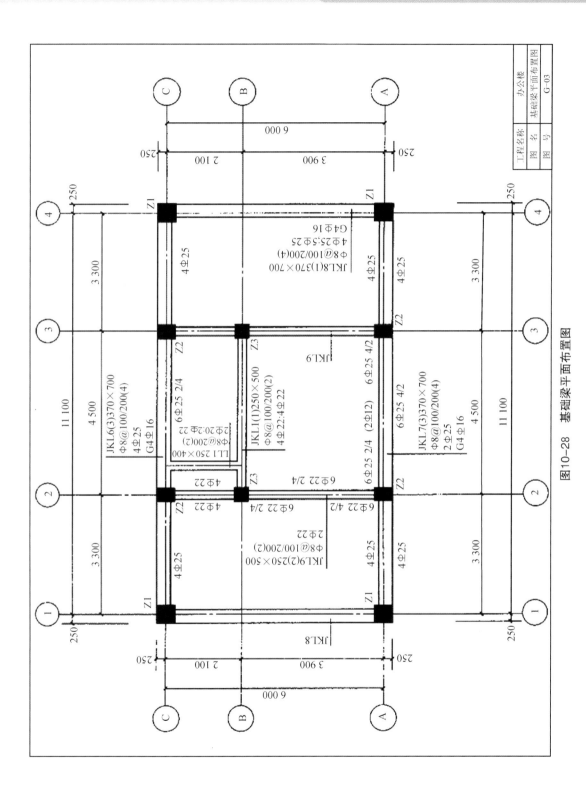

图10-28 基础梁平面布置图

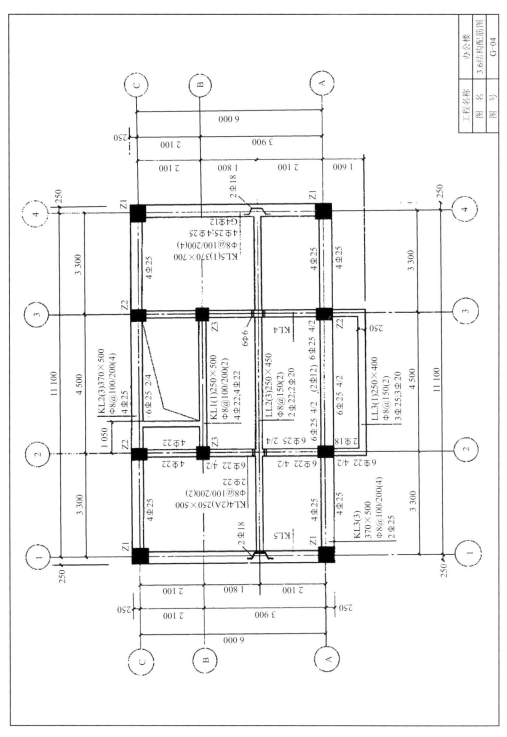

图10-29　3.6 m框架梁配筋图

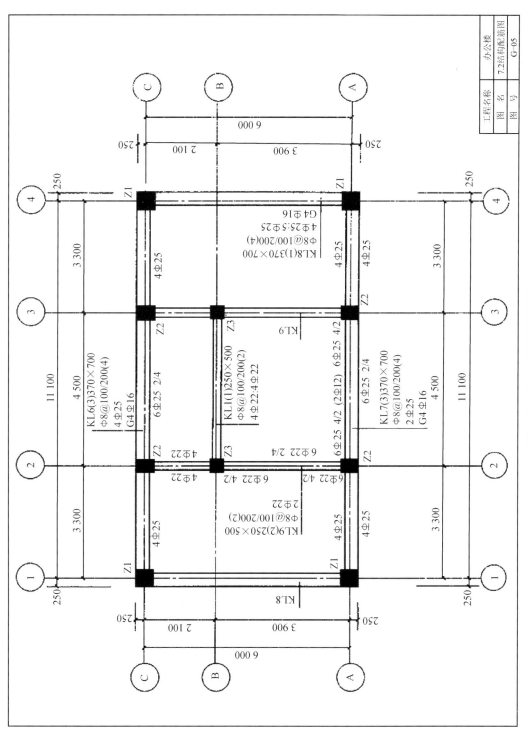

图10-30 7.2 m框架梁配筋图

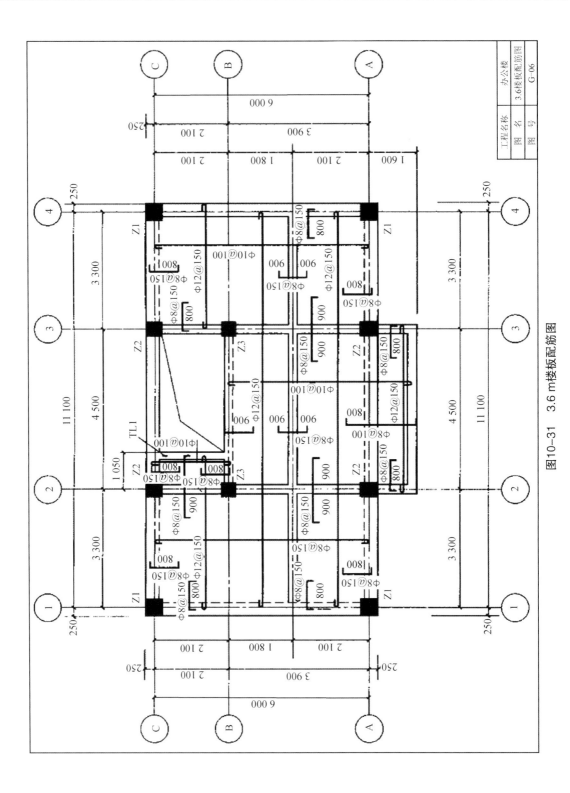

图10-31　3.6 m楼板配筋图

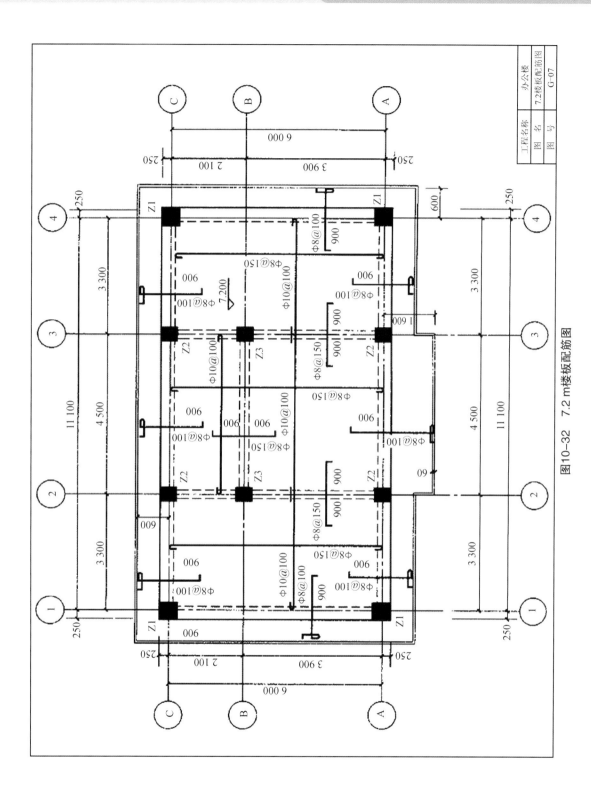

图10-32 7.2 m楼板配筋图

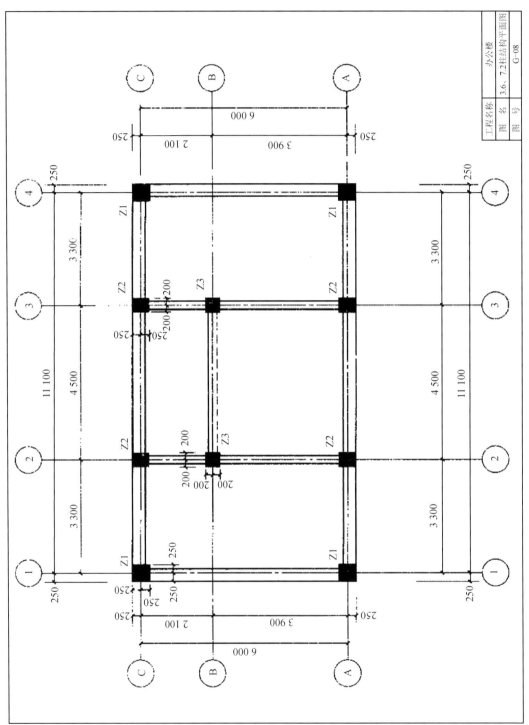

图10-33　3.6 m、7.2 m柱结构平面图

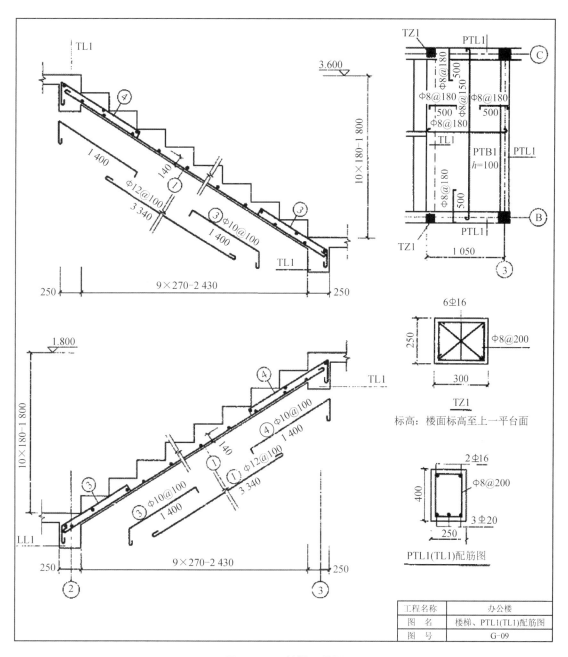

图 10 - 34 楼梯配筋图

推荐阅读材料

［1］张珍兰.招标工程量清单编制中导致竣工结算争议的典型问题及解决措施［J］.建筑经济，2021，42（9）：53-56.

［2］吴佐民，房春艳.房屋建筑与装饰工程工程量计算规范图解［M］.北京：中国建筑工业出版社，2016.

［3］张国栋.建设工程计量计价实训丛书：建筑工程工程量清单编制实例与表格详解［M］.北京：中国建筑工业出版社，2015.

［4］乔中国.樊艳红.《2013 清单计价规范》强制性条文分析［J］.中国标准化，2022（06）：165-169.

［5］杨春梅.建筑工程预结算中的定额与清单计价的应用研究［J］.居舍，2021（18）：167-168.

［6］张国栋.建筑工程工程量清单分部分项计价与预算定额计价对照实例详解［M］.北京：中国建筑工业出版社，2013.

［7］张国栋.装饰装修工程工程量清单分部分项计价与预算定额计价对照实例详解［M］.北京：中国建筑工业出版社，2012.

参考文献

[1] 严玲,尹贻林.工程计价学[M].北京:机械工业出版社,2021.

[2] 严玲.建设工程合同价款管理及案例分析[M].北京:机械工业出版社,2019.

[3] 中华人民共和国住房和城乡建设部,中华人民共和国国家质量监督检验检疫总局.建设工程工程量清单计价规范(GB 50500—2013)[S].北京:中国计划出版社,2013.

[4] 中华人民共和国住房和城乡建设部,中华人民共和国国家质量监督检验检疫总局.房屋建筑与装饰工程工程量计算规范(GB 50584—2013)[S].北京:中国计划出版社,2013.

[5] 中华人民共和国住房和城乡建设部,中华人民共和国国家质量监督检验检疫总局.建筑工程建筑面积计算 规范(GB/T 50353-2013)[S].北京:中国计划出版社,2013.

[6] 住房和城乡建设部标准定额研究所.《建筑工程建筑面积计算规范》宣贯辅导教材[M].北京:中国计划出版社,2015.

[7] 全国造价工程师执业资格考试培训教材编审委员会.建设工程计价[M].北京:中国计划出版社,2021.

[8] 湖北省建设工程标准定额管理总站.湖北省建设工程公共专业消耗量定额及全费用计价表(土石方·地基处理·桩基础·排水降水)[S].武汉:长江出版社,2018.

[9] 湖北省建设工程标准定额管理总站.湖北省建筑工程消耗量定额及全费用计价表(结构·屋面)[S].武汉:长江出版社,2018.

[10] 湖北省建设工程标准定额管理总站.湖北省建筑工程消耗量定额及全费用计价表(装饰·措施)[S].武汉:长江出版社,2018.

[11] 湖北省建设工程标准定额管理总站 湖北省建筑安装工程费用定额[S].武汉:长江出版社,2018.

[12] 中国建筑标准设计研究所.混凝土结构施工图平面整体表示方法制图规则和结构详图(22G101—1),2022.

后　记

　　本教材是 2022 年陆军勤务学院"优材"立项建设项目。书稿编写完成后,已通过所在单位组织的多次评审,感谢评审专家提出的宝贵修改意见和建议!

　　在本教材编写过程中,参考了有关文献、著作、教材与资料,其中主要资料已列入本教材的参考文献,在此谨向各位作者表示衷心感谢。此外,本教材还得到了编者所在单位及出版单位的大力支持,在此谨向有关人员一并致谢。

　　希望教员和学员在使用过程中能把本教材的优点告诉他人,缺点告诉我们。我们将集思广益,不断修订,使本教材更加趋于完善。

编　者

2024 年 12 月